普通高等教育“十三五”特色教材

数据结构案例教程
（C语言版）

主　编　程海英　彭文艺　姜贵平
副主编　李　静　许美玲　刘三满
段永平　王　维

電子工業出版社
Publishing House of Electronics Industry
北京·BEIJING

内 容 简 介

数据结构是计算机和信息技术等相关专业的一门重要的专业基础课程，数据结构及其处理算法是设计与实现系统软件和大型应用软件的重要基础，结合数据结构课程的现状和发展趋势，本书具有难度适中、结构合理、应用性强的特点。

全书共9章，内容包括第1章数据结构基础，综述数据结构的基本概念；第2章至第5章主要讨论几种基本的线性结构，即线性表、栈和队列、串、数组和广义表；第6章和第7章主要介绍非线性结构，即树和二叉树、图；第8章和第9章分别讨论两种基本的操作，即查找和排序。

全书采用C语言作为数据结构和算法的描述语言，对数据结构的定义和算法描述详细，代码注释完整，便于初学者模仿训练，循序渐进，稳步提高。本书既可作为高等院校计算机科学与技术、软件工程、通信工程等信息类专业的教材，也可供从事软件开发与工程应用设计的工作人员参考使用。

图书在版编目（CIP）数据

数据结构案例教程：C语言版 / 程海英，彭文艺，姜贵平主编. —北京：电子工业出版社，2020.1
ISBN 978-7-121-38101-0

Ⅰ. ①数… Ⅱ. ①程… ②彭… ③姜… Ⅲ. ①数据结构－C 语言－程序设计－高等学校－教材 Ⅳ. ①TP311.12②TP312.8

中国版本图书馆 CIP 数据核字（2019）第 274243 号

责任编辑：祁玉芹
印　　刷：中国电影出版社印刷厂
装　　订：中国电影出版社印刷厂
出版发行：电子工业出版社
　　　　　北京市海淀区万寿路 173 信箱　邮编：100036
开　　本：787×1092　1/16　印张：18.5　字数：450 千字
版　　次：2020 年 1 月第 1 版
印　　次：2021 年 7 月第 2 次印刷
定　　价：48.00 元

凡所购买电子工业出版社图书有缺损问题，请向购买书店调换。若书店售缺，请与本社发行部联系，联系及邮购电话：（010）88254888，88258888。

质量投诉请发邮件至 zlts@phei.com.cn，盗版侵权举报请发邮件至 dbqq@phei.com.cn。
本书咨询联系方式：qiyuqin@phei.com.cn。

前言 Preface

数据结构是计算机和信息技术类等相关专业的一门重要的专业基础课程。随着当前高等教育的发展和社会对各类信息人才需求的不断变化，对于数据结构课程的内容提出了更高、更全面的要求。数据结构的概念既抽象又具体，抽象在于可以脱离计算机而存在，具体则在于可用程序代码在计算机中加以实现，这对于教材的内容也提出了更高的要求。本书结合数据结构课程的发展现状和趋势，具有难度适中、结构合理、应用性强的特点。

全书共 9 章内容，其中第 1 章数据结构基础，综述数据结构的基本概念，主要叙述数据结构和抽象数据类型的定义与关系，算法和算法分析；第 2 章至第 5 章主要讨论几种基本的线性结构，即线性表、栈和队列、串、数组和广义表的数据结构及其应用；第 6 章和第 7 章主要介绍非线性结构，即树和二叉树、图的数据结构及其应用；第 8 章和第 9 章分别讨论两种基本的操作，即查找和排序，主要介绍各种实现方法和高效性的分析及比较。本书突出了抽象数据类型的概念，对每一类数据结构，均分别给出相应的抽象数据类型的定义。

本书在内容组织和编排上，力求理论与实际应用紧密结合，更加突出应用性。本书有以下 3 个主要特点。

（1）内容层次分明、结构清晰。在内容的选取上坚持学以致用、学用结合的原则，省略一些纯理论的推导和烦琐的数学证明，强调最基础、最适用的设计思想及实现技术。

（2）遵从由浅入深的原则，侧重应用性，把握理论深度，通过大量的例题、算法和每一章给出的习题及编程实例，突出对学习者应用能力的培养。

（3）内容丰富、语言通俗易懂、表述严谨、案例丰富、适用面广。

本书既可作为高等院校软件工程、计算机科学与技术、通信工程等信息类专业本（专）科学生的教材，也可作为软件设计人员学习参考书。

全书采用C语言作为数据结构和算法的描述语言，对数据结构的定义和算法描述详细，代码注释完整，便于初学者模仿训练，循序渐进，稳步提高。

本书的第1章至第3章、第6章至第9章由程海英编写，第4章和第5章由彭文艺编写，由程海英统一定稿。

本书在编写过程中，得到了许多专家和众多院校数据结构任课教师的大力支持和帮助，提出了许多中肯的意见和很好的建议。在此表示衷心的感谢！

由于时间仓促及编者水平有限，书中难免有疏漏和不妥之处，恳请读者及同行批评指正。

编　者

2019年9月

目录 Contents

▶▶▶▶ 第1章

数据结构基础

结构之美无处不在

说到结构，任何一件事物都有自己的结构，就如可以看得见且触摸得到的课桌、椅子，还有看不见却也存在的分子、原子。可见一件事物只要存在，就一定会有自己的结构。一幅画的生成，画家在挥毫泼墨之前，首先要在数尺素绢之上做结构上的统筹规划、谋篇布局；一件衣服的制作，如果在制作之前没有对衣服的袖、领、肩、襟、身等各个部位周密筹划，形成一个合理的结构系统，便无法缝制出合体的衣服；还有教育管理系统的结构、通用技术的学科结构、课堂教学结构等。试想一下，管理大量数据是否也需要数据结构呢？

本章知识要点：

- 数据结构的基本概念
- 数据结构和抽象数据类型
- 算法和算法分析

1.1 数据结构的基本概念

计算机科学是一门研究数据表示和数据处理的科学。数据是计算机化的信息，它是计算机可以直接处理的最基本和最重要的对象。无论是进行科学计算或数据处理、过程控制、存储和检索文件、数据库技术等计算机应用，都是对数据进行加工处理的过程。因此，要设计出一个结构好而且效率高的程序，必须研究数据的特性、数据间的相互关系及其对应的存储表示，并利用这些特性和关系设计出相应的算法和程序。

计算机在发展的初期，其应用范围是数值计算，所处理的数据都是整型、实型、布尔型等简单数据，以此为加工、处理对象的程序设计称为数值型程序设计。随着计算技术的发展，计算机逐渐进入到商业、制造业等其他领域，广泛地应用于数据处理和过程控制中。与此相对应，计算机所处理的数据也不再是简单的数值，而是字符串、图形、图像、语音、视频等复杂的数据。这些复杂的数据不仅量大，而且具有一定的结构。例如，一幅图像是一个由若干简单数值组成的矩阵，一个图形中的几何坐标可以组成表。此外，语言编译过程中所使用的栈、符号表和语法树，操作系统中用到的队列、磁盘目录树等，都是有结构的数据。数据结构所研究的就是这些有结构的数据，因此，数据结构的知识不论对研制系统软件还是开发应用软件都非常重要，它是学习软件知识和提高软件设计水平的重要基础。

1.1.1 数据结构的研究内容

在计算机发展的初期，人们使用计算机的目的主要是处理数值计算问题。当使用计算机来解决一个具体问题时，一般需要经过如下几个步骤：首先要从该具体问题抽象出一个适当的数学模型，然后设计或选择一个求解此数学模型的算法，最后编出程序进行调试、测试，得到最终的答案。例如，用计算机进行全球天气预报时，可以求解一组球面坐标系下的二阶椭圆偏微分方程。

随着计算机应用领域的扩大和软、硬件的发展，非数值计算问题显得越来越重要。据统计，当今处理非数值计算问题占用了90%以上的机器时间。这类问题涉及的数据结构更为复杂，数据元素之间的相互关系一般无法用数学方程式来描述。因此，解决这类问题的关键不再是数学分析和计算方法，而是要设计出合适的数据结构。而数据结构主要研究非数值计算问题，下面通过具体实例加以说明。

【例 1-1】学生信息检索系统。当系统需要查某个学生的有关情况时，或者想查询某个专业或年级的学生的有关情况时，只要建立相关的数据结构，按照某种算法编写相关的程序，就可以实现计算机自动检索。为此，可以在学生信息检索系统中建立一张按学号顺序排列的学生信息表和若干张分别按姓名、专业、年级顺序排列的索引表，如表 1-1～表 1-4 所示。由这 4 张表构成的文件便是学生信息检索的数学模型。

表 1-1　学生基本信息表

学　号	姓　名	性　别	专　业	年　级
2011010001	崔志永	男	计算机科学与技术	2011 级
2011030005	李淑芳	女	软件工程	2011 级
2012040010	陆丽	女	数学与应用数学	2012 级
2012030012	张志强	男	软件工程	2012 级
2012010012	李淑芳	女	计算机科学与技术	2012 级
2013040001	王宝国	男	数学与应用数学	2013 级
2013010001	石国利	男	计算机科学与技术	2013 级
2013030001	刘文茜	女	软件工程	2013 级

表 1-2　姓名索引表

姓　名	索引号	姓　名	索引号	姓　名	索引号
崔志永	1	张志强	4	石国利	7
李淑芳	2，5	王宝国	6	刘文茜	8
陆丽	3				

表 1-3　专业索引表

专　业	索引号
计算机科学与技术	1，5，7
软件工程	2，4，8
数学与应用数学	3，6

表 1-4　年级检索表

年　级	索引号	年　级	索引号
2011 级	1，2	2013 级	6，7，8
2012 级	3，4，5		

诸如此类的还有电话号码查询问题，考试成绩查询问题，企业进、销、存管理问题等。在这类文档管理的数学模型中，计算机处理的对象之间通常存在着一种简单的线性关系，这类数学模型可称为线性的数据结构。

【例 1-2】计算机系统组成结构，如图 1-2 所示。

计算机系统是由硬件系统和软件系统这两大系统组成，硬件系统由 CPU、存储器、输入/输出设备、外设组成，而软件系统由系统软件和应用软件组成。如果把它们视为数据元素，这些元素之间所呈现的是一种层次关系，从上到下按层进行展开，形成“一棵倒立的树”，最上层是“树根”，依层向下展出“节点”和“树叶”。

树结构还有一个单位的组织机构、国家行政区域规划、书籍目录等。在这类问题中，计算机处理的对象是树结构，元素之间是一种一对多的层次关系，这类数学模型称为树的数据结构。

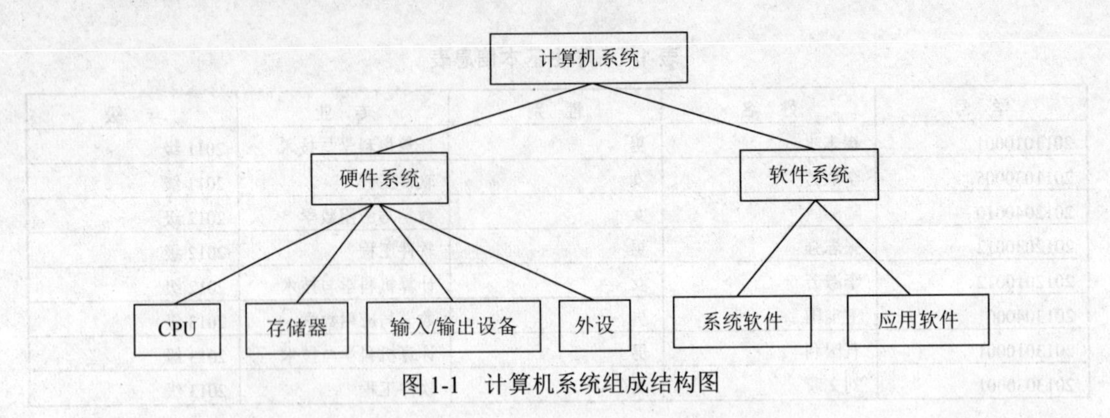

图 1-1 计算机系统组成结构图

【例 1-3】最短路径问题。从城市 A 到城市 B 有多条线路可达，但每条线路的交通成本不同，那么怎样选择一条线路，使得从城市 A 出发到达城市 B 所花费的费用最低呢？解决问题的方法是，可以将这类问题抽象为图的最短路径问题。如图 1-2 所示，图中的顶点代表城市，有向边代表两个城市之间的通路，边上的权值代表两个城市之间的交通费。求解 A 到 B 的最低费用，就是要在有向图中，从 A 点到 B 点的多条路径中，寻找一条各边权值之和最小的路径，即为该图的最短路径。

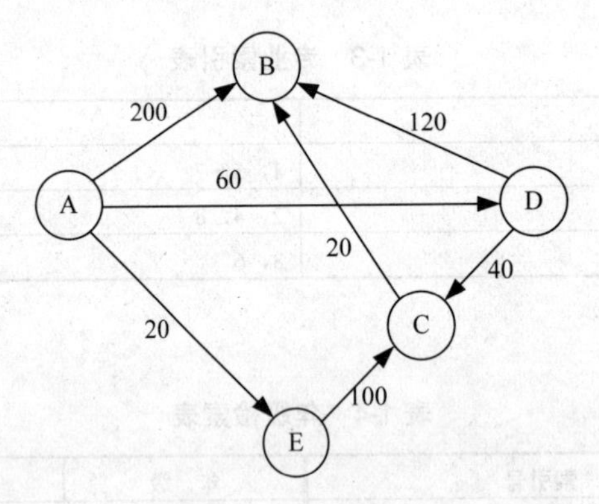

图 1-2 最短路径问题

图结构还有网络工程图问题、教学计划编排问题、比赛编排问题等，在这类问题中，元素之间是多对多的网状关系，这类数学模型称为图的数据结构。

由以上 3 个例子可见，描述这类非数值计算问题的数学模型不再是数学方程，而是诸如表、树、图之类的数据结构。因此，可以说数据结构课程主要是研究非数值计算的程序设计问题中所出现的计算机操作对象以及它们之间的关系和操作的学科。

“数据结构”最早是 1968 年在美国被确定为一门独立的课程的。同年，著名的美国计算机科学家 D.E.Knuth 教授所著《计算机程序设计技巧》的第一卷《基本算法》，是第一本系统地阐述数据的逻辑结构以及运算的著作。从 20 世纪 60 年代末到 70 年代初出现了大型程序，程序与数据相对独立，结构化程序设计成为程序设计方法学的主要内容，人们越来越感到数据结构的重要性，认为程序设计的实质就是针对所处理问题选择一种好的数据结构，并加之一种好的算法。

数据结构在计算机科学中是一门综合性的专业基础课，是操作系统、数据库、人工智能等课程的基础。同时，数据结构技术也广泛地应用于信息科学、系统工程、应用数学以及各种工程技术领域。数据结构的研究涉及的知识面十分广，可以认为它是介于数学、计算机硬件和软件之间的一门核心课程。

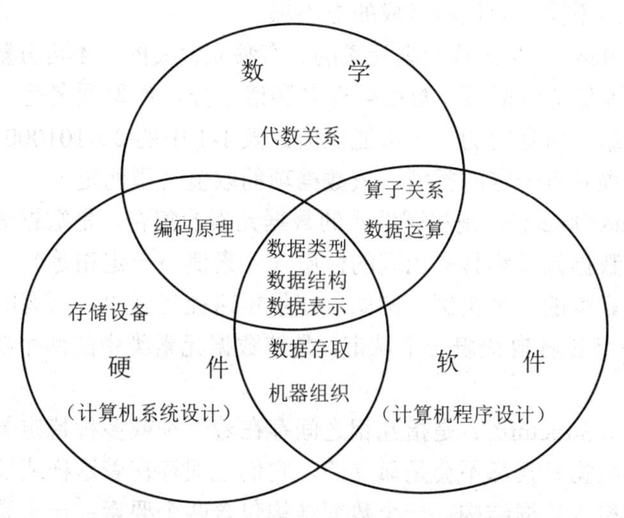

图 1-3　数据结构与其他课程的关系

学习数据结构的目的是为了了解计算机处理对象的特性，将实际问题中所涉及的处理对象在计算机中表示出来并对它们进行处理。对于计算机专业的学生，不学习数据结构是不行的，因为几乎所有的程序和软件都要使用某种或某些数据结构。例如，在面向对象的程序设计中，每一个对象在严格意义上来说就是一个数据结构，而哪个程序不使用对象呢？可以这样说，不懂数据结构，就编不出什么像样的程序和软件。

此外，数据结构在软件工程和计算机学科的其他领域也发挥着重要甚至关键的作用。例如，对大型数据库的管理，为互联网提供索引服务、云计算、云存储都需要广泛使用数据结构。在软件工程领域，数据结构被单独提取出来作为软件设计与实现过程的一个阶段。

1.1.2　基本概念和术语

在系统地学习数据结构知识之前，先对一些基本概念和术语赋予确切的含义。

数据（Data）：是信息的载体，能够被计算机识别、存储和加工处理。它是计算机程序加工的原料，应用程序可以处理各种各样的数据。计算机科学中，所谓数据就是计算机加工处理的对象，它可以是数值数据，也可以是非数值数据。数值数据是一些整数、实数或复数，主要用于工程计算、科学计算和商务处理等；非数值数据包括字符、文字、图形、图像、语音等。

数据元素（Data Element）：是数据的基本单位。在不同的条件下，数据元素又可称为元素、节点、顶点、记录等。例如，学生信息检索系统中学生信息表中的一个记录、计算机系统组成结构中状态树的一个状态、最短路径问题中的一个顶点等，都被称为一个数据元素。

有时，一个数据元素可由若干个数据项组成。例如，学生信息检索系统中学生信息表的每一个数据元素就是一个学生记录，它包括学生的学号、姓名、性别、专业和年级等数据项。这些数据项可以分为两种：一种叫作初等数据项，如学生的性别、年级等，这些数据项是在数据处理时不能再分割的最小单位；另一种叫作组合数据项，如学生的成绩，它可以再划分为由各门不同的课程所组成的更小项。

数据项（Data Item）：是组成数据元素的、有独立含义的、不可分割的最小单位，如表 1-1 的学号、年级等都是数据项。数据项有名和值之分，数据项名是一个数据项的标识，用变量定义，而数据项值是它的一个可能取值，表 1-1 中的 2011010001 是数据项“学号”的一个取值。数据项具有一定的类型，依数据项的取值类型而定。

数据对象（Data Object）：是相同性质的数据元素的集合，是数据集合的一个子集。在某个具体问题中，数据元素都具有相同的性质（元素值不一定相等），属于同一数据对象，数据元素是数据元素类的一个实例。例如，在最短路径问题中，所有的顶点是一个数据元素类，顶点 A 和顶点 B 各自代表一个城市，是该数据元素类中的两个实例，其数据元素的值分别为 A 和 B。

数据结构（Data Structure）：是指互相之间存在着一种或多种特定关系的数据元素的集合。在计算机中，数据元素都不会是孤立的，它们之间存在着这样或那样的关系，这种数据元素之间的关系称为数据结构。一个数据结构包含两个要素：一个是数据元素的集合，另一个是关系的集合。在形式上，数据结构通常可以采用一个二元组来表示。

数据结构的形式定义为一个二元组：

```
Data_Structure =(D,R)
```

式中，D 是数据元素的有限集，R 是 D 上关系的有限集。

数据结构包括数据逻辑结构和数据存储结构。

1. 数据逻辑结构

数据逻辑结构可以看作是从具体问题抽象出来的数学模型，其与数据的存储无关。根据数据元素间关系的不同特性，通常有下面四类基本的逻辑结构，如图 1-4 所示。

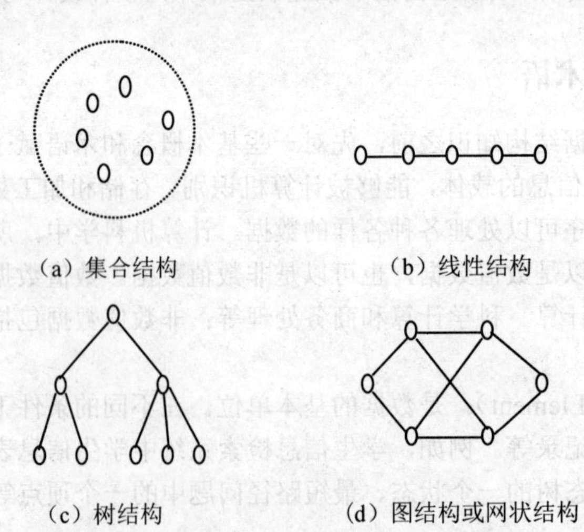

图 1-4 四类基本的逻辑结构示意图

（1）集合结构。结构中的数据元素间的关系是“属于同一个集合”。集合是元素关系极为松散的一种结构。

（2）线性结构。结构中的数据元素之间存在着一对一的线性关系。

（3）树结构。结构中的数据元素之间存在着一对多的层次关系。

（4）图结构或网状结构。结构中的数据元素之间存在着多对多的任意关系。

【例 1-4】 有一数据结构采用二元组描述为 D_S=(D,R)，其中：

```
D={a,b,c,d,e,f,g};
R={<e,d>,<d,c>,<c,a>,<a,b>,<b,f>,<f,g>}
```

根据已知条件，对应 D_S 的逻辑结构示意图如图 1-5 所示。

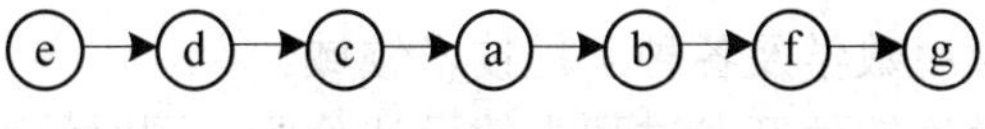

图 1-5　对应 D_S 的逻辑结构示意图

从上例看出，每个数据元素有且仅有一个前驱（除第一个节点外），有且仅有一个后继（除最后一个节点外）。数据元素之间为一对一的关系，即线性关系。这种数据结构就是线性结构。

由于集合是数据元素之间关系极为松散的一种结构，因此也可用其他结构来表示它。故数据的四类基本逻辑结构可概括如下：

线性结构——线性表、栈、队、串、数组、广义表
非线性结构——集合结构、树、图

2.　数据存储结构

研究数据结构的目的是为了在计算机中实现对它的操作，为此还需要研究如何在计算机中表示一个数据结构。数据结构在计算机中的标识（又称为映像）称为数据存储结构（或称物理结构）。它所研究的是数据结构在计算机中的实现方法，包括数据结构中元素的表示及元素之间关系的表示。数据存储结构可采用顺序存储结构或链式存储结构。

（1）顺序存储结构。把逻辑上相邻的元素存储在物理位置相邻的存储单元中，由此得到的存储表示称为顺序存储结构。顺序存储结构是一种最基本的存储表示方法，通常借助于程序设计语言中的数组来实现。

（2）链式存储结构。对逻辑上相邻的元素不要求其物理位置相邻，元素间的逻辑关系通过复数的指针字段来表示，由此得到的存储表示称为链式存储结构。链式存储结构通常借助于程序设计语言中的指针来实现。

除了通常采用的顺序存储结构和链式存储结构外，有时为了查找方便还采用索引存储结构和散列存储结构。

3.　数据运算

讨论数据结构的目的是为了在计算机中实现操作运算，为了有效地处理数据，提高数据运算的执行效率，应按一定的逻辑结构把数据组织起来，并选择适当的存储方法将数据存储到计算机内，然后对其进行运算。

数据的运算是定义在数据的逻辑结构之上的，每一种逻辑结构都有一个运算的集合，如插入、删除、修改等。这些运算实际上是在数据元素上施加一系列抽象的操作，抽象的操作是指只知道这些操作要求做什么，而无须考虑如何做，只有在确定了存储结构后，才能具体实现这些运算。

数据的运算主要有修改、插入、删除、查找、排序等，其中查找运算是一个很重要的运算过程，修改、插入、删除、排序中都包含着查找运算，排序本身就是元素之间通过查找相互比较的过程，修改、插入、删除则要通过查找来确定其操作的位置。

1.1.3 数据结构课程的内容

数据结构与数学、计算机硬件和软件有十分密切的关系。数据结构技术也广泛应用于信息科学、系统工程、应用数学及各种工程技术领域。

数据结构课程集中讨论软件开发过程中的设计阶段，同时涉及编码和分析阶段的若干基本问题，此外，为了构造出好的数据结构并实现它，还需考虑数据结构及其实现的评价与选择。因此，数据结构的内容可归纳为三个部分：逻辑结构、存储结构和数据运算。简言之，按某种逻辑关系组织起来的一批数据，按一定的存储方式将其存入计算机的存储器中，并在这些数据上定义一个运算集，是数据结构课程的基本内容，如表 1-5 所示。

表 1-5 数据结构课程的基本内容

内容 / 层次	数据表示	数据处理
抽象	逻辑结构	基本运算
实现	存储结构	算法
评价	不同数据结构的比较及算法分析	

数据结构主要研究怎样合理地组织数据，建立合适的结构，提高执行程序所用的时空效率。

数据结构的核心技术是分解与抽象。通过对问题的抽象，舍弃数据元素的具体内容，从而得到逻辑结构；同样，通过分解将数据划分成各种功能实现，再通过抽象舍弃实现细节，就得到了数据运算的定义。由此可将许多具体问题转换为数据结构，这是一个从具体（即具体问题）到抽象（即数据结构）的过程。然后，通过增加对实现细节的考虑进一步得到存储结构和实现运算，从而完成设计任务，这是一个从抽象（即数据结构）到具体（即具体实现）的过程。熟练地掌握这两个过程是数据结构课程在专业技能培养方面的基本目标。

数据结构课程不仅讲授数据信息在计算机中的组织和表示方法，同时也重在培养学习者高效解决复杂问题的能力。不同的数据结构适用于不同的应用，例如，B 树就特别适用于数据库和文件系统，而哈希表则常常在编译器中使用等。

1.2 数据类型和抽象数据类型

运用抽象数据类型描述数据结构，有助于在设计一个软件系统时，不必首先考虑其中包含的数据对象，以及操作在不同处理器中的表示和实现细节，而是在构成软件系统的每个相对独立的模块上定义一组数据和相应的操作，把这些数据的表示和操作细节留在模块内部解决，在更高的层次上进行软件的分析和设计，从而提高软件的整体性能和利用率。

数据结构是一种抽象，它将数据的个体属性去除，只考虑数据元素之间的关系。

通过步步抽象，不断地突出“做什么”，而将“怎么做”隐藏起来，即将一切用户不必了解的细节封装起来，从而简化了问题。所以，抽象是程序设计最基本的思想方法。

1.2.1 数据类型

数据类型（Data Type）是一个值的集合和定义在这个值集上的一组操作的总称。数据类型中定义了两个集合，即该类型的取值范围及该类型中可允许使用的一组运算。

数据类型是和数据结构密切相关的一个概念。在用高级语言编写的程序中，每个变量、常量或表达式都有一个它所属的确定的数据类型。数据类型显式地或隐含地规定了在程序执行期间变量或表达式所有可能的取值范围，以及在这些值上允许进行的操作。

在高级程序设计语言中，数据类型可分为两类：一类是原子类型，另一类则是结构类型。原子类型的值是不可分解的，例如，C 语言中的整型、字符型、浮点型、双精度型等基本类型，分别用关键字 int、char、float、double 标识；而结构类型的值是由若干成分按某种结构组成的，因此是可分解的，并且它的成分可以是原子的，也可以是结构的。例如，数组的值由若干分量组成，每个分量可以是整数，也可以是数组等。在某种意义上，数据结构可以看成是一种数据类型，而数据类型则可以看成是由一种数据结构和定义在其上的一组操作组成的。

1.2.2 抽象数据类型

抽象就是抽取出实际问题的本质。将无限多的关系种类里面的非关键属性去除，只取其中的共性来设计数据结构。例如，对于数据元素 *A*、*B*、*C* 而言，它们之间的关系可以是 *A* 在 *B* 的前面，*B* 在 *C* 的前面；也可以是 *C* 在 *B* 的前面，*B* 在 *A* 的前面。显然，对于个体的数据元素而言，这是两种不同的结构。但抛开个体数据元素就会发现，这两种结构实际上是一种数据结构类型：线性结构。

抽象数据类型（Abstract Data Type，ADT）是指一个数学模型及定义在该模型上的一组操作。抽象数据类型的定义取决于它的一组逻辑特性，而与其在计算机内部如何表示和实现无关，即不论其内部结构如何变化，只要它的数学特性不变，就不影响其外部的使用。

抽象数据类型和数据类型实质上是一个概念。例如，各种计算机都拥有的整数类型就是一个抽象数据类型，尽管它们在不同处理器上的实现方法可以不同，但由于其定义的数学特性相同，所以在用户看来都是相同的。因此，“抽象”的意义在于数据类型的数学抽象特性。

但在另一方面，抽象数据类型的范畴更广，它不再局限于前述各处理器中已定义并实现的数据类型，还包括用户在设计软件系统时自己定义的数据类型。为了提高软件的重用性，在近代程序设计方法学中，要求在构成软件系统的每个相对独立的模块上，定义一组数据和应用于这些数据上的一组操作，并在模块的内部给出这些数据的表示方法及其操作的细节，而在模块的外部使用的只是抽象的数据及抽象的操作。这也就是面向对象的程序设计方法。

抽象数据类型的定义可以由一种数据结构和定义在其上的一组操作组成，而数据结构又包括数据元素及元素间的关系，因此抽象数据类型一般可以由数据对象、数据对象上关系的集合，以及对数据对象的基本操作的集合来定义。

抽象数据类型的特征是使用与实现相分离，实行封装和信息隐蔽。也就是说，在设计抽象数据类型时，把类型的定义与其实现分离开来。

和数据结构的形式定义相对应，抽象数据类型可用以下三元组表示：

$$\text{ADT}=(D,S,P)$$

式中，D 是数据元素的有限集；S 是 D 上关系集；P 是对 D 的基本操作集。

抽象数据类型的定义格式如下：

```
ADT 抽象数据类型名 {
数据对象：<数据元素的定义>
结构关系：<结构关系的定义>
基本操作：<基本操作的定义>
} ADT 抽象数据类型名
```

【例 1-5】给出“线性表”的抽象数据类型的定义。

```
ADT List {
数据元素：所有 a_i 属于同一数据对象，i=1,2,…,n,n≥0;
结构关系：所有数据元素 a_i (i=1,2,…,n-1) 存在次序关系<a_i, a_{i+1}>，a_1 无前趋，a_n 无后继;
基本操作：设 L 为 List，则有
InitList(L)：初始化线性表;
ListLength(L)：求线性表的表长;
GetData(L,i)：取线性表的第 i 个元素;
InsList(L,i,b)：在线性表的第 i 个位置插入元素 b;
DelList(L,i)：删除线性表的第 i 个数据元素;
}ADT List;
```

1.3 算法和算法分析

著名的计算机科学家 N.Wirth 教授给出了一个对计算机科学的发展影响深远的公式：算法＋数据结构＝程序，这足以说明算法和数据结构关系紧密，是程序设计的两大要素，二者相辅相成，缺一不可。

在算法设计时先要确定相应的数据结构，而在讨论某一种数据结构时也必然会涉及相应的算法。下面就从算法特性、算法描述、算法性能分析 3 个方面对算法进行介绍。

1.3.1　算法特性

算法（Algorithm）是为解决特定问题而规定的一系列操作。

一个算法应该具有下列 5 个重要特性。

（1）有穷性。一个算法必须在执行有穷步之后结束，即必须在有限时间内完成。

（2）确定性。算法的每一步必须有确切的含义，无二义性。算法的执行对应着的相同的输入仅有唯一路径。

（3）可行性。算法中的每一步都可以通过已经实现的基本运算执行有限次得以实现。

（4）输入。一个算法具有零个或多个输入，这些输入取自特定的数据对象集合。

（5）输出。一个算法具有一个或多个输出，这些输出与输入之间存在某种特定的关系。

算法的含义与程序十分相似，但又有区别。一个程序不一定满足有穷性。例如，操作系统，只要整个系统不遭破坏，它将永远不会停止，即使没有作业需要处理，它仍处于动态等待中。因此，操作系统不是一个算法。另一方面，程序中的指令必须是机器可执行的，而算法中的指令则无此限制。算法代表了对问题的解，而程序则是算法在计算机上特定的实现。一个算法若用程序设计语言来描述，则它就是一个程序。

【例 1-6】不符合有穷性。

```
void test(void){
  int n=8;
  while(n%8==0)
        n+=8;
  printf("%d\n",n);
  }
```

【例 1-7】无输出的算法没有任何意义。

```
GetSum(int num){
  int sum=0;
  for(i=1;i<=num;i++)
  sum+=i;
}
```

当用算法解决某一特定类型的问题时，可以选择不同的数据结构，而且选择恰当与否直接影响了算法的效率；反之，一种数据结构的优劣由各种算法的执行来体现。

一个算法的优劣应从以下几方面来评价。

（1）正确性。在合理的数据输入下，能够在有限的运行时间内得到正确的结果。

（2）可读性。一个算法应当思路清晰、层次分明、简单明了、易读易懂。可读性强的算法有助于人们对算法的理解，而难懂的算法易于隐藏错误，且难以调试和修改。

（3）健壮性。当输入不合法数据时，应能做出正确反应或适当处理，不致引起严重后果。

（4）高效性。高效性包括时间和空间两个方面。时间高效是指算法设计合理，执行效率高，可以用时间复杂度来度量；空间高效是指算法占用存储容量合理，可以用空间复杂度来度量。

1.3.2 算法描述

算法可以使用各种不同的方法来描述。

最简单的方法是使用自然语言。用自然语言来描述算法的优点是简单且便于人们对算法的阅读；缺点是不够严谨。

可以使用程序流程图、N-S图等算法描述工具。其特点是描述过程简洁明了。

用以上两种方法描述的算法不能够直接在计算机上执行，若要将它转换成可执行的程序，还有一个编程的问题。

可以直接使用某种程序设计语言来描述算法，不过直接使用程序设计语言并不容易，而且不太直观，常常需要借助于注释才能使人看明白。

为了解决理解与执行之间的矛盾，常常使用一种称为伪代码语言的描述方法来进行算法描述。伪代码语言介于程序设计语言和自然语言之间，忽略了程序设计语言中一些严格的语法规则与描述细节。因此，它比程序设计语言更容易描述和被人理解，而比自然语言更接近程序设计语言。它虽然不能直接执行，但很容易被转换成程序设计语言。

【例1-8】设计一个算法，打印出所有的“水仙花数”，“水仙花数”是指一个3位数，其各位数字的立方和等于该数本身。

算法设计如下：

```
for(n=100～999) {
    每个数分解出个位，十位，百位；
    令 k=个位数*100+十位数*10+百位数；
      p=(个位数)³+(十位数)³+(百位数)³；
    if(k==p)
        printf(n);
  }
```

1.3.3 算法性能分析

算法性能分析的目的是看算法实际是否可行，在同一问题存在多个算法时，评价算法性能的标准主要从算法执行时间与占用存储空间两方面考虑，即用算法执行所需的时间和存储空间来判断一个算法的优劣。

当然，设计者希望选用一个所占存储空间小、运行时间短、其他性能也好的算法，但是现实中很难做到十全十美，原因是上述要求有时相互抵触。节约算法的执行时间往往要以牺牲更多的存储空间为代价；而为了节省存储空间又可能要以牺牲更多的时间为代价。因此只能根据具体情况有所侧重。若该程序使用次数较少，则力求算法简明易懂，易于转换为上机的程序。

当一个算法转换成程序并在计算机上执行时，其运行所需要的时间取决于下列因素。

（1）硬件的速度。

（2）书写程序的语言。

（3）编译程序所生成目标代码的质量。对于代码优化较好的编译程序，其生成的程序质量较高。

（4）问题的规模。例如，求 100 以内的素数与求 1000 以内的素数，其执行时间必然是不同的。

1. 算法的执行时间和语句频度

算法的执行时间是指一个算法中所有语句执行时间的总和。每条语句的执行时间等于该条语句的执行次数乘以执行一次所需的实际时间。

语句频度是指该语句在一个算法中重复执行的次数。一个算法的时间耗费就是该算法中所有语句的频度之和。

【例 1-9】求两个 n 阶矩阵的乘积算法。

```
for(i=1;i<=n;i++)                                    //频度为n+1
    for(j=1;j<=n;j++)                                //频度为n*(n+1)
        {c[i][j]=0;                                  //频度为n^2
            for(k=1;k<=n;k++)                        //频度为n^2*(n+1)
                c[i][j]= c[i][j]+a[i][k]*b[k][j]}    //频度为n^3
```

该算法中所有语句的频度之和，即算法的执行时间，用 $T(n)$表示。

$$T(n)=2n^3+3n^2+2n+1$$

2. 问题规模和算法的时间复杂度

为便于针对解决同一问题的不同算法进行比较，通常以算法中基本操作重复执行的频度作为度量标准。原操作是指从算法中选取一种对所研究问题而言是基本运算的操作，用问题规模增加的函数来表征，以此作为时间量度。

对于算法分析，关心的是算法中语句总的执行次数，$f(n)$是问题规模 n 的函数，进而分析 $f(n)$随 n 的变化情况并确定 $T(n)$的数量级（Order of Magnitude）。这里用“O”来表示数量级，给出算法的时间复杂度概念。算法的时间复杂度 $T(n)$是该算法的时间度量，记作

$$T(n)=O(f(n))$$

它表示随问题规模 n 的增大，算法执行时间的增长率和 $f(n)$的增长率相同，称作算法的渐近时间复杂度，简称时间复杂度。

数学符号“O”的严格数学定义为：若 $T(n)$和 $f(n)$是定义在正整数集合上的两个函数，则 $T(n)=O(f(n))$表示存在正的常数 C 和 n_o，使得当 $n\geqslant n_o$ 时都满足 $0\leqslant T(n)\leqslant Cf(n)$。

【例 1-10】赋值语句。

```
++x;
s=0;
```

时间复杂度为 $O(1)$。

【例 1-11】简单的循环。

```
for(i=1;i<=n;++i){
++x;
```

```
  s+=x;
}
```

时间复杂度为$O(n)$。

【例 1-12】双重循环。

```
for(j=1;j<=n;++j)
    for(k=1;k<=n;++k)
    {++x;  s+=x;}
```

时间复杂度为$O(n^2)$。

【例 1-13】双重循环。

```
for(j=1;j<=n;++j)
    for(k=1;k<=j;++k)
    {++x;s+=x;}
```

时间复杂度为$O(n^2)$。

3. 常用算法时间复杂度

数据结构中常用的时间复杂度频率计数有：一个没有循环的算法的基本运算次数与问题规模 n 无关，记作 $O(1)$，也称作常数阶；一个只有一重循环的算法的基本运算次数与问题规模 n 的增长呈线性增大关系，记作 $O(n)$，也称线性阶；其余常用的还有平方阶 $O(n^2)$、立方阶 $O(n^3)$、对数阶 $O(\log_2{}^n)$、指数阶 $O(2^n)$等。各种不同数量级对应的值存在着如下关系：

$$O(1)<O(\log_2{}^n)<O(n)<O(n*\log_2{}^n)<O(n^2)<O(n^3)<O(2^n)<O(n!)$$

不同数量级的时间复杂度的形状如图 1-6 所示。一般情况下，随着 n 的增大，$T(n)$的增长较慢的算法为最优的算法。显然，时间复杂度为指数阶 $O(2^n)$的算法效率极低，当 n 值稍大时就无法应用。

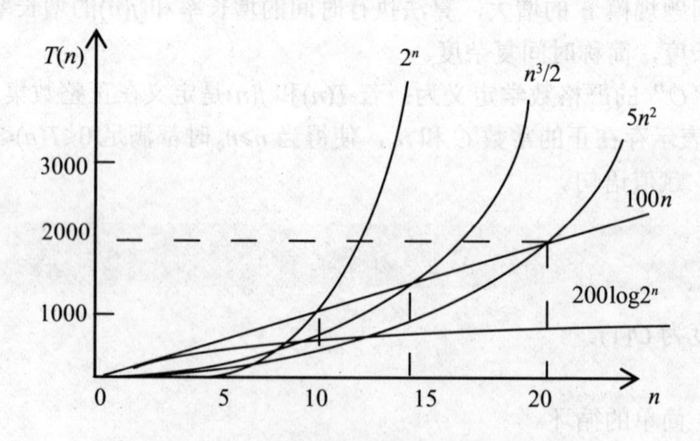

图 1-6 常见数量级的时间复杂度的形状

4. 算法的空间复杂度

算法的存储空间需求类似于算法的时间复杂度，采用渐近空间复杂度（Space Complexity）作为算法所需存储空间的量度，简称空间复杂度，它也是问题规模 n 的函数，记作

$$S(n)=O(f(n))$$

指的是该算法在运行过程中所耗费的辅助存储空间，如果一个算法所耗费的存储空间与问题规模 n 无关，记作 $S(n)=O(1)$。

算法所耗费的存储空间包括算法本身所占用的存储空间、算法的输入/输出所占用的存储空间以及算法在运行过程中临时占用的辅助存储空间。

算法的输入/输出所占用的存储空间是由算法解决的问题规模所决定的，不随算法的改变而改变；算法本身所占用的存储空间与实现算法的程序代码长度有关，代码越长，占用的存储空间越大；算法在运行过程中临时占用的辅助存储空间随算法的不同而不同，有的算法不随问题规模的大小而改变，而有的算法需要占用的辅助存储空间与解决问题的规模 n 有关，它随 n 的增大而增大。

【例 1-14】 将一维数组 a 中的 n 个数据逆序存放到原数组中，给出实现该问题的两种算法。

算法 1：

```
for(i=0;i<n;i++)
  b[i]=a[n-i-1];
for(i=0;i<n;i++)
  a[i]=b[i];
```

算法 2：

```
for(i=0;i<n/2;i++) {
    t=a[i];
    a[i]=a[n-i-1];
    a[n-i-1]=t;
 }
```

算法 1 的空间复杂度为 $S(n)$，需要一个大小为 n 的辅助数组 b。

算法 2 的空间复杂度为 $S(1)$，仅需要一个变量 t，与问题规模没有关系。

1.4　本章小结

本章介绍了数据结构的基本概念和术语，以及算法和算法时间复杂度的分析方法。主要内容如下：

1. 数据结构的基本概念

数据结构包括数据逻辑结构、数据存储结构和数据运算集合三个部分。

- 数据逻辑结构
  - 线性结构（线性表、栈、队列、字符串、数组、广义表）
  - 非线性结构（树、图）
- 数据存储结构
  - 顺序结构
  - 链式结构
- 数据运算集合

2. 数据逻辑结构与数据存储结构的区别

数据逻辑结构定义了数据元素之间的逻辑关系。数据存储结构是数据逻辑结构在计算机中的实现。一种逻辑结构可采用不同的存储方式存放在计算机中，但都必须反映出要求的逻辑关系。

3. 抽象数据类型

抽象数据类型是指由用户定义的，表示应用问题的数学模型，以及定义在这个模型上的一组操作的总称，具体包括三部分：数据对象、数据对象上关系的集合，以及数据对象的基本操作的集合。

4. 算法和算法分析

理解算法的定义、算法的特性、算法的时间复杂度、算法的空间复杂度。

习　题

1. 解释下列术语：数据、数据元素、数据对象、数据结构、存储结构、线性结构、算法、抽象数据类型。

2. 试举一个数据结构的例子，叙述其逻辑结构、存储结构及运算 3 方面的内容。

3. 选择题。

（1） 在数据结构中，从逻辑上可以把数据结构分成（　　）。

A．动态结构和静态结构　　B．紧凑结构和非紧凑结构
C．线性结构和非线性结构　　D．内部结构和外部结构

（2） 与数据元素本身的形式、内容、相对位置、个数无关的是数据的（　　）。

A．存储结构　　B．存储实现
C．逻辑结构　　D．运算实现

（3） 通常要求同一逻辑结构中的所有数据元素具有相同的特性，这意味着（　　）。

A．数据具有同一特点
B．不仅数据元素所包含的数据项的个数要相同，而且对应数据项的类型要一致
C．每个数据元素都一样
D．数据元素所包含的数据项的个数要相等

（4）以下说法正确的是（　　）。

A．数据元素是数据的最小单位

B．数据项是数据的基本单位

C．数据结构是带有结构的各数据项的集合

D．一些表面上很不相同的数据可以有相同的逻辑结构

（5）以下数据结构中，（　　）是非线性数据结构。

A．树　　B．字符串　　C．队列　　D．栈

4. 填空题。

（1）数据结构是一门研究非数值计算的程序设计问题中计算机的__________以及它们之间的__________和运算等的学科。

（2）数据结构被形式定义为（D, R），其中 D 是__________的有限集合，R 是 D 上的__________有限集合。

（3）数据结构包括数据的__________、数据的__________和数据的__________这三个方面的内容。

（4）线性结构中元素之间存在__________关系，树形结构中元素之间存在__________关系，图形结构中元素之间存在__________关系。

（5）一个算法的效率可分为__________效率和__________效率。

5. 试分析下面各算法的时间复杂度。

```
① x=90; y=100;
  while(y>0)
    if(x>100)
        {x=x-10;y--;}
    else x++;
② for (i=0;  i<n; i++)
        for (j=0; j<m; j++)
            a[i][j]=0;
③ for(int i=1;i<=n;i++)
    for(int j=1;j<=i;j++)
        s++;
④ i=1;
    while(i<=n)
       i=i*2;
⑤ i=0,s1=0,s2=0;
    while(i++<n){
        if(i%2)s1+=i;
        else s2+=i;
    }
⑥ x=n; //n>1
    y=0;
    while(x>=(y+1)* (y+1))
        y++;
```

编 程 实 例

1. 编写一个程序，打印出所有的“水仙花数”，并分析算法的时间复杂度。

2. 编写一个程序，读入 3 个整数 x，y 和 z 的值，要求从小到大进行排序后输出，并分析算法的时间复杂度。

3. 编写一个程序，将一个字符串中的所有字符按相反的次序重新放置。

第2章

线　性　表

简单自由的线性表

线性表是最简单、最常用的线性结构，线性结构是指数据元素之间可以排列成一条直线，除首尾两个数据元素外，其他的数据元素只有一个直接前驱和一个直接后继。比如出门乘坐地铁或公交，从起点到终点，其中整个线路上的每一个站点构成了线性表上的每一个数据元素。线性表也是最自由的，其表上任意位置的数据元素都可操作。

本章知识要点：

- 线性表的定义
- 线性表的顺序存储及实现
- 线性表的链式存储及实现
- 顺序表与链表的比较

2.1　线性表的定义

2.1.1　线性表的逻辑结构

日常生活中，线性表的例子比比皆是。例如，26 个英文字母字母表：

（A，B，C，D，…，X，Y，Z）

是一个线性表，其中每个字母作为表中的数据元素；学生信息表也是一个线性表，表中数据元素的类型为用户定义的学生类型；一个字符串也是一个线性表，表中数据元素的类型为字符型等。

那么线性表具有什么特征呢？

显然，线性表是一种线性结构，有两端，一个是首端，另一个是尾端，除了首尾，数据元素“一个接一个地排列”，并且数据元素的类型是相同的，如图 2-1 所示。

图 2-1　线性表的逻辑结构

综上所述，线性表定义如下：

线性表是具有相同数据类型的 n（$n \geqslant 0$）个数据元素的有限序列，记作（a_1，a_2，…，a_{i-1}，a_i，a_{i+1}，…，a_n）。

其中 n 为表长，当 $n=0$ 时称为空表。

表中相邻元素之间存在着顺序关系。将 a_{i-1} 称为 a_i 的直接前驱，a_{i+1} 称为 a_i 的直接后继。即对于 a_i，当 $i=2$，…，n 时，有且仅有一个直接前驱 a_{i-1}；当 $i=1$，2，…，$n-1$ 时，有且仅有一个直接后继 a_{i+1}；而 a_1 是线性表中的第一个元素，没有前驱；a_n 是线性表中的最后一个元素，没有后继。

需要说明的是：a_i 是序号为 i 的数据元素（$i=1$，2，…，n），通常将其数据类型抽象为 ElemType。例如，在学生信息表中，数据元素是用户自定义的学生类型；在字符串中，数据元素是字符型。

线性表的特点：

（1）有序性。线性表中相邻数据元素之间存在着序偶关系$<a_i, a_{i+1}>$。

（2）有穷性。线性表由有限个数据元素组成，表长就是表中数据元素的个数。

（3）同一性。线性表由相同数据类型组成，每一个 a_i 必须属于同一数据类型。

2.1.2　线性表的抽象数据类型

线性表是一个灵活自由的数据结构，其长度可根据需要增长或缩短，即对线性表的数据元素不仅可以进行访问，而且还可以进行插入和删除等操作。

下面给出线性表的抽象数据类型定义。

ADT List {

数据元素：$D=\{ a_i \mid a_i \in D_0$，$i=1$，2，…，$n$，$n\geqslant 0$，$D_0$ 为指定的数据类型$\}$

数据关系：$R=\{ <a_{i-1}$，$a_i> \mid a_{i-1}$，$a_i \in D_0$，$i=2$，3，…，$n\}$

基本操作：

（1）InitList(&L)。

操作结果：构造一个空的线性表 L。

（2）DestroyList(&L)。

初始条件：线性表 L 已存在。

操作结果：销毁线性表 L。

（3）ListEmpty(L)。

初始条件：线性表 L 已存在。

操作结果：若 L 为空表，则返回 TRUE，否则返回 FALSE。

（4）ListLength(L)。

初始条件：线性表 L 已存在。

操作结果：返回 L 中的元素个数。

（5）GetElem(L, e, i)。

初始条件：线性表 L 已存在，$1\leqslant i\leqslant$ListLength(L)。

操作结果：用 e 返回 L 中第 i 个数据元素的值。

（6）LocateElem(L, e)。

初始条件：线性表 L 已存在。

操作结果：返回 L 中第 1 个与 e 相等的元素的位置序号。若此元素不存在，则返回值为 0。

（7）ClearList(&L)。

初始条件：线性表 L 已存在。

操作结果：将 L 重置为空表。

（8）ListInsert(&L, i, e)。

初始条件：线性表 L 已存在，$1\leqslant i\leqslant$ListLength (L) +1。

操作结果：在 L 的第 i 个数据元素之前插入新的元素 e，L 的长度增 1。

（9）ListDelete(&L, i, &e)。

初始条件：线性表 L 已存在且非空，$1\leqslant i\leqslant$ListLength(L)。

操作结果：删除 L 的第 i 个数据元素，并用 e 返回其值，L 的长度减 1。

}ADT List;

由于一个抽象数据类型仅是一个模型的定义，并不涉及模型的具体实现，因此使用的参数不考虑具体类型。在实际应用中，根据数据元素的实际类型进行选择定义。

线性表的抽象数据类型中的运算是定义在逻辑结构层次上的，而运算的具体实现是建立在存储结构层次上的，每一个操作的具体实现只有在确定了线性表的存储结构之后才能完成。

2.2 线性表的顺序存储及实现

2.2.1 顺序表

线性表的顺序存储是指一组地址连续的存储单元顺序存放线性表的各个数据元素。用这种存储结构的线性表称为顺序表，也称为线性表的顺序存储结构或顺序映像。其特点是，逻辑上相邻的数据元素，其物理存储次序也相邻。

因为内存中的地址空间是线性的，因此用物理上相邻实现数据元素之间的逻辑相邻关系既简单又自然，如图 2-2 所示，给出了线性表的顺序存储结构示意图。由图可知，在顺序表中，每一个数据元素的存储地址与其在线性表中的位序成正比。只要明确了存储线性表的起始地址和表中每个数据元素所占存储单元的大小，就能计算出线性表中任意一个数据元素的存储地址，从而实现对顺序表中任意数据元素的随机存取。所以顺序表是一种随机存取的存储结构。

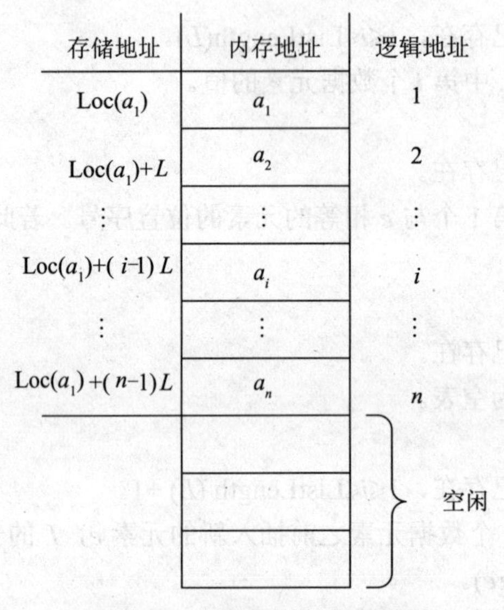

图 2-2 顺序存储结构示意图

1. 地址的计算

假设线性表的每个元素占用 L 个存储单元，第一个元素的起始地址为 $\mathrm{Loc}(a_1)$，则线性表中第 i+1 个数据元素的存储位置 $\mathrm{Loc}(a_{i+1})$和第 i 个数据元素的存储位置 $\mathrm{Loc}(a_i)$之间满足下列关系：

$$\mathrm{Loc}(a_{i+1}) = \mathrm{Loc}(a_i)+L$$

那么，线性表的第 i 个数据元素 a_i 的存储位置为

$$\mathrm{Loc}(a_i) = \mathrm{Loc}(a_1)+(i-1)\times L$$

式中，Loc(a_1)是线性表的第一个数据元素 a_1 的存储地址，通常称作线性表的起始地址或基地址。

2. 顺序存储表示

在 C 语言中，一维数组可以随机存取且数组中的元素占用连续的存储空间。因此，用一维数组来表示顺序表的存储结构是再合适不过的。

考虑到线性表的运算有插入、删除等，即表长是可变的，因此，数组的容量需设计得足够大，用 data[MAXSIZE]来表示。其中 MAXSIZE 是一个根据实际问题定义的足够大的整数，线性表中的数据从 data[0]开始依次顺序存放，用变量 length 记录当前线性表中最后一个元素在数组中的位置，始终指向线性表中最后一个元素。

用 C 语言定义线性表的顺序存储结构如下：

```
#define  MAXSIZE  100     //MAXSIZE 为顺序表可以达到的最大长度
typedef  struct {
   ElemType data[MAXSIZE];
   int length;                //length+1 即为表长
} SeqList;
```

说明：

（1）ElemType 数据类型是为了描述的统一而自定义的，在实际应用中，用户可以根据实际需要来具体定义顺序表中元素的数据类型，如 int、char、float 或 struct 结构类型。

（2）数组下标从 0 开始，因此需注意区分数据元素在线性表中的序号和该元素在数组中的下标位置之间的对应关系。即 a_i 在线性表中的序号为 i，而在顺序表中对应的数组 data 的下标为 i-1。

利用顺序表的数据类型 SeqList 可以定义结构体变量 L，变量 L 的定义和使用有两种方法：

（1）将 L 定义为变量。

```
SeqList  L;
```

采用 L.data[i-1]来访问顺序表中序号为 i 的数据元素 a_i；通过 L.length 得到顺序表中最后一个元素的下标，且 L.length+1 为顺序表的长度。

（2）将 L 定义为指针变量。

```
SeqList  *L;
```

采用 L->data[i-1]来访问顺序表中序号为 i 的数据元素 a_i；通过 L->length+1 得到顺序表的长度。

2.2.2　顺序表的基本运算

1. 顺序表的初始化

顺序表的初始化即构造一个空表，这对表是一个加工型的运算。因此，将 L 设为指针参数，首先动态分配存储空间；然后，将表中 length 的指针置为-1，表示表中没有数据元素。

【算法 2-1】顺序表的初始化算法

```
SeqList  *init_SeqList( ){
   SeqList *L;
   L=new SeqList;          //申请顺序表的存储空间
   if(L){
     L->length=-1;
     return L;             //返回顺序表的存储地址
   }
   else  return-1;         //申请不成功，返回错误代码-1
}
```

2. 插入运算

线性表的插入运算是指在表的第 i（$1\leqslant i\leqslant n+1$）个位置前插入一个值为 x 的新元素，插入后使原表长为 n 的线性表

$$(a_1, a_2, \cdots, a_{i-1}, a_i, a_{i+1}, \cdots, a_n)$$

成为表长为 n+1 的线性表

$$(a_1, a_2, \cdots, a_{i-1}, x, a_i, a_{i+1}, \cdots, a_n)$$

数据元素 a_{i-1} 和 a_i 之间的逻辑关系发生了变化，在线性表的顺序存储结构中，由于逻辑上相邻的数据元素在物理位置上也是相邻的。因此，除非插入的元素在表尾，否则必须移动元素才能反映这个逻辑关系的变化。一个线性表在插入前后数据元素在存储空间的位置变化，如图 2-3 所示。为了在线性表的第 4 个和第 5 个元素之间插入一个值为 36 的数据元素，则需将第 5 个至第 8 个元素依次向后移动一个位置，直至第 i 个数据元素。

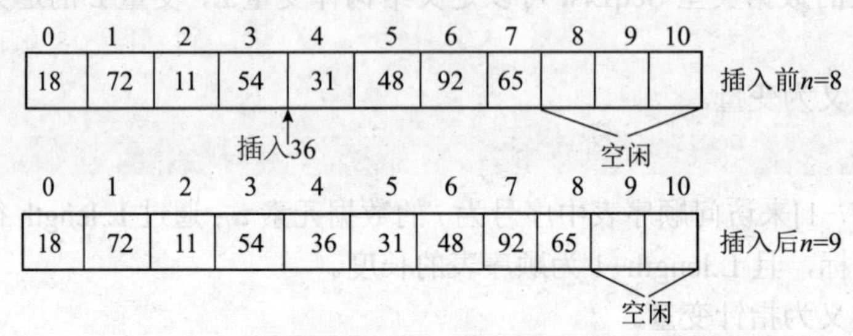

图 2-3 在顺序表中插入元素

顺序表上完成插入运算的步骤如下。

（1）将第 n 个至第 i 个位置的元素顺序向后移动一个位置，为新元素空出第 i 个位置。

（2）将 x 置入空出的第 i 个位置。

（3）表长加 1。

【算法 2-2】顺序表的插入算法

```
int Insert_SeqList (SeqList &L,ElemType x,int i){
          //在线性表 L 中第 i（1≤i≤L.length）个数据元素之前插入一个数据元素 x
   int k;
   if (i< 0||i>L.length || L.length==MAXSIZE)
```

```
        return 0;
    else
    {
        for(k=L.length; k>= i; k--)
            L.data [k]=L.data [k-1];
    L.data[i]=X;
    L.length=L.length+1;
    }
    return 1;
}
```

时间复杂度分析如下。

顺序表上的插入运算，时间主要消耗在移动元素上，而移动元素的个数取决于插入元素的位置。在第 i 个数据元素前插入 x，从 a_i～a_n 都要向后移动一个位置，共需要移动 $n-i+1$ 个元素，而 $1\leqslant i\leqslant n+1$，即有 $n+1$ 个位置可以插入。

假设在第 i 个元素之前插入一个元素的概率为 p_i，E_{in} 为在长度 n 的线性表中插入一个元素时平均移动数据元素的次数，则

$$E_{\text{in}} = \sum_{i=1}^{n+1} p_i(n-i+1) \tag{2-1}$$

假定在线性表的任何位置上插入元素都是等概率的，即

$$p_i = \frac{1}{n+1} \tag{2-2}$$

最后式（2-1）可化简为式（2-3）

$$E_{\text{in}} = \frac{1}{n+1}\sum_{i=1}^{n+1}\left(n-i+1\right) = \frac{n}{2} \tag{2-3}$$

说明：在顺序表上做插入操作需移动表中一半的数据元素，显然时间复杂度为 $O(n)$。

本算法应注意以下问题。

（1）顺序表中数据区域有 MAXSIZE 个存储单元，所以在向顺序表中插入元素时先检查表空间是否满了，在表满的情况下不能再插入，否则产生溢出错误。

（2）要检验插入位置的有效性（$1\leqslant i\leqslant n+1$），其中 n 为原表长。

（3）注意数据的移动方向。

3. 删除运算

线性表的删除运算是指将表中第 i 个元素从线性表中去掉，删除后使原表长为 n 的线性表

$$(a_1, a_2, \cdots, a_{i-1}, a_i, a_{i+1}, \cdots, a_n)$$

成为表长为 $n-1$ 的线性表

$$(a_1, a_2, \cdots, a_{i-1}, a_{i+1}, \cdots, a_n)$$

数据元素 a_{i-1}、a_i 和 a_{i+1} 之间的逻辑关系发生了变化，在线性表的顺序存储结构中，由于逻辑上相邻的数据元素在物理位置上也是相邻的。因此，为了在存储结构上反映此变化，同样需要移动元素。如图 2-4 所示，为了删除第 5 个元素，必须将第 6 个至第 8 个元素依次向前移动一个位置。

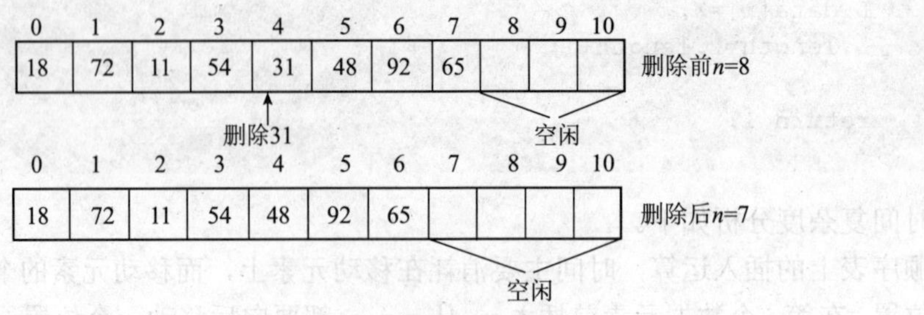

图 2-4 顺序表中删除元素

顺序表上完成删除运算的步骤如下。

（1）将第 i+1 个至第 n 个的元素依次向前移动一个位置。

（2）表长减 1。

【算法 2-3】 顺序表的删除算法

```
int Delete_SeqList (SeqList &L, int i) {//删除线性表 L 中第 i (1≤i≤L.length)
个数据元素
    int k;
    if (i< 0 || i>=L.length)        //下标越界
        return 0;
    else                          //移动后面的元素
    {
        for(k=i;k<L.length;k++)
            L.data[k]=L.data[k+1];
        L.length--;
    }
    return 1;
}
```

时间复杂度分析如下。

与插入运算相同，其时间主要消耗在了移动元素上，而移动元素的个数取决于删除元素的位置。删除第 i 个元素时，其后面的元素 a_{i+1}～a_n 都要向前移动一个位置，共移动了 $n-i$ 个元素。

假设删除第 i 个元素的概率为 p_i，E_{del} 为在长度为 n 的线性表中删除一个元素时平均移动数据元素的次数，则

$$E_{\text{del}}=\sum_{i=1}^{n}p_i\left(n-i\right) \tag{2-4}$$

假定在线性表的任何位置上删除元素都是等概率的，即

$$p_i=\frac{1}{n} \tag{2-5}$$

最后式（2-4）可化简为式（2-6）

$$E_{\text{del}}=\frac{1}{n}\sum_{i=1}^{n}(n-i)=\frac{n-1}{2} \tag{2-6}$$

说明：在顺序表上做删除操作需移动表中一半的数据元素，显然时间复杂度为 $O(n)$。

本算法应注意以下问题。

（1）删除第 i 个元素，其中 $1\leqslant i\leqslant n$，否则第 i 个元素不存在，因此，要检查删除位置的有效性。

（2）当表空时不能删除，因为表空时 L->length 的值为-1，条件（i<1||i>L->length+1）也包括了对表空的检查。

（3）删除 a_i 之后，该数据元素已不存在；如果需要，先保留 a_i 的值，再做删除。

4. 查找运算

查找可以包括两种情况，一种是根据给定元素的序号进行查找，另一种是根据给定的数据值进行查找。对于前一种，由于顺序存储结构具有随机存取的特点，可以直接通过数组下标进行访问和操作。下面讨论按值查找。

顺序表中的按值查找是指在表中查找与给定值 x 相等的数据元素。即从第一个元素 a_1 开始，依次与 x 比较，直到找到一个与 x 相等的数据元素，则返回其在顺序表中的存储下标或序号；若查遍整个表都没有找到与 x 相等的元素，则返回-1。

【算法 2-4】 顺序表的查找算法

```
int Locate_SeqList(SeqList &L,ElemType x){
    int i;
    i=0;
    while(i<=L->length&&L->data[i]!=x)
        i++;
    if(i>L->length)
        return -1;
    else
        return i;
}
```

本算法的主要运算是比较。显然比较的次数与 x 在线性表中的位置有关，也与表长有关。当 $a_1=x$ 时，比较 1 次成功；当 $a_n=x$ 时，比较 n 次成功。平均比较次数为 $(n+1)/2$，时间复杂度为 $O(n)$。

【例 2-1】 有顺序表 LA 和 LB，其元素均按从小到大的升序排列，编写算法，将它们合并成一个顺序表 LC，要求 LC 的元素也是按从小到大的升序排列。例如：LA=(1，2，3)，LB=(1，2，3，4，5)，LC=(1，1，2，2，3，3，4，5)。

算法思路：依次扫描顺序表 LA 和 LB 的元素，比较当前元素的值，将值较小的元素赋给 LC，如此重复，直到一个线性表扫描完毕，然后将未完的那个顺序表中余下部分赋给 LC 即可。顺序表 LC 的容量要能够容纳 LA 和 LB 两个顺序表相加的长度。

【算法 2-5】有序表的合并算法

```
void merge(SeqList LA,SeqList LB, SeqList *LC){
     int  i,j,k;                        //i，j 和 k 分别为 LA，LB 和 LC 当前元素指针
     i=0,j=0,k=0;
     while(i<=LA.length&&j<=LB.length)//依次扫描比较顺序表 LA，LB 中的数据元素
          if (LA.data[i]<LB.data[j]){
               LC->data[k]=LA.data[i];
               k++;
               i++;
          }
          else{
               LC->data[k]=LB.data[j];
               k++;
               j++;
          }
     while(i<=LA.length){                    //将 LA 表中剩余元素赋给 LC
          LC->data[k]=LA.data[i];
          k++;
          i++;
     }
     while(j<=LB.length){                    //将 LB 表中剩余元素赋给 LC
          LC->data[k]=LB .data[j];
          k++;
          j++;
     }
     LC->length=k-1;                         //将 length 指针指向最后一个元素
}
```

算法的时间复杂度是 $O(m+n)$，其中 m 是 LA 的表长，n 是 LB 的表长。

由上面的讨论可知，顺序表可以随机存取表中的任一元素，其存储位置可用一个简单的、直观的公式表示。另一方面，这个特点也造成了这种存储结构的缺点：在表中插入和删除操作时，需要移动大量元素。由于顺序表要求占用连续的存储空间，存储分配只能预先进行静态分配，当表中数据元素个数较多且变化较大时，操作过程相对复杂，必然导致存储空间的浪费。对于以上问题，是否有另一种存储结构可以解决呢？

2.3 线性表的链式存储及实现

为了克服顺序表的缺点，可以采用链式方式存储线性表。链式存储是最常用的动态存储方法，它不需要用地址连续的存储单元来实现，而是通过“链”建立起数据元素之间的逻辑关系，对线性表的插入、删除不需要移动数据元素。

2.3.1　单链表

链表是通过一组任意的存储单元来存储线性表中数据元素的，这组存储单元可以是连续的，也可以是不连续的。因此，链表中逻辑上相邻的数据元素，其存储顺序不一定相邻。

那么怎样表示出数据元素之间的线性关系呢？为建立数据元素之间的线性关系，对每个数据元素 a_i，除了存放自身的信息 a_i 之外，还需要存储 a_i 的直接后继 a_{i+1} 的存储地址，这两部分信息组成一个节点，节点的结构如图 2-5 所示。

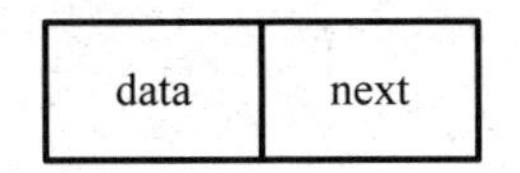

图 2-5　单链表的节点结构

每个节点包括两个域：其中存放数据元素信息的称为数据域，存放直接后继地址的称为指针域。因此 *n* 个元素的线性表通过每个节点的指针域拉成了一个“链子”，称为链表。因为每个节点中只有一个指向后继的指针，所以称为单链表。

如图 2-6 所示是线性表（A，B，C，D，E，F，G，H）对应的单链表存储结构示意图。整个链表的存储必须从头指针开始进行，头指针指示链表中第一个节点的地址，最后一个节点没有直接后继，则其指针域必须置空（NULL），表明此表到此结束。这样就可以从第一个节点的地址开始“顺藤摸瓜”，找到每个节点。

头指针H：180

存储地址	数据域	指针域
110	E	200
⋮	⋮	⋮
150	B	190
180	A	150
⋮	⋮	⋮
190	C	210
200	F	260
210	D	110
⋮	⋮	⋮
240	H	NULL
⋮	⋮	⋮
260	G	240

图 2-6　单链表存储示例

一般情况下，使用链表时，只关心链表中节点间的逻辑顺序，而不关心每个数据元素在存储器中的实际位置，因此通常用箭头来表示链域中的指针，将链表画成用箭头相链接的节点序列。如图 2-6 所示的单链表可画成如图 2-7 所示的形式。

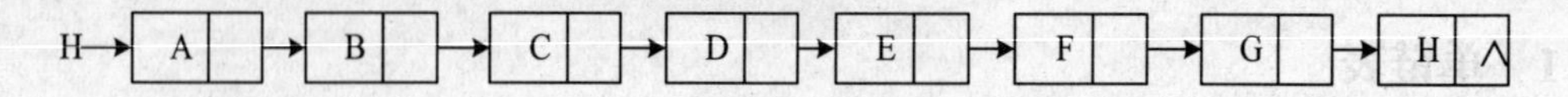

图 2-7 单链表逻辑示意图

通常用“头指针”来标识一个单链表，如单链表 L、单链表 H 等，是指某链表的第一个节点的地址放在了指针变量 *L*，*H* 中，头指针为 NULL 则表示一个空表。

单链表的存储结构定义如下。

```
typedef struct Node{
    ElemType data;
    struct Node *next;
}LNode,*LinkList;
```

上面定义的 LNode 是节点的类型，LinkList 是指向 LNode 类型节点的指针类型。LinkList 和 LNode *同为结构体指针类型，这两种类型是等价的。通常习惯上用 LinkList 定义头指针变量，强调定义的是某个单链表的头指针；用 LNode *定义指向单链表中的任意节点的指针变量。

例如：

```
LinkList L;          //定义 L 为单链表的头指针
LNode *p;            //定义 p 为指向单链表中任意节点的指针，*p 表示该节点
```

假设 L 为单链表的头指针，指向表中第一个节点。若 L==NULL，则表示单链表为空表，其长度为 0。为了操作的统一、方便，在单链表的第一节点之前附设一个节点，称为头节点。头节点的数据域可不存储任何信息，也可存储如线性表长度等附加信息，头节点的指针域存储指向第一个节点的指针，此时单链表的头指针指向头节点。若线性表为空表，则头节点的指针域为 NULL，如图 2-8 所示，说明头节点不计入表长。

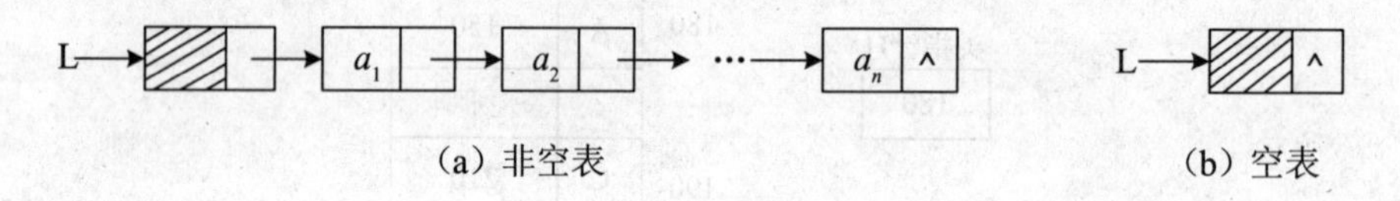

（a）非空表　　（b）空表

图 2-8 带头节点的单链表

2.3.2 单链表的基本运算

1. 初始化

单链表的初始化操作就是构造一个如图 2-8（b）所示的表。

【算法 2-6】单链表初始化

```
LinkList Init_List ( ){
    LNode *L;
    L =new LNode;                //申请节点空间
    if(L == NULL)                                //判断是否有足够的内存空间
        printf("申请内存空间失败\n");
```

```
    L->next = NULL;                          //将 next 设置为 NULL，初始长度为 0
的单链表
    return L;
}
```

2. 建立单链表

单链表与顺序表不同，它是一种动态管理的存储结构，链表中的每个节点占用的存储空间不是预先分配的，而是运行时系统根据需求即时生成的。因此，建立单链表从空表开始，每读入一个数据元素就申请一个节点，并逐个插入链表。依据节点插入位置的不同，常见的建立链表的方法有两种。

（1）头插法建立单链表。

头插法是通过将新节点逐个插入链表的头节点之后来创建链表。从一个空表开始，每读入一个数据元素就生成新节点，并将新节点插入到头节点之后。头插法建表过程如图 2-9 所示。因为每次插入在链表的头部，所以得到的单链表的逻辑顺序与输入元素顺序相反，也称头插法建表为逆序建表法。

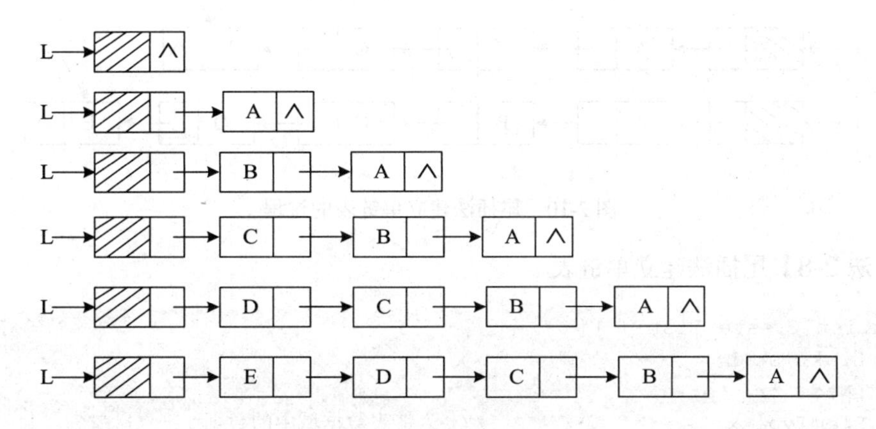

图 2-9　头插法建立单链表

【算法 2-7】 头插法建立单链表

```
LinkList Create_ListH( ){
    ElemType x;
    LinkList L;
    LNode *p;
    L = new LNode;                     //申请头节点空间
    L->next = NULL;                    //初始化一个空链表
    while(scanf("%d",&x) != EOF) {
        p =new LNode;                  //申请新的节点
        p->data = x;                   //节点数据域赋值
        p->next = L->next;             //将节点插入到表头
        L->next = p;
    }
    return L;
}
```

算法 2-7 的时间复杂度为 $O(n)$。

（2）尾插法建立单链表。

尾插法是通过将新节点逐个插入到链表的尾部来创建链表。因为每次是将新节点插入到链表的尾部，需加入一个指针 r，用来始终指向链表中的尾节点，以便将新节点插入到链表的尾部。初始时，L 和 r 均指向头节点，每读入一个数据元素则申请一个新节点，将新节点插入到 r 所指节点，然后 r 指向新的尾节点。尾插法建立单链表的过程如图 2-10 所示。

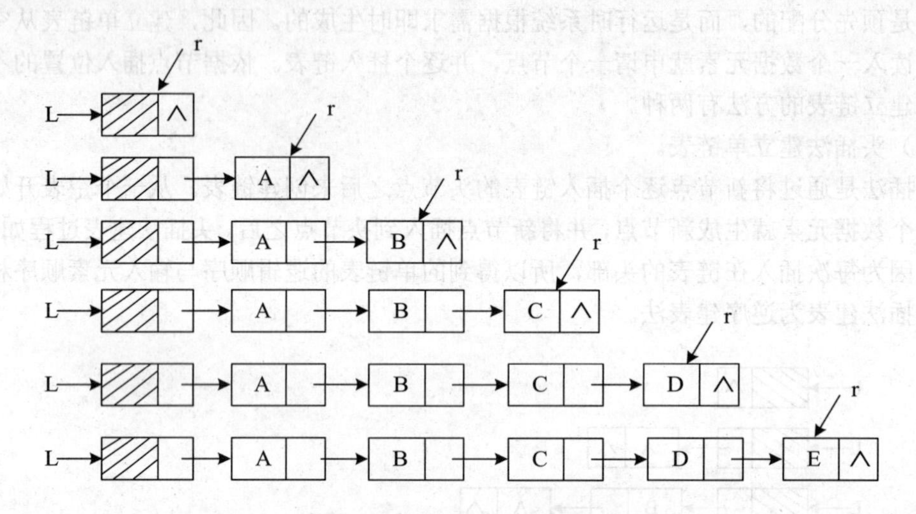

图 2-10 尾插法建立单链表的过程

【算法 2-8】尾插法建立单链表

```
LinkList Create_ListT( ){
    LinkList L;
    LNode *r, *p;
    ElemType x;                    //x 为链表数据域中的数据
    L =new LNode;                  //申请头节点空间
    L->next = NULL;                //初始化一个空链表
    r = L;                         //r 始终指向尾节点，开始时指向头节点
    while(scanf("%d",&x) != EOF)  {
    p = new LNode;                 //申请新的节点
    p->data = x;                   //节点数据域赋值
    r->next = p;                   //将节点插入到表头
    r = p;
    }
    r->next = NULL;
    return L;
}
```

算法 2-8 的时间复杂度为 $O(n)$。

3. 插入运算

（1）在指针 p 所指向节点之后插入新元素。

设 p 指向单链表中某节点，s 指向数据域为 x 的新节点，将 s 节点插入到 p 节点的后

面，插入操作如图 2-11 所示。其中指针修改描述为

①s->next=p->next;

②p->next=s;

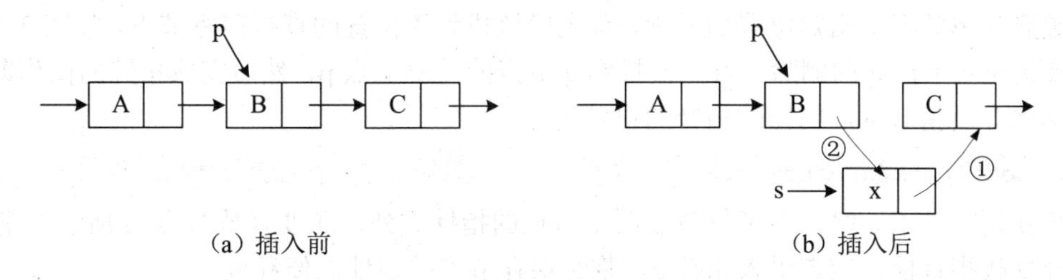

图 2-11　指针 p 所指向节点之后插入 s 节点

（2）在指针 p 所指向节点之前插入新元素。

设 p 指向单链表中某节点，s 指向数据域为 x 的新节点，将 s 节点插入到 p 节点的前面，插入操作如图 2-12 所示。操作所不同的是，首先要找到 p 节点的前驱节点 q，然后再完成在 q 节点之后插入 s 节点。

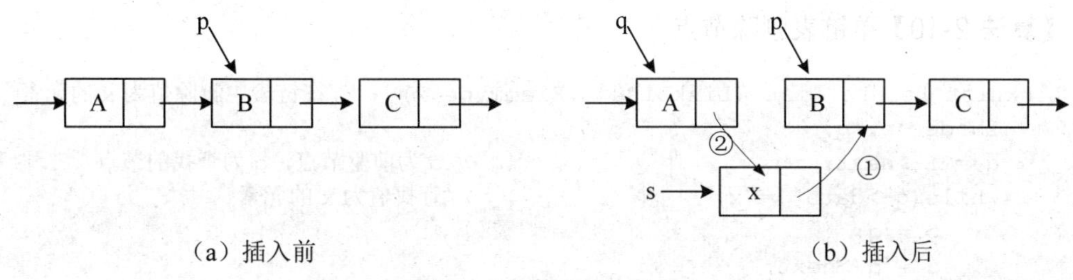

图 2-12　指针 p 所指向节点之前插入 s 节点

p 所指向节点之后插入新元素的时间复杂度为 $O(1)$，而 p 所指向节点之前插入新元素的时间复杂度为 $O(n)$。也可以这样操作，仍然将 s 节点插入到 p 节点的后面，然后将 p->data 与 s->data 交换即可，这样能使时间复杂度为 $O(1)$。

【算法 2-9】 单链表的插入

```
LinkList Insert_List (LinkList L,int i,ElemType x) {
    LNode *q,*s;                //带头节点的单链表 L 的第 i 个位置插入 x 的元素
    int j = 0;
    q = L;                      //q 为前驱节点
    while(q&&j<i-1){
        q = q->next;            //查找第 i 个位置的前驱节点
        j++;
    }
    s = new LNode;              //插入的节点为 s
    s->data = x;
    s->next = q->next;
    q->next = s;
    return L;
}
```

算法 2-9 的时间复杂度为 $O(n)$。因为，在第 i 个节点之前插入一个新节点，必须首先找到第 i-1 个节点，修改指向新节点的指针域。

4. 删除运算

要删除单链表中指定位置的元素，首先应该找到该位置的直接前驱节点。如图 2-13 所示，要实现对节点 q 的删除，首先要找到 q 节点的前驱节点 p，然后完成指针的操作即可。假设删除 q 所指节点，则修改指针的语句为

```
p->next=p->next->next;
```

但在删除节点 q 时，除了修改 p 所指节点的指针域外，还要释放节点 q 所占的空间，所以在修改指针前，应该引入指针 q，临时保存节点的地址以便释放。

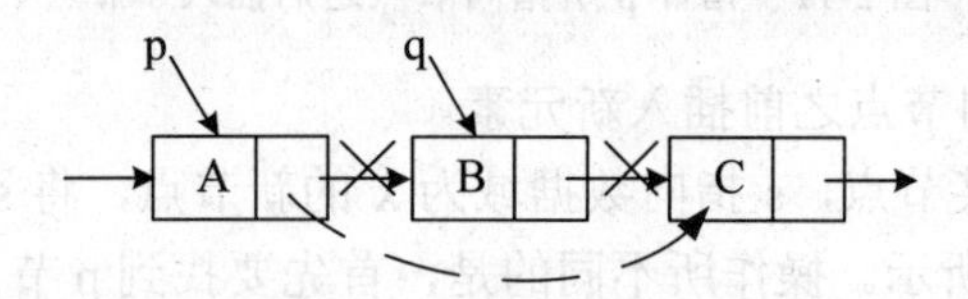

图 2-13 单链表删除节点

【算法 2-10】单链表删除节点

```
LinkList Delete_List (LinkList L,ElemType x) { //在链表中删除值为 x 的元素
    LNode *p,*q;
    q = L->next;                              //p 为前驱节点，q 为查找的节点
    while(q->data != x)     {                 //查找值为 x 的元素
        p = q;
        q = q->next;
        }
    p->next = q->next;                        //删除操作，将其前驱 next 指向其后继
    delete  q;
    return L;
}
```

算法 2-10 的时间复杂度为 $O(n)$。

通过单链表的基本操作可知以下两点。

（1）在单链表上插入、删除一个节点，必须知道其前驱节点。

（2）单链表不具有按序号随机访问的特点，只能从头指针开始依次顺序进行。

5. 求表长

在顺序表中，线性表的长度是它的属性，数组定义时就已确定。在单链表中，整个链表由头指针来表示，单链表的长度需要用从头到尾数节点的方法来统计计数。设一个移动指针 p 和计数器 i，初始化后，p 所指节点后面若还有节点，p 向后移动，计数器加 1。

【算法 2-11】带头节点的单链表求表长

```
int Length_Listl(LinkList L){
    LNode *p;
    int i;
    p=L;                                 //p 指向头节点
```

```
    i=0;
    while (p->next){
        p=p->next;
        i++;                                //p 指向第 i 个节点
    }
  return i;
  }
```

【算法 2-12】不带头节点的单链表求表长

```
  int Length_ List2(LinkList L){
    LNode *p;
    int i;
    p=L;
    i=0;                                //初始化表长变量为 0
    while (p){
        i++;
        p=p->next;
    }                                   //p 指向第 i+1 个节点
    return i;
  }
```

算法 2-11 和算法 2-12 的时间复杂度均为 $O(n)$。可以看到，带头节点的单链表和不带头节点的单链表循环的结束条件是不同的。由此可见，头节点的加入完全是为了运算的统一和方便。

6. **查找运算**

（1）按序号查找。

与顺序表不同，链表中逻辑相邻的节点并没有存储在物理上相邻的单元中，所以根据给定序号 i 在链表中查找一个节点不能像顺序表那样随机访问，只能从链表的第一个节点出发，顺着链域 next 逐个节点往下搜索。

从链表的第 1 个节点（L->next）开始顺着链域扫描，用指针 p 指向当前扫描的节点，用变量 j 做计数器，累计当前扫描过的节点数，当 j==i 时，p 所指的节点就是要找的第 i 个节点。

【算法 2-13】按序号查找单链表数据元素

```
  LinkList  Get_List(LinkList L, int i){  //在单链表 L 中查找第 i 个元素节点
    LNode  *p;
    int  j;
    p=L->next;                              //p 指向第 1 个数据元素节点
    j=1;
    while (p!=NULL&&j<i){
        p=p->next;
        j++;
    }                                       //p 指向第 j 个数据元素节点
    return p;
  }
```

（2）按值查找。

在链表中查找其值与给定值 x 相等的数据元素，是从链表的第一个元素节点开始，判断当前节点值是否等于 x。若是，返回该节点的指针；否则继续后一个，直到链表结束为止；找不到时，返回空指针。

【算法 2-14】 按值查找单链表数据元素

```
LinkList  Locate_ List(LinkList L, ElemType x){ //在单链表L中查找值为x的节点
    LNode *p;
    p=L->next;                                      //p 指向第 1 个数据元素节点
    while (p!=NULL&&p->data!=x)
        p=p->next;
    return p;
}
```

算法 2-13 和算法 2-14 的时间复杂度均为 $O(n)$。

2.3.3 循环链表

循环链表与单链表一样，是一种链式的存储结构，所不同的是，循环链表的最后一个节点的指针是指向该循环链表的第一个节点或者表头节点，从而构成一个环形的链。因此，从表中任一节点出发均可找到表中其他节点，如图 2-14 所示为单链的循环链表，同样还可以有多重链的循环链表。

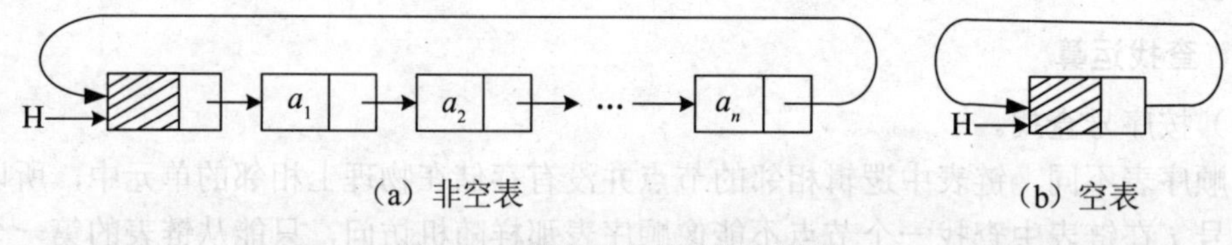

图 2-14　带头节点的单循环链表

在单循环链表上的操作与在单链表上的操作基本相同，差别在于，将原来判断指针“是否为 NULL”变为“是否是头指针”，没有其他较大的变化。

对于单链表，只能从头节点开始扫描整个链表，而对于单循环链表，则可以从表中任意节点开始遍历整个链表。不仅如此，若对链表常做的操作是在表尾、表头进行，此时可以改变一下链表的标识方法，不用头指针而用一个指向尾节点的尾指针 r 来标识，可以使操作简化。

例如，将两个带尾指针 r1，r2 的单循环链表合并成一个表，仅需要将第一个表的尾指针指向第二个表的第一个节点，第二个表的尾指针指向第一个表的头节点，然后释放第二个表的头节点。操作仅需要改变两个指针值即可，其时间复杂度为 $O(1)$，如图 2-15 所示，主要语句段如下。

```
p=r1->next;
r1->next=r2->next->next;
delete r2->next;
r2->next=p;
```

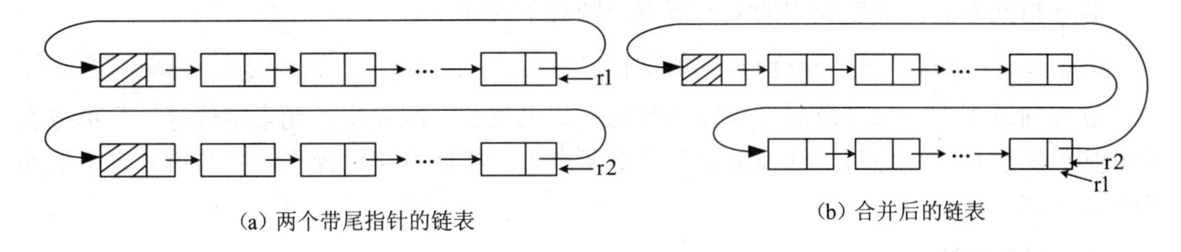

图 2-15　设尾指针的单循环链表的合并

2.3.4 双向链表

以上讨论的链式存储结构的节点中，只有一个指向其后继节点的指针域 next。因此，若已知某节点的指针为 p，其后继节点的指针则为 p->next，而找其前驱则只能从该链表的头指针开始，顺着各节点的 next 域进行。也就是说，找后继的时间复杂度是 $O(1)$，找前驱的时间复杂度是 $O(n)$。如果希望找前驱的时间复杂度也达到 $O(1)$，则只能付出空间的代价，每个节点再加一个指向前驱的指针域，节点的结构如图 2-16 所示。节点中有两个指针域，一个指向直接后继，另一个指向直接前驱，用这种节点组成的链表称为双向链表。

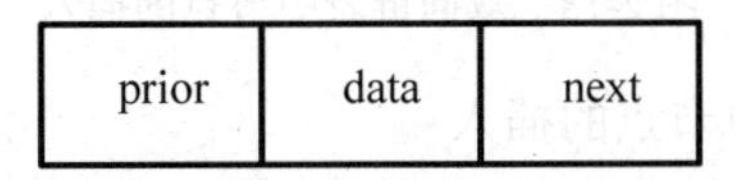

图 2-16　双向链表节点结构

双向链表节点的定义如下。

```
typedef struct DLnode{
    ElemType data;
    struct DLnode  *prior,*next;
 }DLNode,*DLinkList;
```

和单链表类似，双向链表通常也是用头指针标识，可以带头节点，也可以有循环表，称为双向循环链表，带头节点的双向循环链表如图 2-17 所示。

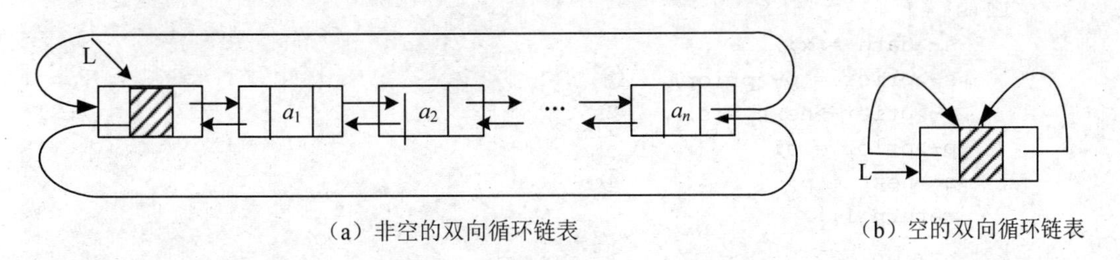

图 2-17　带头节点的双向循环链表

在双向链表中，通过指向某节点的指针 p，既可以直接得到它的后继节点的指针 p->next，也可以直接得到它的前驱节点的指针 p->prior。这样在运算操作中需要找前驱时，则不需要再用循环。

设p指向双向循环链表中的某一节点，则有下式成立。

```
p->prior->next==p->next->prior==p
```

在双向链表中，只涉及后继指针的算法，如求表长、取元素、元素定位等，与单链表中相应的算法相同，但对于涉及前驱和后继两个方向指针变化的操作，则与单链表中的实现算法不同。

1. **插入运算**

设p指向双向链表中某节点，s指向待插入的数据域为x的新节点，将s节点插入到p节点的前面，则指针的变化如图2-18所示。

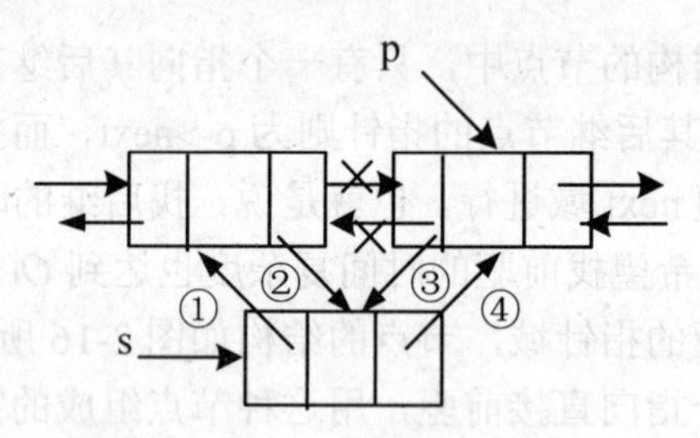

图2-18 双向链表中节点的插入

【算法2-15】双向链表中节点的插入

```
int InsertDoubleList(DLinkList L,  int i, ElemType x)  {
     DLNode *p,*s;
     int  j = 0;
     p = L;
     if (L->next == NULL)
         return -1;
     while ((p->next != NULL) && (j < i))  {
         p = p->next;
         j++;
     }
     s = new DLNode;
     if(s)  {
         s->data = x;
         s->prior = p->prior;    ①
         p->prior->next = s;     ②
         p->prior = s;           ③
         s->next = p;            ④
         return 1;
     }
     else
         return 0;
}
```

以上指针操作的顺序不是唯一的，但也不是任意的，操作①必须要放到操作③的前面完成，否则p节点的前驱节点的指针就丢掉了。

2. 删除运算

设 p 指向双向链表中某节点，删除 p 节点，则指针的变化如图 2-19 所示。

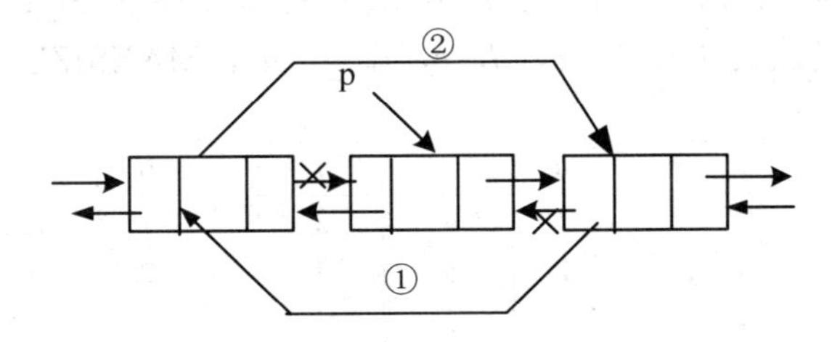

图 2-19　双向链表中节点的删除

【算法 2-16】双向链表中节点的删除

```
int DeleteDoubleList(DLinkList L,  ElemType x)  {
    DLNode *p;
    p =L;
    while((p->next != NULL )&&(p->data != x )){
        p = p->next;
    }
    if(p) {
        p->next->prior=p->prior;          ①
        p->prior->next=p->next;           ②
        delete  p;                  //释放节点的内存空间
        return 1;
    }
    else
        return 0;
}
```

2.3.5 静态链表

静态链表是利用一组地址连续的内存空间来描述线性链表，把数组元素作为存储节点，数组元素类型包含数据域 data 和游标指示器 cur。游标定义为整型，指示节点在数组中的相对位置。通常，数组的第 0 个分量可以设计成表的头节点，头节点的 next 域指示了表中第一个节点的位置。表尾节点的 next 域为-1，表示静态单链表的结束。这种方式实现的单链表叫作静态单链表。这种存储结构同样具有链式存储结构的主要优点，即在插入和删除元素时只需要修改游标而不用移动元素，但也有一些缺点，例如，要预先分配一个较大的空间。

静态单链表结构体描述如下。

```
#define MAXSIZE 1000
typedef struct {
    ElemType data;
    int cur;
} component, St_List [MAXSIZE];
```

动态链表都是由指针实现的，链表中节点的分配和回收（即释放）都是由系统提供的标准函数 new 和 delete 动态实现的，故称之为动态链表。

在静态链表中，插入、删除元素的算法为修改游标。设 *S* 为 St_List 型变量，定义的静态单链表 *S* 中存储着线性表（*a*，*b*，*c*，*d*，*e*，*f*，*g*，*h*），MAXSIZE=11，如图 2-20 所示。

	data	cur
0		1
1	*a*	2
2	*b*	3
3	*c*	4
4	*d*	5
5	*e*	6
6	*f*	7
7	*g*	8
8	*h*	−1
9		
10		

（a）初始化

	data	cur
0		1
1	*a*	2
2	*b*	3
3	*c*	4
4	*d*	9
5	*e*	6
6	*f*	7
7	*g*	8
8	*h*	−1
9	*x*	5
10		

（b）插入*x*后

	data	cur
0		1
1	*a*	2
2	*b*	3
3	*c*	4
4	*d*	9
5	*e*	6
6	*f*	8
7	*g*	8
8	*h*	−1
9	*x*	5
10		

（c）删除*g*后

图 2-20　静态链表的插入和删除操作

要在第四个元素后插入元素 *x*，方法是先申请一个空闲空间并置入元素 *x*，令 S[9].data=*x*，然后修改第四个元素的游标域，将 *x* 插入到链表中，即令 S[9].cur=S[4].cur，S[4].cur=9。若要删除第八个元素 *g*，则顺着游标链通过计数找到第 7 个元素存储位置 6，令 S[6].cur=S[7].cur。

上述举例中未考虑对已释放空间的回收，在经过多次插入和删除后，会造成静态链表的"假满"，即表中有很多的空闲空间，却无法再插入元素。解决这个问题的方法是将所有未分配的节点空间以及因删除操作而回收的节点空间用游标链成一个备用静态链表。当进行插入操作时，先从备用链表上取一个分量来存放待插入的元素，然后将其插入到已用链表的相应位置。当进行删除操作时，则将被删除的节点空间链接到备用链表上以备后用。

与单链表中要通过修改指针实现插入、删除操作不同的是，new 和 delete 两个函数使用的是静态链表本身已声明的空间，即静态链表中未使用的部分，静态链表的这个部分称为"备用静态链表"。

2.3.6　单链表应用举例

【例 2-2】已知单链表 H 如图 2-21（a）所示，编写算法将其逆置，即实现如图 2-21（b）的操作。

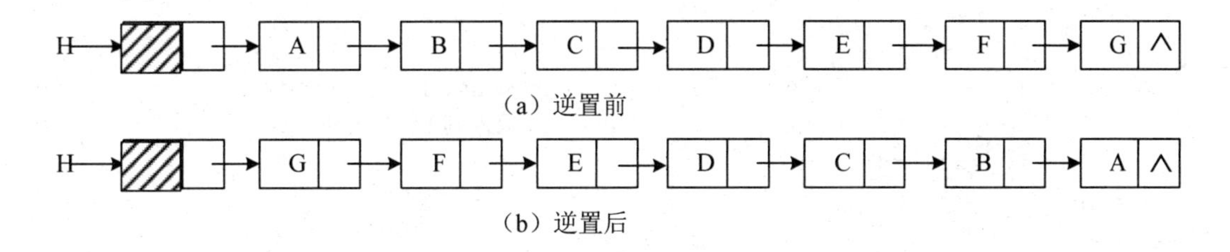

图 2-21 单链表的逆置

算法思路：依次取原链表中的每个节点，总是将其作为新链表当前的第一个节点插入到新链表中去，指针 p 用来指向原表中当前节点，p 为空时结束。

【算法 2-17】带头节点的单链表的逆置

```
void reverse(Linklist H){
    LNode *p;
    p=H->next;
    H->next =NULL;
    while(p)  {
        q= p;
        p = p->next;
        q->next = H->next;
        H->next = q;
    }
}
```

该算法对链表顺序扫描一遍就完成了逆置，所以时间复杂度为 $O(n)$。

【例 2-3】设有两个单链表 LA、LB，其中数据元素按值递增有序，编写算法将 LA、LB 归并成一个按元素值递减有序（相同值保留）的链表 LC，要求用 LA、LB 中的原节点形成，不能重新申请节点。

算法思路：利用 LA、LB 两表有序的特点，依次进行比较，将当前值较小者插入到 LC 表的头部，得到的 LC 表则是递减有序的。

【算法 2-18】两个单链表的归并算法

```
LinkList merge(LinkList LA,LinkList LB){    //设 LA, LB 均为带头节点的单链表
    LinkList LC;
    LNode *p,*q,*s;
    p=LA->next;
    q=LB->next;
    LC=LA;                                  //LC 表的头节点
    LC->next=NULL;
    delete LB;                              //释放 LB 表头节点空间
    while (p&&q){
        if (p->data<q->data){
            s=p;
            p=p->next;
        }
        else{
```

```
            s=q;
            q=q->next;
        }                                   //从 LA、LB 表取较小者
        s->next=LC->next;                   //插入到 LC 的头部
        LC->next=s;
    }
    if (p==NULL)
            p=q ;
    while (p){                              //将剩余的节点依次插入到 LC 的头部
        s=p;
        p=p->next;
        s->next=LC->next;
        LC->next=s;
        }
}
```

该算法的时间复杂度为 $O(m+n)$。

【例 2-4】已知单链表 H 如图 2-22（a）所示，编写算法将表中值相等的节点删除，即实现如图 2-22（b）所示的操作。

算法思路：用指针 p 指向第一个数据元素的节点，从其直接后继节点开始到表结束，查找与其值相同的节点并删除，p 再指向下一个节点。依此类推，p 指向最后一个节点时算法结束。

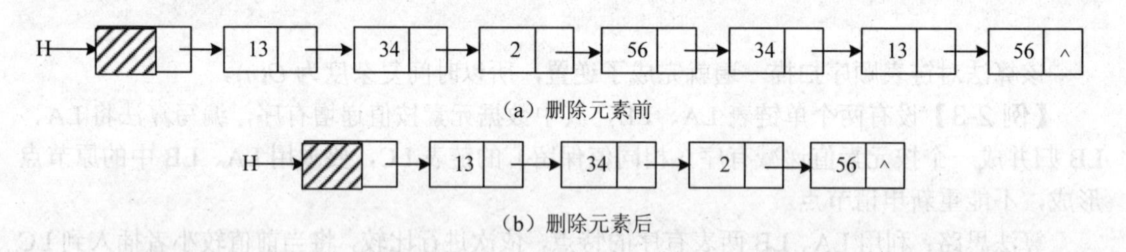

图 2-22　单链表中相同值删除

【算法 2-19】单链表中相同值删除

```
void del_ LinkList(LinkList H){
  LNode  *p,*q,*r;
  p=H->next;                                //p 指向第一个数据元素的节点
  while (p){
    q=p;
    while (q->next){                        //从 p 的后继节点开始扫描
        if (q->next->data==p->data){
            r=q->next;                      //指针 r 指向重复的节点
            q->next=r->next;                //删除 r
            delete r;                       //释放 r 所占的空间
        }
        else
            q=q->next;
    }
```

```
        p=p->next;
    }
}
```

该算法的时间复杂度为 $O(n^2)$。

2.4　顺序表与链表的比较

顺序表和链表的存储结构各有优缺点。在实际应用中究竟选用何种存储结构要根据具体的要求和性质决定。

顺序表具有如下优缺点。

（1）方法简单，各种高级程序设计语言中都有数组，容易实现。

（2）不用为表示数据元素间的逻辑关系而增加额外的存储开销。

（3）顺序表具有随机访问的特点。

（4）顺序表中插入、删除元素时，平均移动大约表中一半的元素，因此对表越长的顺序表来说效率越低。

（5）需要预先分配足够大的存储空间。预先分配过大，可能会导致大量闲置；预先分配过小，又会造成溢出。

链表的优缺点恰好与顺序表相反。关于如何选取存储结构，通常考虑以下几点。

1. 基于空间的考虑

顺序表的存储空间是静态分配的，在程序执行之前必须明确规定其存储规模。也就是说，事先对 MAXSIZE 要有合适的设定，过大造成浪费，过小造成溢出。可见，对线性表的长度或存储规模难以估计时，不宜采用顺序表。链表不用事先估计存储规模，但链表的存储密度较低，存储密度是指一个节点中数据元素所占的存储单元和整个节点所占的存储单元之比。链式存储结构的存储密度小于 1。

2. 基于时间的考虑

顺序表访问任意数据元素 a_i 的时间复杂度为 $O(1)$，而链表访问任意数据元素 a_i 的时间复杂度为 $O(n)$，所以如果线性表经常的运算是访问数据元素，那么顺序表优于链表。顺序表插入、删除数据元素需要平均移动表长一半的元素，当表较长时，其效率较低；链表插入、删除数据元素时，虽然也要找插入位置，但操作主要是比较，从这个角度考虑，显然链表优于顺序表。

3. 基于语言环境的考虑

顺序表容易实现，任何高级程序设计语言中都有数组类型；链表的操作是基于指针的。相对来讲数组简单些，这也是设计者考虑的一个因素。

总之，两种存储结构各有优缺点，选择哪一种存储结构由实际问题中的主要因素决定。通常“较稳定”的线性表选择顺序存储，而频繁做插入、删除等“动态性”较强的线性表宜选择链式存储。

2.5 本章小结

本章介绍的线性表是一种最简单、最常用的数据结构。通过本章内容的学习，读者应理解线性表的定义、存储结构，熟练掌握线性表的两类存储结构的特点，灵活应用适当的存储结构来解决具体问题。

1. 线性表的逻辑结构

线性表中每个数据元素有且仅有一个直接前驱和一个直接后继，首节点无直接前驱，尾节点无直接后继。

2. 线性表的存储结构

实现线性表在计算机中的存放有顺序存储与链式存储两种方式。

顺序存储表现为元素存储的先后位置反映出其逻辑上的线性关系，借助数组来表示。给定数组的下标，便可存取相应的元素，属随机存取结构；而对于链表，是依靠指针来反映其线性逻辑关系的，链表节点的存取都要从头指针开始，顺链而行，不属于随机存取结构。

3. 线性表的运算

能熟练掌握顺序表和链表的查找、插入和删除算法，并能够设计出线性表应用的常用算法；能够从时间和空间复杂度的角度比较两种存储结构的不同特点，并根据实际应用选择不同的存储结构，明确其各自的特点。

习　题

1. 线性表有两种存储结构，分别是顺序表和链表。试问：两种存储结构各有哪些主要优缺点？

2. 试分析线性表的特征并举例说明。

3. 选择题。

（1） 在一个长度为 n 的顺序存储的线性表中，向第 i 个元素（$1 \leqslant i \leqslant n+1$）位置插入一个新元素时，需要从后向前依次后移（　　）个元素。

A．$n-i$　　　　B．$n-i+1$

C．$n-i-1$　　　　D．i

（2） 在一个长度为 n 的顺序存储的线性表中，删除第 i 个元素（$1 \leqslant i \leqslant n$）时，需要从前向后依次前移（　　）个元素。

A．$n-i$　　　　B．$n-i+1$

C．$n-i-1$　　　　D．i

（3） 在一个顺序表中任何位置插入一个元素的时间复杂度为（　　）。

A．$O(n)$　　B．$O(n/2)$

C．$O(1)$　　D．$O(n^2)$

（4） 在一个顺序表的表尾插入一个元素的时间复杂度为（　　）。

A．$O(n)$　　B．$O(1)$

C．$O(n*n)$　　D．$O(\log_2 n)$

（5） 线性表的链式存储比顺序存储最有利于进行（　　）操作。

A．查找　　B．表尾插入或删除

C．按值插入或删除　　D．表头插入或删除

（6） 在一个单链表中，若要在指针 p 所指向的节点之后插入一个新节点，则需要相继修改（　　）个指针域的值。

A．1　　B．2

C．3　　D．4

（7） 在一个头指针为 H 的单链表中，若要向表头插入一个由指针 p 指向的节点，则应执行（　　）操作。

A．H=p;p->next=H;　　B．p->next=H;H=p;

C．p->next=H;p=H;　　D．p->next=H->next;H->next=p;

（8） 在一个表头指针为 H 的单链表中，若要在指针 q 所指节点的后面插入一个由指针 p 所指向的节点，则执行（　　）操作。

A．q->next=p->next;p-next=q;　　B．p->next=q->next;q=p;

C．q->next=p->next;p->next=p->next;　　D．p->next=q->next;q->next=p;

4. 填空题。

（1） 顺序表中访问任意节点的时间复杂度均为__________，顺序表也称为随机存取的数据结构。

（2） 顺序表中逻辑上相邻的元素的物理位置__________相邻。单链表中逻辑上相邻的元素的物理位置__________相邻。

（3） 在单链表中，除了第一个节点外，任一节点的存储位置由__________指示。

（4） 在 n 个节点的单链表中要删除已知节点*p，需找到它的__________，其时间复杂度为__________。

（5）对于长度为 n 的顺序存储的线性表，在表头插入元素的时间复杂度为__________，在表尾插入节点的时间复杂度为__________。

（6） 对于单链表，在表头插入节点的时间复杂度为__________，在表尾插入节点的时间复杂度为__________。

5. 已知长度为 n 的线性表 A 采用顺序存储，编写时间复杂度为 $O(n)$、空间复杂度为 $O(1)$的算法，该算法删除线性表中所有值为 item 的数据元素。

6. 设计一个算法，通过一遍扫描在单链表中确定值最大的节点。

7. 编写在顺序表和带头节点的单链表上，统计出值为 x 的元素个数的算法，统计结果由函数值返回。

8. 编写在顺序表和带头节点的单链表上，删除其值等于 x 的所有元素的算法。

编 程 实 例

Josephus 环问题——猴子选大王的算法实现。

编程目的：掌握线性表的链式存储结构，实现链表的创建、删除等操作运算。

问题描述：设编号为 1，2，…，n 的 n 只猴子围坐一圈，规定编号为 m（$1\leqslant m\leqslant n$）的猴子从 1 开始报数，数到 m 的猴子出列，接着从它的下一个从 1 开始报数，数到 m 的猴子再出列，依此类推，直到所有的猴子出列为止，最后剩下的就是大王。

源程序代码如下：

```
#include <stdio.h>
#include <stdlib.h>
typedef struct  node {                          //定义单链表结构类型
     int data;                                  //定义节点的数据域
     struct  node *next;                        //定义节点的指针域
}Lnode;
Lnode  *Linklist;
Linklist Init_List(Linklist r ,int n) {         //建立循环单链表
     Lnode *p,*q;
     int i;
     r=q=(Lnode *)malloc(sizeof(Lnode));        //生成新节点
     for(i=1;i<n;i++){
         p=(Lnode*)malloc(sizeof(Lnode));
         q->data=i;
         q->next=p;
         q=p;
     }
     p->data=n;
     p->next=r;
     r=p;
     return r;
}
Linklist Delete_List(Linklist r, int n,int m) { //删除序号为m的猴子
     int i,j;
     Lnode *p,*q;
     p=r;
     for(i=1;i<n;i++) {
         for(j=1;j<m;j++)
             p=p->next;
         q=p->next;
         p->next=q->next;
         free  q;
     }
     printf("\n");
     r=p;
     return r;
}
```

```
void Output(Linklist r, int n) {              //输出猴子大王的编号
     int i;
     Lnode *p;
     p=r;
     printf("猴子大王：");
     printf("%4d\n",p->data);
}
int main() {
     Linklist r;
     int m,n;
     printf("\n请输入猴子总数 n：");
     scanf("%d",&n);
     printf("\n请输入 m：");
     scanf("%d",&m);
     r=Init_List(r ,n);
     r=Delete_List(r,n,m);
     Output(r,n);
}
```

请问用顺序表又如何实现 Josephus 环问题——猴子选大王的算法呢？

第3章

栈和队列

受限制的线性表

在软件设计中常用这样的数据结构，一种是进去得越早，出来得越晚；另一种是进去得越早，出来得越早。栈是执行“后进先出”规则的数据结构，设想有一个直径不大且一端封闭的竹筒，将若干个写有不同编号的小球放到竹筒里面，小球的直径比竹筒的直径略小，只能一个个依次放入，发现先放进去的小球只能后拿出来；反之，后放进去的小球能先拿出来。队列是执行“先进先出”规则的数据结构，将上面这个直径不大的竹筒两端开口，将若干个写有不同编号的小球放到竹筒里面，会发现先进去的小球会先出来，当然是从一端进入，从另一端出来。栈和队列有一个重要的共同点：只能在指定端进行所有操作。

本章知识要点：

- 栈的定义
- 栈的表示和实现
- 队列的定义
- 队列的表示和实现
- 栈和队列的应用

3.1　栈

生活中常常见到后进先出的例子，比如桶装薯片，薯片一片片放进去，吃的第一片肯定是最后放进去的；比如一叠摞起的盘子或盒子，取的第一个一定是最后放上去的；比如子弹匣装弹，一粒一粒压进去，最后压进去的先打出来，最先压进去的最后打出来。程序设计中也常常可见后进先出的应用，而描述这种应用的数据结构就是栈。

3.1.1　栈的定义

栈是限制在表的一端（表尾）进行插入和删除操作的线性表。允许进行插入、删除操作的这一端称为栈顶（top），另一个固定端（表头）称为栈底（bottom），当表中没有元素时称为空栈。

假设栈 S=（a_1，a_2，…，a_n），则称 a_1 为栈底元素，a_n 为栈顶元素。栈中元素按 a_1，a_2，…，a_n 的顺序进栈，出栈的第一个元素应为栈顶元素。栈的修改是按后进先出的原则进行的，如图 3-1 所示。所以栈又称为后进先出（Last In First Out，LIFO）或先进后出（First In Last Out，FILO）的线性表，简称 LIFO 或 FILO 表。

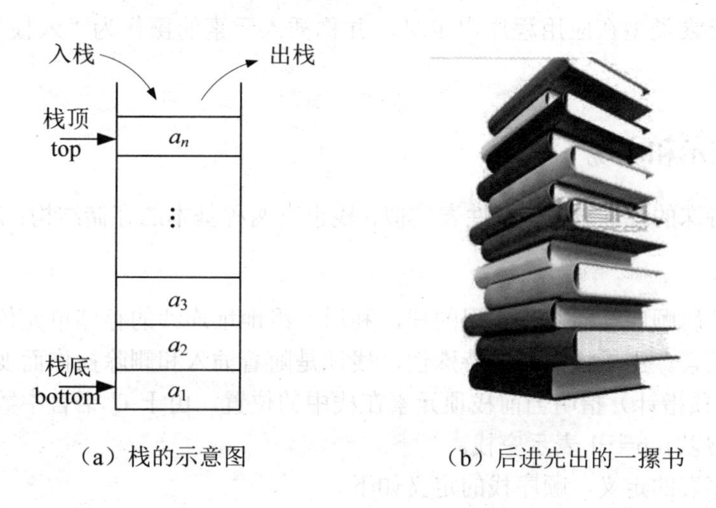

（a）栈的示意图　　（b）后进先出的一摞书

图 3-1　栈示意图及栈应用实例图

在程序设计中，栈这样的数据结构，常常按照与保存数据相反的顺序来访问数据。栈的基本操作除了在栈顶进行插入或删除外，还有栈的初始化、判栈空或满、取栈顶元素等。

下面给出栈的抽象数据类型定义。

ADT　Stack{

数据元素：$D=\{ a_i \mid a_i \in D_0,\ i=1, 2, \cdots, n,\ n\geqslant 0$，$D_0$ 为指定的数据类型}

数据关系：$R=\{ <a_{i-1}, a_i> \mid a_{i-1}, a_i\in D_0,\ i=2, 3, \cdots, n\}$

基本操作：

（1）InitStack (S)。

操作结果：构造一个空栈 S。

（2）EmptyStack(S)。

初始条件：栈 S 已存在。

操作结果：若 S 为空栈，则返回 TRUE，否则返回 FALSE。

（3）Push (S, *x*)。

初始条件：栈 S 已存在。

操作结果：在栈 S 插入一个新元素 *x*，*x* 成为新的栈顶元素，栈发生变化。

（4）Pop (S)。

初始条件：栈 S 已存在且非空。

操作结果：将栈 S 的顶部元素从栈中删除，栈中少了一个元素，栈发生变化。

（5）GetTop (S, *e*)。

初始条件：栈 S 已存在且非空。

操作结果：用 *e* 返回 S 的栈顶元素，栈不变化。

（6）FullStack(S)。

初始条件：栈 S 已存在。

操作结果：若 S 为满，则返回 TRUE，否则返回 FALSE。

}ADT Stack;

栈的数据元素类型在应用程序内定义，并称插入元素的操作为“入栈”，删除元素的操作为“出栈”。

3.1.2 栈的表示和实现

栈是一种特殊的线性表，和线性表类似，栈也有两种基本的存储结构：顺序栈和链栈。

1. 顺序栈

顺序栈是利用顺序存储结构实现的栈，利用一组地址连续的存储单元依次存放自栈底到栈顶的数据元素。由于栈操作的特殊性，栈顶是随着插入和删除操作而变化的，同时设置指针 top（栈顶指针）指明当前栈顶元素在栈中的位置。由于 C 语言中数组的下标规定从 0 开始，通常以 top= −1 表示空栈。

类似于顺序表的定义，顺序栈的定义如下。

```
#define  MAXSIZE  100              //MAXSIZE 为顺序栈可以达到的最大长度
typedef  struct {
    ElemType data[MAXSIZE];
    int top;
} SeqStack;
SeqStack *s;                       //定义一个指向顺序栈的指针变量
```

顺序栈的入栈和出栈操作过程如图 3-2 所示，top 为栈顶指针，空栈时栈顶指针 top= −1；每当插入新元素时，指针 top 加 1，即 s->top++；删除元素时，指针 top 减 1，即 s->top−−。

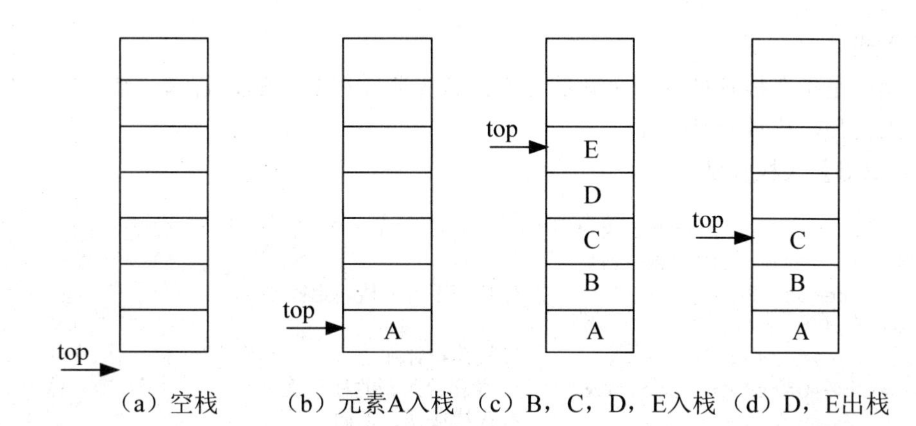

图 3-2 顺序栈的入栈和出栈

图 3-2（a）是空栈；图 3-2（c）是 A、B、C、D 和 E 元素依次入栈后的情形；图 3-2（d）是在图 3-2（c）之后 E 和 D 相继出栈的情形，此时栈中还有 3 个元素，在整个过程中 top 指针始终指向栈顶。

顺序栈基本操作有初始化、判栈空、入栈、出栈、取栈顶元素，其实现如下。

（1）初始化。

顺序栈的初始化操作就是为顺序栈动态分配一个预定义大小的数组空间，然后将 top 指针置为-1，表示栈为空。

【算法 3-1】 顺序栈的初始化算法

```
SeqStack *Init_SeqStack( ) {
    SeqStack *s;
    s=new SeqStack;
    if (!s){
    printf("空间不足\n");
    return NULL;                //存储分配失败，返回空指针
    }
    else{
        s->top= -1;
        return s,               //申请到栈空间，返回栈空间地址
        }
    }
```

（2）判栈空。

判栈空的操作就是判断 top 指针是否与空栈标志相等。

【算法 3-2】 判栈空算法

```
int Empty_SeqStack(SeqStack *s) {
    if(s->top== -1)
    return 1 ;                      //栈顶指针指向空栈标志
    else
    return 0;
    }
```

（3）入栈。

入栈操作是指在栈顶插入一个新的元素。首先判断栈是否满，若满，则报错；否则将新元素压入栈顶，栈顶指针加 1。

【算法 3-3】入栈算法

```
int Push_SeqStack(SeqStack *s,ElemType x){
    if (s->top==MAXSIZE-1)
        return 0;                   //栈满不能入栈，返回 0
    else {
        s->top++;                   //栈顶指针加 1
        s->data[ s->top] =x;        //将 x 置入新的栈顶
        return 1;                   //入栈成功，返回 1
        }
    }
```

（4）出栈。

出栈操作是将栈顶元素删除，首先判断栈是否空，若空，则报错；否则栈顶元素出栈，栈顶指针减 1。

【算法 3-4】出栈算法

```
int Pop_SeqStack(SeqStack *s, ElemType *x){
    if (Empty_SeqStack (s))
        return 0;                   //栈空不能出栈，返回 0
    else {
        *x=s->data[s->top];         //保存栈顶元素值
        s->top--;                   //栈顶指针减 1
        return 1;                   //出栈成功，返回 1
        }
    }
```

（5）取栈顶元素。

此操作仅取当前栈顶元素的值，不修改栈顶指针。首先判断栈是否空，若空，则报错；否则通过栈顶指针获取栈顶元素。

【算法 3-5】取栈顶元素算法

```
ElemType Get_Top(SeqStack *s) {
    if(Empty_SeqStack(s))
        return 0;                        //栈空不能取栈顶元素，返回 0
    else
        return s->data[s->top];          //返回栈顶元素值
    }
```

由于栈是动态变化的数据结构，使用顺序栈时虽然也可在某种程度上满足这种动态操作，但是一般数组长度的定义总是有限度的。为了克服这个弱点，可以采用链式存储结构来描述栈。

2. 链栈

链栈是指采用链式存储结构实现的栈。通常链栈用单链表来表示。因此，其节点结构与单链表的结构相同，在此用 StackNode 表示。

```
typedef  struct Node{
     ElemType data;
     struct Node *next;
     }StackNode,*LinkStack;
LinkStack  top;                    //定义 top 为栈顶指针
```

由于栈的主要操作是在栈顶插入和删除，显然在链表的头部做栈顶是最方便的，而且没有必要像单链表那样为了操作方便而附加一个头节点，链栈的存储表示如图 3-3 所示。

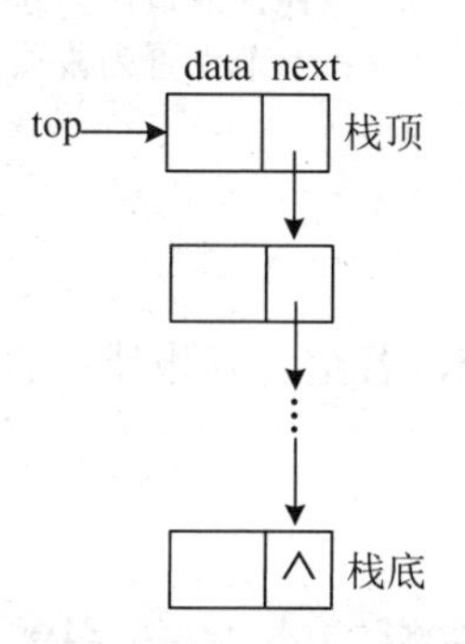

图 3-3　链栈示意图

采用链栈不必预先估计栈的最大容量，只要系统有可用的空间，链栈就不会溢出。链栈的各种基本操作的实现与单链表类似，在使用完毕时，应该释放相应的空间。

链栈基本操作的实现如下。

（1）初始化。

链栈的初始化操作就是构造一个空栈，由于没有必要设头节点，所以直接将栈顶指针置空即可。

【算法 3-6】链栈的初始化算法

```
LinkStack Init_LinkStack( ){
     LinkStack  top;
     top=NULL;
     return top;
     }                               //返回栈顶为空指针
```

（2）判栈空。

判栈空的操作就是判断 top 指针是否为 NULL。

【算法 3-7】判栈空算法

```
int Empty_LinkStack(LinkStack top) {
     if (top==NULL)
         return 1;                   //栈顶指针为空，是空栈
     else
         return 0;
     }
```

（3）入栈。

入栈操作首先为新的栈顶元素分配节点空间，将新节点插入到栈顶，然后修改栈顶指针。

【算法 3-8】入栈算法

```
LinkStack Push_LinkStack(LinkStack top, ElemType x) {
    StackNode *s;
    s=new StackNode;            //申请新的栈顶节点空间
    s->data=x;                  //将元素值置入节点数据域
    s->next=top;                //原栈顶节点作为新节点后继
    top=s;                      //将新节点置为栈顶
    return top;
    }
```

（4）出栈。

出栈操作是首先判断栈是否空，若空，则报错；否则获取栈顶元素，然后修改栈顶指针，释放原栈顶元素的节点空间。

【算法 3-9】出栈算法

```
LinkStack Pop_LinkStack(LinkStack top, ElemType *x) {
    StackNode *p;
    if (top==NULL)
        return NULL;                //栈空不能出栈，返回空指针
    else {
        *x=top->data;               //保存栈顶元素值
        p=top;
        top=top->next;              //置新的栈顶指针
        delete p;                   //释放原栈顶元素的节点空间
        return top;                 //出栈成功，返回新的栈顶指针
    }
```

3. 共享栈

在顺序栈共享技术中，最常用的是两个栈的共享技术，即双端栈。其主要利用了栈底位置不变，而栈顶位置动态变化的特性。首先申请一个共享的一维数组空间 S[MAXSIZE]，将两个栈的栈底分别放在一维数组的两端，分别是 0 和 MAXSIZE-1。由于两个栈顶是动态变化的，使得各个栈可用的最大空间与实际使用的需求相关。

两个栈共享的存储示意如图 3-4 所示，其数据结构定义如下。

```
#define MAXSIZE 100
typedef  struct{
    Elemtype stack[MAXSIZE];
    int  top[2];
    }DqStack;
```

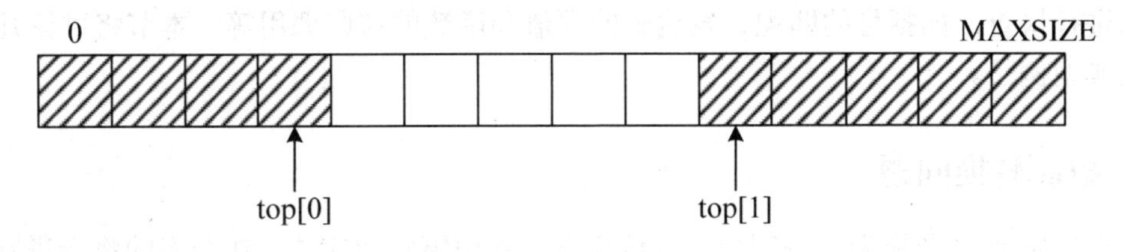

图 3-4　双端栈示意图

【算法 3-10】双端栈初始化

```
void  init_stack(DqStack *s) {   //初始化的两个栈均为空栈，s 是指向栈类型的指针
    s->top[0]= -1;
  s->top[1]=MAXSIZE;          //top[0]和 top[1]分别是第 0 个和第 1 个栈的栈顶指针
    }
```

【算法 3-11】双端栈入栈

```
int Push_stack (DqStack *s,Elemtype x,int k)  {  //x 为入栈的数据元素值，k 是栈号
    if (s->top[0]+1==s->top[1]) {
        printf("两个栈均满，不能进栈!");
        return 0;
        }
    if(k==0)
        s->top[k]++;                           //改栈顶指针加 1 或减 1
    else
        s->top[k]--;
    s->stack[s->top[k]] = x;                   //将 x 插入当前栈顶
    }
```

【算法 3-12】双端栈出栈

```
int Pop_stack (DqStack *s,Elemtype *x,int k) {//出栈操作，栈顶元素由参数返回
    if((k==0&&s->top[0]==-1)||(k==1&&s->top[1] ==MAXSIZE)) {
        printf("栈空,不能退栈!");
        return 0;
        }
    *x = s->data[s->top[k]];               //取出栈顶元素值给 x
    if(k==0)
        s->top[k]--;                       //改栈顶指针加 1 或减 1
    else
        s->top[k]++;
    return 1;
    }
```

3.2　栈的应用

由于栈具有后进先出的特点，在程序设计的开发过程中，栈的应用非常广泛。例如，子程序的嵌套调用、操作系统的中断处理等。在程序的编译和运行过程中，利用栈对程序

的语法进行检查，如括号的匹配、表达式的求值和函数的递归调用等。本节将讨论几个栈应用的典型例子。

3.2.1 数制转换问题

将十进制数 N 转换为 d 进制数，其转换方法利用辗转相除法。在众多的将十进制数 N 转换为其他 d 进制数的方法中，一个最简单的算法基于下面公式。

$N = (N \text{ div } d) \times d + N \text{ mod } d$ （其中：div 为整除运算，mod 为求余运算）

例如：$(2357)_{10} = (4465)_8$，其转换的运算过程如下。

N	$N/8$（整除）	$N\%8$（求余）
2357	294	5
294	36	6
36	4	4
4	0	4

可以看到，所转换的八进制数是按从低位到高位的顺序产生的，而通常的输出是从高位到低位，恰好与计算过程相反。因此转换过程中每得到一位八进制数则进栈保存，转换后依次出栈则正好是转换结果。

编制一个算法程序，实现由一个非负十进制整数到八进制数的转换，并输出转换后的八进制数。

【算法 3-13】数制转换算法

首先将按上述计算过程中得到的八进制数的各位数据依次入栈，然后将栈中的八进制数依次出栈，输出结果就是将该十进制数转换得到的八进制数。

```
typedef  int  ElemType;
void conversion(int N,int d) {
    SeqStack s;
    ElemType x;
    Init SeqStack(&s);
    while(N){
        Push_SeqStack(&s,N%d);
        N=N/d;
        }
    while(!Empty_SeqStack(&s)) {
        Pop_ SeqStack(&s,&x);
        printf("%d",x);
        }
    }
```

往往初学者将栈视为很复杂的东西，不知道如何使用，当应用程序中需要使用与数据保存顺序相反的数据时，就要想到栈。通常用顺序栈较多。

进行算法描述并不必须用栈的定义类型和基本算法来实现，为了方便，采用顺序存储结构的算法描述可直接利用数组来实现，采用链式存储结构的算法可直接用链表来实现。

当然无论采用何种方法，都要体现出栈的后进先出的特性。

【算法 3-14】利用数组实现数制转换

```
#define  MAX 10
void conversion(int N,int d) {
    int stack[MAX],top;          //定义一个顺序栈
    int x;
    top=-1;
    while (N){
        stack[++top]=N%d;        //余数入栈
        N=N/d;                   //商作为被除数继续
        }
    while (top!=-1){
        x=stack[top--];          //余数按顺序出栈
        printf("%d",x);
        }
    }
```

【算法 3-15】利用链表实现数制转换

```
void conversion(int N,int d) {
    LinkStack top;
    StackNode *p;
    top=NULL;
    while (N){
        p=new StackNode;         //申请新的栈顶节点空间
        p->data=N%d;             //余数入栈
        p->next=top;
        top=p;
        N=N/d;                   //商作为被除数继续
        }
    while (top!=NULL){
        p=top;
        printf("%d",p->data);
        top=top->next;           //余数按顺序出栈
        detele p;
        }
    }
```

3.2.2　括号匹配检验

在实际应用中，经常会使用括号来强调、给出附加说明或注明求值顺序等。括号的使用必须左右括号匹配，否则会致使计算或求值出现错误。例如，在表达式求值时必须确保左右括号匹配，否则将会求值错误。判断一个字符串里面的括号是否匹配就理所当然地会用到栈。

编制一个括号匹配算法程序，判断括号的使用是否正确。假设一个数字表达式中包括圆括号()、方括号[]和花括号{}三种类型，操作如下：

（1）从左向右扫描字符串里面的字符；

（2）每扫描到一个左括号，将其存放起来，直到与其匹配的右括号被读到为止；

（3）每扫描到一个右括号，则将其与最后一个同类的左括号进行匹配，将存放的左括号删除；

（4）结束时，不存在任何存留左括号，否则就出现了括号不匹配的情况。

【算法 3-16】括号的匹配算法

检验括号是否配对可以设置一个栈，每读入一个括号，如果读入的是左括号，则直接入栈；如果读入的是右括号，并且与当前栈顶的左括号是同类型的，则说明括号是配对的，将栈顶的左括号出栈，否则是不配对；如果输入序列已经读完，而栈中仍然有等待配对的左括号，则该括号不配对；如果读入的是一个右括号，而栈已经空，则括号也不配对；如果读入的是数字字符，则不进行处理，直接读入下一个字符。当输入序列和栈同时为空时，说明括号匹配成功。

```
int matching( ){
   int i;
   int flag = 1;
   scanf("%s", str);
   for(i = 0; i < strlen(str); ++i) {
     if(str[i] == '(' || str[i] =='[' || str[i] =='{')
         Push_Stack(S, str[i]);          //若是左括号，则将其压入栈
     else if(str[i] == ')') {
         if(Empty_Stack(S) || Get_top (S) != '(')   flag = 0;
         else    Pop_stack(S);           //若栈非空且栈顶元素是“(”，则匹配成功
         }
         else if(str[i] == ']') {
         if(Empty_Stack (S) || Get_top (S) !='[')   flag = 0;
         else    Pop_stack(S);           //若栈非空且栈顶元素是“[”，则匹配成功
         }
         else if(str[i] =='}')   {
         if(Empty_Stack (S) || Get_top (S) !='{') flag = 0;
         else    Pop_stack(S);           //若栈非空且栈顶元素是“{”，则匹配成功
         }
     }
     if(!Empty_Stack (S))flag = 0;
     if(flag)  return 1;
     else    return 0;
  }
```

3.2.3 表达式求值

表达式求值是程序设计语言编译中一个最基本的问题，也是栈的一个典型应用。下面采用一种简单直观、广为使用的算法，即运算符优先算法对表达式求值。

一个表达式是由操作数、运算符和分界符组成的。操作数可以是常数，也可以是变量；运算符可以是算术运算符、关系运算符和逻辑运算符；分界符包括左右括号和表达式的结束符等。为了将问题简化，本节仅讨论由加、减、乘、除和含圆括号的四则运算。

1. 中缀表达式求值

例如，一个算术表达式为 $a-(b+c*d)/e$，这种算术表达式中的运算符出现在两个操作数之间，这种算术表达式被称为中缀表达式。

假设所讨论的算术运算符包括+、－、×、/、%、^（乘方）和括号()。

表达式运算规则如下。

（1）运算符的优先级为：（）>^>×、/、%>+、－。

（2）运算遵循左结合性，当两个运算符相同时，先出现的运算符优先级高。

（3）有括号出现时先算括号内的，后算括号外的；多层括号，由内向外进行。

（4）乘方连续出现时先算最右边的。

为实现运算符优先算法，可以使用两个工作栈，一个称为 OPTR，用以寄存运算符；另一个称为 OPND，用以寄存操作数或运算结果。

【算法 3-17】表达式求值

（1）建立并初始化 OPTR 栈和 OPND 栈，将表达式起始符“#”压入 OPTR 栈。

（2）依次读入表达式每个字符 ch，循环执行（3）至（5），直至求出整个表达式的值为止。

（3）取出 OPTR 的栈顶元素，当 OPTR 的栈顶元素和当前读入的字符 ch 均为“#”时，整个表达式求值完毕，这时 OPND 的栈顶元素为表达式的值。

（4）若 ch 是运算符，则比较 OPTR 的栈顶元素和 ch 的优先权：若是小于，则 ch 入 OPTR 栈，读入下一字符 ch；若是大于，则弹出 OPTR 栈顶的运算符，从 OPND 栈弹出两个数，进行相应运算，结果入 OPND 栈；若是等于，则 OPTR 的栈顶元素是“(”且 ch 是“)”，这时弹出 OPTR 栈顶的“(”相当于去掉括号，然后读入下一字符 ch。

```
OperandType EvaluateExpression( ) {
    InitStack(OPND);
    InitStack(OPTR);
    Push(OPTR ,'#');
    ch=getchar();
    while((ch!='#')&&(GetTop(OPTR)!='#')) {
        if (!In(ch,OP) {          //判断读入的字符 ch 是否为运算符
            Push(OPND,ch);        //ch 不是运算符则入栈
            ch=getchar();
            }
        else switch(precede(GetTop(OPTR) , ch)) {//比较 OPTR 栈顶元素和 ch 的
优先权
                case '<':Push(OPTR , ch);
                         ch=getchar();
                         break;
                case '=': Pop(OPTR);
                         ch=getchar();
                         break;
                case '>':Pop(OPTR ,theta);
                         Pop(OPND,b);
                         Pop(OPND,a) ;
                         Push(OPND, Operate(a, theta,b)) ;
```

```
                    break; ;
                }
            }
        return GetTop(OPND);
        }
```

以上算法中的操作数只能是一位数，这里使用的OPND栈是字符栈，如果要进行多位数的运算，则需要将OPND栈改为数栈。

【例3-1】已知中缀表达式7* (5-2)，给出其求值过程。

在表达式两端先增加“#”，改写为#7* (5-2) #，具体操作如表3-1所示。

表3-1 中缀表达式7*(5-2)的求值过程

OPTR栈	OPND栈	读入字符	操作
#		7* (5-2) #	7入栈OPND
#	7	* (5-2) #	*入栈OPTR
#*	7	(5-2) #	(入栈OPTR
#*(	7	5-2) #	5入栈OPND
#*(	7 5	-2) #	-入栈OPTR
#*(-	7 5	2) #	2入栈OPND
#*(-	7 5 2	) #	计算5-2，结果3入栈OPND
#*(	7 3	) #	(出栈OPTR
#*	7 3	#	计算7*3，结果21入栈OPND
#	21	#	返回OPND栈顶元素值

2. 后缀表达式求值

计算机编译系统在计算一个算术表达式之前，要将中缀表达式转换成等价的后缀表达式，然后对后缀表达式进行计算。后缀表达式就是算术运算符出现在操作数之后，并且不含括号。所有的计算按运算符出现的顺序，严格从左向右进行，而不用再考虑运算规则和优先级。中缀表达式3*2^(4+2*2-1*3)-5的后缀表达式为

32422*+13*-^*5-

计算一个后缀表达式，算法上比计算一个中缀表达式简单得多。这是因为后缀表达式中既无括号又无优先级的约束。具体做法：只使用一个操作栈，当从左向右扫描表达式时，每遇到一个操作数就送入栈中保存，每遇到一个运算符就从栈中取出两个操作数进行当前的计算，然后把结果再入栈，直到整个表达式结束，这时送入栈顶的值就是结果。

下面是后缀表达式求值的算法，假设每个表达式是合乎语法的，并且后缀表达式已被存入一个足够大的字符数组A中，且以“#”结束。为了简化问题，限定操作数的位数仅为一位，且忽略了数字字符串与相对应的数据之间的转换问题。

【算法3-18】后缀表达式求值的算法

```
OperandType  Expression (char *A){
    SeqStarck s;
    char ch;
    ch=*A++;
    Init_SeqStack(s);                          //初始化操作栈
```

```
    while (ch!='#'){
        if (ch!=运算符)
            Push_ SeqStack(s,ch);                //操作数入栈
        else{
            Pop_ SeqStack(s,&b);
            Pop_ SeqStack(s, &a);                //取出两个操作数
            switch (ch){
                case ch=='+':c=a+b; break;
                case ch=='-':c=a-b; break;
                case ch=='*':c=a*b; break;
                case ch=='/':c=a/b; break;
                case ch=='%':c=a%b; break;
                      }
            Push SeqStack(s,c);                  //计算结果入栈
            }
        ch=*A++;
        }
    return GetTop(s);
    }
```

3.2.4　栈与递归

栈还有一个重要应用是在程序设计语言中实现递归。递归是算法设计中最常用的手段，通常能把一个大型复杂问题的描述和求解变得简捷和清晰。因此递归算法常常比非递归算法更易设计，尤其是当问题本身或所涉及的数据是递归定义时，使用递归算法更合适。

1. 递归的定义

在一个函数、过程或数据结构定义的内部直接或间接出现定义本身的应用，则称其是递归的，或者是递归定义的。

（1）递归函数。

现实中，有许多实际问题是递归定义的，用递归算法可以使许多问题的操作大大简化，以计算 $n!$ 为例。

$n!$ 的定义为：

$$n!=\begin{cases}1 & n=0\\ n*(n-1) & n>0\end{cases} \tag{3-1}$$

根据式（3-1）中的阶乘函数，可使用递归函数来求解。

```
long int fact (int n){
    if(n==0)
        return 1;
    else
        return  (n*fact(n-1));
}
```

递归函数都有一个终止递归的条件，如上例，n=0 时，将不再继续递归下去。

对于类似问题，若能够分解成几个相对简单且解法相同或类似的子问题来求解，称为递归求解。

（2）数据结构递归定义。

有些数据结构本身具有递归的特性，则其操作可递归地描述，如链表就是一种递归的数据结构。链表节点 Node 的定义由数据域 data 和指针域 next 组成，而指针域 next 则由 Node 定义。

```
struct Node{
    ElemType data;
    struct Node *next;
};
```

从概念上讲，可将一个表头指针为 L 的单链表定义为一个递归结构，即

① 一个节点，其指针域为 NULL，是一个单链表；

② 一个节点，其指针域指向单链表，仍是一个单链表。

对于递归的数据结构，相应算法采用递归的方法来实现特别方便。

（3）递归函数。

递归函数是一种直接或者间接地调用自身函数的过程。在计算机编写程序中，递归算法对解决一大类问题是十分有效的，往往使算法的描述简捷而且易于理解。比如八皇后问题、n 阶 Hanoi 塔问题等。

n 阶 Hanoi 塔问题：问题源于印度一个古老传说的益智玩具。印度教的主神梵天创造世界的时候做了三根金刚石柱子，在一根柱子上从下往上按照大小顺序摞着 64 片黄金圆盘。僧侣们把圆盘从下面开始按大小顺序重新摆放在另一根柱子上。并且规定，在小圆盘上不能放大圆盘，在三根柱子之间一次只能移动一个圆盘。

【例 3-2】 有三根相邻的柱子，标号为 A、B、C，如图 3-5 所示。A 柱上从下到上按金字塔状叠放着 n 个不同大小的圆盘，要把所有盘子一个一个移动到 B 柱上，并且每次移动同一根柱子上都不能出现大盘子在小盘子上方的情况。

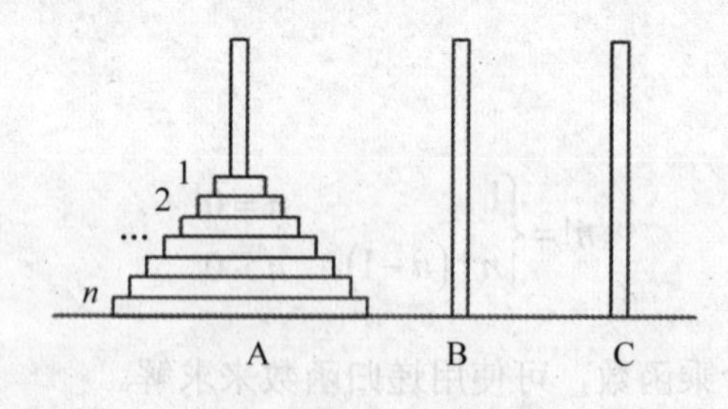

图 3-5　Hanoi 塔示意图

如何实现移动圆盘的操作呢？可用分治求解的递归方法来解决这个问题。设 A 柱上最初的盘子总数为 n，当 n=1 时，只要将编号为 1 的圆盘从 A 柱直接移至 C 柱上即可；否则，用 C 柱做过渡，将 A 柱上的（n−1）个盘子移到 B 柱上；将 A 柱上最后一个盘子直接移到 C 柱上；用 A 柱做过渡，将 B 柱上（n−1）个盘子移到 C 柱上。反复操作，最后就能按规定完成 Hanoi 塔的移动。

【算法 3-19】Hanoi 塔问题的递归算法

```
void hanoi(int n,char A,char B,char C) {
    if(n==1)    {
    printf("Move disk %d from %c to %c\n",n,A,C);
    }
    else {
    hanoi(n-1,A,C,B);
    printf("Move disk %d from %c to %c\n",n,A,C);
    hanoi(n-1,B,A,C);
        }
    }
```

2. 递归过程与栈

递归函数的调用类似于多层函数的嵌套调用，只是调用函数和被调用函数是同一个函数而已。在每次调用时，系统将属于各个递归层次的信息：包含着本层调用的实参、返回地址、局部变量等信息，保存在系统的“递归工作栈”中，每当递归调用一次，就将相关信息入栈，一旦本次调用结束，则将栈顶记录出栈，根据获得的返回地址信息返回到本次的调用处。

通常，当在一个函数的运行期间调用另一个函数时，在运行被调用函数之前，系统需先完成三件事：

（1）将所有的实参、返回地址等信息传递给被调用函数保存；

（2）为被调用函数的局部变量分配存储区；

（3）将控制转移到被调函数的入口。

而从被调用函数返回调用函数之前，系统也应完成三件工作：

（1）保存被调函数的计算结果；

（2）释放被调函数的数据区；

（3）根据被调函数保存的返回地址将控制转移到调用函数。

下面以求 4!为例，说明执行调用时工作栈中的状况。

```
main(){
    int m,n;
    n=4;
    m=fact(n);
    s1: printf("%d , %d \n",n,m);
}
int fact(int n){
    int f;
    if(n==0)
        f=1;
    else
        f=n*fact(n-1);
    s2: return f;
  }
```

式中，$s1$ 为主函数调用 fact 时返回点地址，$s2$ 为 fact 函数中递归调用 fact(n−1)时返回点地址，递归工作栈状况如图 3-6 所示。

	参数	返回地址
fact(0)	0	$s2$
fact(1)	1	$s2$
fact(2)	2	$s2$
fact(3)	3	$s2$
fact(4)	4	$s1$

图 3-6 递归工作栈示意图

设主函数中 n=4，fact(4)的执行过程如图 3-7 所示。

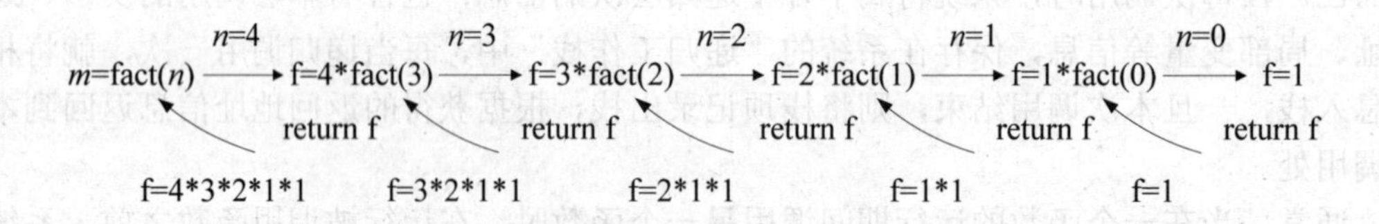

图 3-7 fact(4)的执行过程

3.3 队列

生活中到处都是队列形式，比如买票需要排队、上下飞机需要排队、递交申请表需要排队。排队是有目的地一个跟一个的队列。人类社会中，排队是文明的表现，是有限资源的分配方法之一，以顺序确保公平，是“先到先得”。从抽象层面上看，凡是两端开口的容器或通道都可以看成队列，如水管、电缆、隧道、单行车道等。对于计算机来说，队列无处不在。

3.3.1 队列的定义

队列是一种“先进先出”（First In First Out，FIFO）的数据结构，即插入操作在表的一端进行，而删除操作在表的另一端进行。和日常生活中的排队是一致的，最先进入队列的元素最早离开。在队列中，允许进行插入操作的一端称为队尾（rear），允许进行删除操作的一端称为队头（front）。假设队列 Q=（a_1，a_2，…，a_n），那么，a_1 就是队头元素，a_n 则是队尾元素。入队的顺序依次为 a_1，a_2，…，a_n，出队时的顺序将依然是 a_1，a_2，…，a_n，如图 3-8 所示。

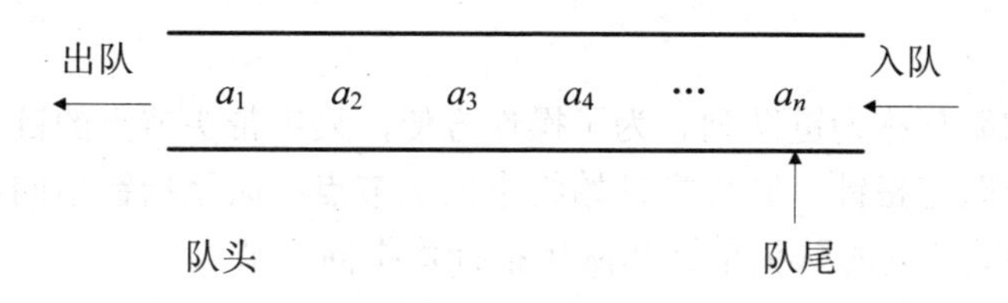

图 3-8　队列的示意图

显然，队列是操作受限制的线性表。队列的例子在现实生活中比比皆是，比如一条生产线、排队购物等；在计算机的操作系统中也存在着各种队列，如资源等待队列、就绪队列等。

队列的操作与栈的操作类似，不同的是，删除是在表的头部（即队头）进行的。

下面给出队列的抽象数据类型定义。

ADT　Queue{

数据元素：$D=\{ a_i | a_i \in D_0, i=1, 2, \cdots, n, n\geqslant 0$，$D_0$为指定的数据类型}

数据关系：$R=\{ \langle a_{i-1}, a_i \rangle | a_{i-1}, a_i \in D_0, i=2, 3, \cdots, n\}$

约定其中 a_1 端为队头，a_n 端为队尾。

基本操作：

（1）InitQueue(Q)

操作结果：构造一个空队列 Q。

（2）EmptyQueue(Q)

初始条件：队列 Q 已存在。

操作结果：若 Q 为空队列，则返回 TRUE，否则返回 FALSE。

（3）EnQueue (Q,*x*)

初始条件：队列 Q 已存在。

操作结果：在队列 Q 插入一个新元素 *x*，*x* 成为新的队尾元素，队列发生变化。

（4）DeQueue (Q,*x*)

初始条件：队列 Q 已存在且非空。

操作结果：将队列 Q 的队头元素删除，并返回其值，队列发生变化。

（5）GetHead (Q,*e*)

初始条件：队列 Q 已存在且非空。

操作结果：用 *e* 返回 Q 的队头元素，队列不变化。

（6）FullQueue(Q)

初始条件：队列 Q 已存在。

操作结果：若 Q 为满，则返回 TRUE，否则返回 FALSE。

}ADT　Queue；

3.3.2　队列的表示和实现

与线性表和栈类似，队列也有顺序存储和链存储两种存储方法。

1. 链队列

用链表表示的队列称为链队列。为了操作方便，采用带头节点的链表结构，并设置一个队头指针和一个队尾指针，队头指针始终指向头节点，队尾指针指向最后一个元素，如图 3-9 所示。空的链队列的队头指针和队尾指针均指向头节点。

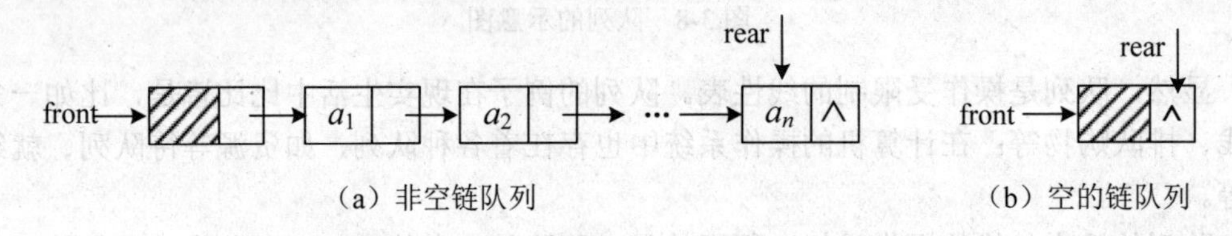

（a）非空链队列　　（b）空的链队列

图 3-9　链队列的示意图

通常将队头指针 front 和队尾指针 rear 封装在一个结构中，并将该结构体类型命名为链队列类型。链队列定义如下。

```
typedef  struct  QNode {
    ElemType data;
    struct QNode *next;
}QNode,*QueueP;                //链队节点的类型
typedef  struct{
    QueueP  front,rear;        //将头尾指针封装在一起的链队
}LinkQueue;
LinkQueue *Q;                  //定义一个指向链队的指针
```

链队列的基本操作有初始化、入队、判队空、出队等，其实现如下。

（1）初始化。

链队的初始化操作就是构造一个只有一个头节点的空队，使队头和队尾指针指向此节点，并将头节点的指针域置为 NULL，如图 3-10（a）所示。

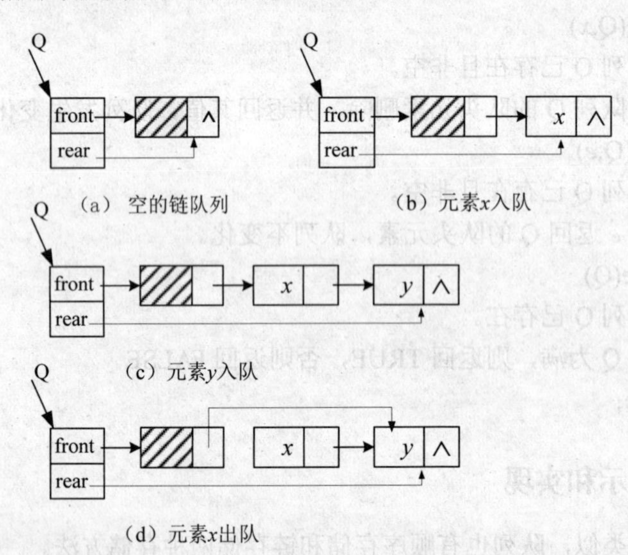

（a） 空的链队列　　（b）元素x入队

（c）元素y入队

（d）元素x出队

图 3-10　链队列的操作示意图

【算法 3-20】链队列的初始化

```
LinkQueue *InitQueue() {
    LinkQueue *Q;
    Q=new LinkQueue;                          //申请头尾指针节点
    Q->front=Q->rear=new QNode;               //首尾指针均指向头节点
    if(Q->front!=NULL){
        Q->front->next=NULL;
        return Q;
    }
    else
        return 0;
}
```

（2）入队。

链队的入队操作首先为新元素分配节点，将新节点插入到队尾，并修改队尾指针的值，如图 3-10（b）和图 3-10（c）所示。

【算法 3-21】链队列的入队算法

```
void EnQueue(LinkQueue *Q, ElemType x) {
    QNode *p;
    p=new QNode;                //申请新节点
    p->data=x;
    p->next=NULL;
    Q->rear->next=p;            //将新节点插入队尾
    Q->rear=p;                  //队尾指针指向新的节点
}
```

（3）判队空。

链队的判队空操作就是识别队头和队尾指针是否指向同一节点且为头节点。

【算法 3-22】链队列的判队空算法

```
int EmptyQueue(LinkQueue *Q) {
    if (Q->front==Q->rear)          //队头和队尾指向同一节点（头节点），队空
        return 0;
    else
        return 1;
}
```

（4）出队。

链队的出队操作首先判断链队是否为空，若为空，则出错；否则取出 Q 的队头元素，用 x 返回其值，修改头指针。另外还要考虑当队列中最后一个元素被删除后，队尾指针也丢失了，因此需对队尾指针重新赋值为头节点，如图 3-10（d）所示。

【算法 3-23】链队列的出队算法

```
int DeQueue(LinkQueue *Q, ElemType *x){
    QNode *p;
    if (EmptyQueue(Q)) {
        printf("队空\n") ;
```

```
        return 0;                    //队空不能出队
    }
    else {
        p=Q->front->neat;            //p指向队头节点
        Q->front->next=p->next;      //队头指针指向新的队头节点
        *x=p->data;
        delete p;                    //释放原队头节点空间

        if (Q->front->next==NULL)
        Q->rear=Q->front;        //只有一个数据元素时，出队后队空，修改队尾指针
        return 1;
        }
    }
```

2. **循环队列**

循环队列是队列的一种顺序表示和实现方法。在队列的顺序存储结构中，除了用一组地址连续的存储单元依次存放从队头到队尾的元素外，也需附设两个整型变量 front 和 rear 分别指示队头元素和队尾元素的位置。顺序队列的类型定义如下。

```
#define  MAXSIZE  100          //MAXSIZE为顺序队可以达到的最大长度
typedef  struct {
    ElemType data[MAXSIZE];
    int front;
    int rear;
} SeQueue;
SeQueue *s;                    //定义一个指向顺序队的指针变量
```

在 C 语言中，为了描述方便，约定：初始化创建空队列时，令 front=rear=0，每当插入一个新的队尾元素时，尾指针 rear 增 1；每当删除一个队头元素时，头指针 front 增 1。所以，在非空队列中，头指针始终指向队头元素，而尾指针始终指向队尾元素的下一个位置，如图 3-11 所示。

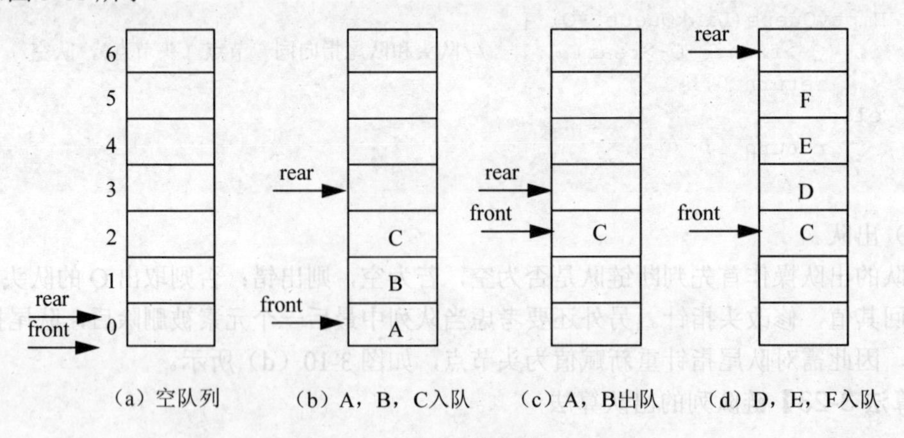

图 3-11 顺序队列的操作示意图

假设当前队列分配的最大空间为 7，从图中可以看到，随着入队、出队的进行，会使整个队列整体向后移动，这样就出现了如图 3-11（d）所示的现象，队尾指针已经移到了

最后，再有元素入队就会出现溢出，而事实上此时队列中并未真的占满，这种现象称为“假溢出”，这是由于“队尾入，队首出”这种受限制的操作所造成的。真正队满的条件应是 rear−front==MAXSIZE。

如何解决假溢出的问题呢？解决假溢出的方法之一是将顺序队列构造成一个环形的空间，将队列的数据区 data[0]～data[MAXSIIE−1]看成首尾相接的循环结构，称为循环队列，如图 3-12 所示。头、尾指针及队列元素之间的关系不变，只在循环队列中，头、尾指针依环状增 1 的操作可用“模”运算来实现。通过取模，头指针和尾指针就可在顺序空间内以头尾相接的方式循环移动。

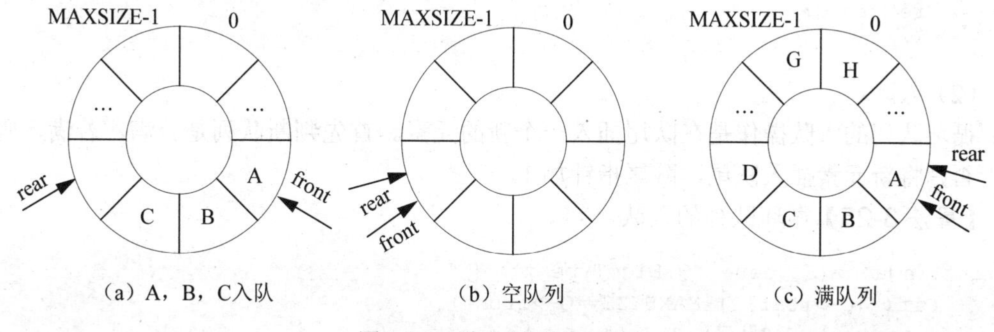

图 3-12　循环队列的示意图

从图 3-12 所示的循环队列可以看出，循环队列有 A、B、C 3 个元素，此时 front 指向队头元素的位置，rear 指向队尾元素的位置，随着 A、B、C 相继出队，此时队空，front==rear，如图 3-12（b）所示；循环队列依次入队 MAXSIZE−3 个元素，令循环队列空间占满，此时队满，front==rear，如图 3-12（c）所示。就是说“队满”和“队空”的条件是相同的，显然这是必须解决的一个问题。

通常有两种处理方法。

方法之一：增设一个存储队列中元素个数的变量（如 count），当 count=0 时队空，当 count=MAXSIZE 时队满。

方法之二：少用一个元素空间，即队列空间大小为 MAXSIZE 时，有 MAXSIZE−1 个元素就认为队满，如图 3-13 所示，队尾指针永远追不上队头指针。这种情况下队满的条件是(rear+l)%MAXSIZE==front，判断队空的条件是 front==rear。

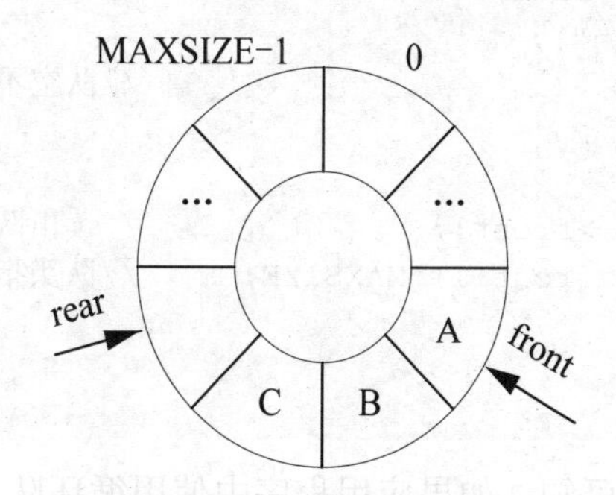

图 3-13　少用一个存储单元的循环队列

循环队列的基本操作有初始化、入队、出队等，其实现如下。

（1）初始化。

循环队列的初始化操作就是动态分配一个预定大小为MAXSIZE的数组空间，data指向数组空间的首地址，头指针和尾指针置为0，表示队列为空。

【算法3-24】循环队列的初始化

```
SeQueue *InitQueue() {
    SeQueue *Q;
    Q=new SeQueue;
    Q->front=Q->rear=0;
    return Q;
    }
```

（2）入队。

循环队列的入队操作是在队尾插入一个新的元素。首先判断队列是否满，若满，则出错；否则将新元素插入队尾，队尾指针加1。

【算法3-25】循环队列的入队

```
int EnQueue(SeQueue *Q,ElemType x)  {
    if(  (Q->rear+1)%MAXSIZE==Q->front){
        printf("队满\n");
        return 0;                           //队满不能入队
        }
    else {
        Q->data[Q->rear]=x;                 //将新元素插入队尾
        Q->rear=(Q->rear+1)%MAXSIZE;        //队尾指针增1
        return 1;
        }
    }
```

（3）出队。

循环队列的出队操作是将队头元素删除。首先判断队列是否为空，若为空，则出错；否则队头元素出队，队头指针加1。

【算法3-26】循环队列的出队

```
int DeQueue(SeQueue *Q,ElemType *x) {
    if (Q->front==Q->rear) {
        printf("队空\n");
        return 0;                           //队空不能出队
        }
    else {
        *x=Q->data[Q->front];               //读出队头元素保存
        Q->front=(Q->front+1)%MAXSIZE;      //队头指针增1
        return 1;
        }
    }
```

由循环队列的存储特性可知，如果应用程序中使用循环队列，则必须申请一个合理的队列长度；如果无法预估所用队列的大小，则宜采用链队列。

3.4　队列的应用

许多应用系统需要处理排队等候问题，如售票系统、机场管理系统等，凡是符合先进先出原则的数学模型，都可以用队列来实现。

【例 3-3】 编写算法模拟跳舞配对问题。假设在舞会上，男士们和女士们进入舞厅时，各自排成一队。跳舞开始时，依次从男队和女队的队头各出一人配成舞伴。若两队初始人数不相同，则较长的那一队中未配对者等待下一轮舞曲。

先入队的男士或女士先出队配成舞伴。因此该问题具有典型的先进先出特性，可用队列作为算法的数据结构。

在算法中，假设男士和女士的信息存放在一个数组中作为输入，然后依次扫描该数组中的各元素，并根据性别来决定是进入男队还是女队。当这两个队列构造完成之后，依次将两队当前的队头元素出队来配成舞伴，直至某队列变空为止。此时，若某队仍有等待配对者，算法输出此队列中等待的人数及排在队头的等待者的名字，他（或她）将是下一轮舞曲开始时第一个可获得舞伴的人。

【算法 3-27】 跳舞配对问题

```
typedef struct{
        char name[10];
     char sex;                        //'F'表示女性，'M'表示男性
     } Partner;
typedef  Partner ElemType;            //将队列中元素的数据类型改为 Partner
void DancePartner(Partner dancer[],int num)  { //结构数组 dancer 中存放跳舞的男女
        int i;
        Partner p;
       SeQueue Mdancers,Fdancers;
        InitQueue(&Mdancers);                  //男士队列初始化
       InitQueue(&Fdancers);                   //女士队列初始化
        for(i=0;i<num;i++){                    //将跳舞者依性别入队
            p=dancer[i];
            if(p.sex=='F')
                EnQueue(&Fdancers.p);     //排入女队
            else
                EnQueue(&Mdancers.p);     //排入男队
         }
         printf("The dancing partners are: \n");
         while(!EmptyQueue (&Fdancers)&&! EmptyQueue (&Mdancers)) {
               p=DeQueue(&Fdancers);      //女士出队
              printf("%s       ",p.name);
              p=DeQueue(&Mdancers);       //男士出队
              printf("%s  \n",p.name);
         }
        if(!EmptyQueue (&Fdancers)){       //输出女队剩余人数及队头
```

```
                printf("\n  There  are  %d  women  waitin  for  the  next
round.\n",Fdancers.count);
                p=GetHead(&Fdancers);          //取队头
                printf("%s will be the first to get a partner. \n",p.name);
            }else
              if(!EmptyQueue (&Mdancers)){     //输出男队剩余人数及队头
                 printf("\n  There  are%d  men  waiting  for  the  next
round.\n",Mdacers.count);
                 p= GetHead (&Mdancers);
                 printf("%s will be the first to get a partner.\n",p.name);
                }
       }
```

【例 3-4】求迷宫的最短路径。设计算法，找一条从迷宫入口到出口的最短路径。

从迷宫入口点（1,1）出发，向四周搜索，记下所有一步能到达的坐标点；然后依次再从这些点出发，再记下所有一步能到达的坐标点；依此类推，直到到达迷宫的出口点（*m*,*n*）为止，然后从出口点沿搜索路径回溯到入口。这样就找到了一条迷宫的最短路径，否则迷宫无路径。

用一个结构数组 sq[num]作为队列的存储空间。因为迷宫中每个点至多被访问一次，所以 num 至多等于 $m*n$。sq 的每一个结构有 3 个域：*x*、*y* 和 pre，其中 *x*、*y* 分别为所到达的点的坐标，pre 为其前驱点在 sq 中的下标，是一个静态链域。除 sq 外，还有队头、队尾指针 front 和 rear，用来指向队头和队尾元素。

队列的定义如下。

```
typedef  int  struct {
    int x, y;
    int pre;
}SqType;
typedef  struct {
    SqType sq[MAXSIZE];
    int front;
    int rear;
} SeQueue;
```

初始状态，队列中只有一个元素 sq[1]，记录的是入口点的坐标（1,1）。因为该点是出发点，所以没有前驱点，pre 域为-1，队头指针 front 和队尾指针 rear 均指向它，此后搜索时都是以 front 所指点为搜索的出发点。当搜索到一个可到达点时，即将该点的坐标及 front 所指点的位置入队，这样不但记下了到达点的坐标，还记下了它的前驱点。front 所指点的 8 个方向搜索后，则出队，继续对下一点进行搜索。搜索过程中遇到出口点，则成功，搜索结束，打印出迷宫最短路径；或者当前队列空即没有搜索点了，表明没有路径。

【算法 3-28】迷宫的最短路径问题

```
void path(int  maze[m][n],item move[8])  {        //迷宫数组 maze[m][n]
   SeQueue Q;
   int  x, y, i,j,v;
   front=Q->rear=0;
   Q->sq[0].x=1;
```

```
    Q->sq[0].y=1;
    Q->sq[0].pre= -1;                         //入口点入队
    maze[1,1]= -1;
     while(Q->front<=Q->rear) {        //队列不空
        x=sq[Q->front].x;
        y=sq[Q->front].y;
        for(v=0;v<8;v++){
        i=x+move[v].x;
        j=y+move[v].Y;
            if (maze[i][j]==0){
            Q->rear++;
                sq[Q->rear].x=i;
                sq[Q->rear].y=j;
                sq[Q->rear].pre=front;
                maze[i][j]= -1;
                }
            if (i==m&&j==n) {
                printpath(sq, Q->rear);
                restore (maze);
            }
        }
     Q-> f ront++;
     }
   return 0;
   }
```

3.5 本章小结

本章介绍了两种特殊的线性表：栈和队列。通过本章内容的学习，读者应掌握栈和队列的特点、存储结构，熟练掌握栈和队列的运算实现，灵活应用其特殊性来解决具体问题，深刻理解递归算法中栈的作用。

1. 栈和队列的逻辑结构

栈具有后进先出的特点，限定元素的操作只能在表的一端（栈顶）进行。

队列具有先进先出的特点，限定元素的操作分别在表的两端进行。

栈和队列都是操作受限的线性表。

2. 栈和队列的存储结构

栈和队列都有顺序和链式两种存储方式。

栈的主要操作是入栈和出栈，对于顺序栈受到事先开辟的栈容量的限制，入栈操作时，必须进行判满操作，以免发生上溢。链栈只有当无法动态申请到空间时才无法入栈。

队列的主要操作是入队和出队，对于顺序表示的循环队列的入队和出队操作要注意判断队满或队空。凡是涉及队头或队尾指针的修改都要将其对 MAXSIZE 求模。链队的操作实现与单链表的操作实现类似。

3. 栈和队列的应用

利用栈可以保存暂时无法解决的问题，而将注意力转向最新出现的问题，当最新问题得到解决后，再回到次新问题上，利用最新问题的解，求得次新问题的解。所以凡是对元素的保存次序与使用顺序相反的，都可以使用栈。

利用队列可以控制解决问题的顺序，实际应用中，凡是对元素的保存次序与使用顺序相同的，都可以使用队列。

4. 栈和递归

递归是程序设计中最为重要的方法之一，递归程序结构清晰，形式简捷。递归的内部实现是通过一个工作栈来保存调用过程中的参数、局部变量和返回地址。

习　　题

1. 栈和队列数据结构各有什么特点？什么情况下用到栈，什么情况下用到队列？

2. 设有编号为 1、2、3、4 的 4 辆车，顺序进入一个栈式结构的站台，试写出这 4 辆车开出车站的所有可能的顺序（每辆车可能入站，可能不入站，时间也可能不相同）。

3. 选择题。

（1） 栈的插入和删除操作在（　　）进行。

A．栈顶　　B．栈底
C．任意位置　　D．指定位置

（2） 当利用大小为 N 的数组顺序存储一个栈时，假定用 top==N 表示栈空，则向这个栈插入一个元素时，首先应执行（　　）语句修改 top 指针。

A．top++;　　B．top−−;
C．top=0;　　D．top=N−1;

（3） 假定利用数组 a[N]顺序存储一个栈，用 top 表示栈顶元素的下标位置，用 top==−1 表示栈空，用 top==N−1 表示栈满，则该数组所能存储的栈的最大长度为（　　）。

A．$N-1$　　B．N
C．$N+1$　　D．$N+2$

（4） 假定一个链栈的栈顶指针用 top 表示，该链栈为空的条件为（　　）。

A．top!=NULL;　　B．top==top->next;
C．top==NULL;　D．top!=top->next;

（5） 在一个循环队列中，当队尾指针指向队列当前元素所在位置时，则队头指针指向队头元素的（　）位置。

A．前一个　　B．后一个
C．当前　　D．最后

（6） 当利用大小为 N 的数组循环顺序存储一个队列时，该队列的最大长度为（　　）。

A．$N-2$　　B．$N-1$

C．N　　D．N+1

（7） 从一个循环队列中删除元素时，当队尾指针指向队列当前元素所在位置时，首先需要（　　）。

A．前移队头指针　　B．后移队头指针

C．取出队头指针所指位置上的元素　　D．取出队尾指针所指位置上的元素

（8）假定循环队列的队头和队尾指针分别用 f 和 r 表示，则判断队空的条件为（　　）。

A．f+1==r　　B．r+1==f

C．f==0　　D．f==r

4. 填空题。

（1） 队列的插入操作在____________进行，删除操作在____________进行。

（2） 栈又称为____________表，队列又称为____________表。

（3）在一个用一维数组 a[N]表示的顺序栈中，该栈所含元素的个数最少为________个，最多为____________个。

（4） 假定一个链栈的栈顶指针为 top，每个节点包含值域 data 和指针域 next，当进行出栈运算时（假定栈非空），需要把栈顶指针 top 修改为____________的值。

（5） 在带头节点的非空循环链队中，假定队头和队尾指针分别为 f 和 r，当从中删除一个节点时，则需要将 f->next 赋值为____________的值。

（6） 假定 front 和 rear 分别为链队的队头和队尾指针，则该链队中只有一个节点的条件为____________。

5. 假设正读和反读都相同的字符序列为“回文”，例如，“abba”和“abcba”是回文，“abcde”和“ababab”则不是回文。假设一字符序列已存入计算机，请分析用线性表、栈和队列正确输出其回文的可能性。

6. 假设一个算术表达式中包含圆括弧、方括弧和花括弧三种类型的括弧，编写一个判别表达式中括弧是否正确配对的函数 correct(exp,tag)；其中：exp 为字符串类型的变量（可理解为每个字符占用一个数组元素），表示被判别的表达式，tag 为布尔型变量。

7. 假设一个数组 squ[m]存放循环队列的元素。若要使这 m 个分量都得到利用，则需另一个标志 tag，以 tag 为 0 或 1 来区分尾指针和头指针值相同时队列的状态是“空”还是“满”。试编写相应的入队和出队的算法。

8. 试写一个算法，判别读入的一个以“@”为结束符的字符序列是否是“回文”。

编程实例

队列的应用——跳舞配对的算法实现。

编程目的：掌握队列的存储结构及创建、插入、删除等操作运算的实现方法。

问题描述：设一班有 m 个女生，有 n 个男生（m 不等于 n），现进行跳舞配对，男女生分别编号坐在舞池两边的椅子上。每曲开始时，依次从男生和女生中各出一人配对跳舞，本曲没成功配对者坐着等待下一曲找舞伴。设计实现每曲配对情况，计算出任何一个男生（编号为 X）和任意一个女生（编号为 Y），在第 K（$2<K<10$）曲配对跳舞的情况。

源程序代码如下：

```
#include <stdio.h>
#include <stdlib.h>
#include <iostream>
typedef  struct  QNode{                           //定义链队结构类型
    int  num;
    struct  QNode  *next;
}QNode,*QueuePtr;
typedef  struct {
    QueuePtr front;                               //定义队头指针
    QueuePtr rear;                                //定义队尾指针
}LQueue;
void InitLQueue(LQueue  &Q){                      //建空队列
    QueuePtr p;
    p=(QueuePtr)malloc(sizeof(QNode));
    if(p==NULL)
        exit(-1);
    Q.front=p;
    Q.rear=p;
    Q.front->next=NULL;
}
void EnQueue (LQueue &Q,int num){                 //入队列
    QueuePtr p;
    p=(QueuePtr)malloc(sizeof(QNode));
    if(p==NULL)
        exit(-1);
    p->num=num;
    p->next=NULL;
    Q.rear->next=p;
    Q.rear=p;
}
void DeQueue (LQueue &Q,int &num)  {  //出队列
    QueuePtr p;
    if(Q.front==Q.rear)
        printf("队列为空!!!");
    p=Q.front->next;
    num=p->num;
    Q.front->next=p->next;
    if(!p->next)
        Q.rear=Q.front;
    free(p);
}
void DestroyQueue(LQueue &Q) {          //消除队列
    while(Q.front) {
        Q.rear=Q.front->next;
        free(Q.front);
        Q.front=Q.rear;
    }
}
```

```
void PrintF (LQueue &F,int i){                        //打印第 i 首曲子时女队的情况
    QueuePtr p;
    int n=1;
    while(n<i) {
        printf("_");
        n++;
    }
    p=F.front->next;
    while(F.rear!=p) {
        printf("%d",p->num);
        p=p->next;
    }
    printf("%d\n",p->num);
}
void PrintM (LQueue &M,int i) {                       //打印第 i 首曲子时男队的情况
    QueuePtr p;
    int n=1;
    while(n<i)  {
        printf("_");
        n++;
    }
    p=M.front->next;
    while(M.rear!=p) {
        printf("%d",p->num);
        p=p->next;
    }
    printf("%d\n",p->num);
}
void menu ( ){
    printf("\t\t 1.输入男女编号\n");
    printf("\t\t 2.输出每曲配对情况\n");
    printf("\t\t 0.返回\n");
}
int main{
    int m,n,k,i;
       QueuePtr p, q;
       LQueue F:                          //女生队
       LQueue M;                          //男生队
       InitLQueue(F);
       InitLQueue(M);
    int select,y;
    menu ( );
    while(y){
       printf("\t\t 请选择(0～2):");
       scanf("%d",&select);
       switch(select) {
        case 1:  printf("请输入女生数: ");
                 scanf("%d",&m);
                 printf("请输入男生数: ");
                 scanf("%d",&n);
```

```
                for(i=1;i<=m;i++)
                    EnQueue(F,i);
                for (i=1;i<=n; i++)
                        EnQueue(M,i);
                break;
        case 2: printf("请输入曲子号：");
                scanf("%d",&k);
                for(i=1; i<=k; i++) {
                    system("CLS");
                    printf("第%d首曲子：\n",i);
                    PrintF(F,i);
                    PrintM(M,i);
                    p=F.front->next;
                    q=M.front->next;
                    printf("跳舞的是第%d号女生和第%d号男生\n",p->num,q->num);
                    DeQueue(F,p->num);
                    EnQueue(F,p->num);
                    DeQueue(M,q->num);
                    EnQueue(M,q->num);
                }
                break;
            case 0:y=0;
                break;
        default:printf("输入错误！");
                break;
        }
    }
    DestroyQueue(F);
    DestroyQueue(M);
    return 0;
}
```

▶▶▶▶ 第 4 章

串

一种特殊的线性表

串（即字符串）是一种特殊的线性表，在信息检索、文本编辑等领域有广泛的应用。其特殊性体现在组成线性表的每个数据元素是单个字符，而由一个个字符串起的字符串却是最基本的非数值数据，在操作过程中常常作为一个整体来处理。研究串的特点、存储结构和基本操作实现，是非常有必要的。

本章知识要点：

- 串的定义和基本运算
- 串的存储结构
- 串的运算实现
- 串的模式匹配算法

4.1 串的定义和基本运算

4.1.1 串的定义

1. 串的定义

串是由零个或任意多个字符组成的有限序列。一般记为：

$$S="a_1a_2\cdots a_n" \ (n\geqslant 0)$$

其中，S 为串名，在本书中用双引号作为串的定界符，引号括起来的字符序列为串值，a_i（$1\leqslant i\leqslant n$）是一个任意字符，称为串的元素，可以是字母、数字或其他字符，n 为串的长度。

2. 串的相关术语

（1）空串。不含任何字符的串称为空串，即串的长度 n=0 时，称为空串。

（2）空格串。由一个或多个称为空格的特殊字符组成的串称为空格串，其长度是串中空格字符的个数。

（3）子串。串中任意连续的字符组成的子序列称为该串的子串。另外，空串是任意串的子串，任意串是自身的子串。

（4）主串。包含子串的串称为该子串的主串。

（5）模式匹配。子串的定位运算又称为串的模式匹配，是一种求子串在主串中第一次出现的第一个字符的位置。

（6）串相等。两个串的长度相等且各个位置上对应的字符也都相同。

【例 4-1】以下有 4 个串：

S1="Welcome to Beijing! "

S2="Welcome to"

S3="Welcometo"

S4="Beijing"

则串长度及其之间的关系如何？

解：

（1）S1 的长度为 19，S2 的长度为 10，S3 的长度为 9，S4 的长度为 7。

（2）S2 和 S4 为 S1 的子串，S1 相对于 S2 和 S4 为其主串，S2 在 S1 的位置为 1，S4 在 S1 的位置为 12。

（3）S3 不是 S1 的子串，因为它不是 S1 串中的连续字符组成的子序列（在字母 e 与 t 之间缺少一个空格）。

（4）S2 与 S3 串不相等，因为两串的长度不相等，且各个位置上对应的字符不相同。

3. 串的应用

在汇编语言和高级语言的编译程序中，源程序和目标程序都是以字符串表示的。在事务处理程序中，如客户的姓名、地址、邮政编码、货物名称等，一般也是作为字符串数据处理的。另外，信息检索系统、文字编辑系统、语言翻译系统等，也都是以字符串数据作为处理对象的。

对照串的定义和线性表的定义可知，串是一种其数据元素固定为字符的线性表。但是，串的基本操作对象和线性表的操作对象却有很大的不同。线性表上的操作是针对其某个元素进行的，而串上的操作主要是针对串的整体或串的一部分子串进行的。这也是把串单独作为一章的原因。

4.1.2 串的基本操作

串的基本操作有很多，下面给出串的抽象数据类型定义。

ADT　String{

数据元素：$D=\{a_i \mid a_i \in \text{Character}，i=1，2，\cdots，n，n\geqslant 0\}$

数据关系：$R=\{<a_{i-1}，a_i> \mid a_{i-1}，a_i \in D_0，i=2，3，\cdots，n\}$

基本操作：

（1）StrAsign(S,chars)

初始条件：chars 是字符串常量。

操作结果：生成一个值等于 chars 的串 S。

（2）StrCopy(S,T)

初始条件：串 S 存在。

操作结果：由串 S 复制得串 T。

（3）StrLength(S)

初始条件：串 S 存在。

操作结果：返回串 S 的长度，即串 S 中的元素个数。

（4）StrCat(S,T)

初始条件：串 S 和 T 存在。

操作结果：将串 T 的值连接在串 S 的后面。

（5）SubString(Sub,S,pos,len)

初始条件：串 S 存在，1≤pos≤StrLength(S)且 1≤len≤StrLength(S)-pos+1。

操作结果：用 Sub 返回串 S 的第 pos 个字符起长度为 len 的子串。

（6）StrIndex(S,T)

初始条件：串 S 和 T 存在，T 是非空串。

操作结果：若串 S 中存在与串 T 相同的子串，则返回它在串 S 中第一次出现的位置；否则返回-1 或代表错误的值。

（7）StrInsert(S,pos,T)

初始条件：串 S 和 T 存在，1≤pos≤StrLength(S) +1。

操作结果：在串 S 的第 pos 个字符插入串 T。

（8）StrDelete(S,pos,len)

初始条件：串 S 存在，1≤pos≤StrLength(S)且 1≤len≤StrLength(S)-pos+1。

操作结果：从串 S 中删除第 pos 个字符起长度为 len 的子串。

（9）StrReplace(S,T,V)

初始条件：串 S，T 和 V 存在，且 T 是非空串。

操作结果：用 V 替换串 S 中出现的所有与 T 相等的不重叠子串。

（10）StrEmpty(S)

初始条件：串 S 存在。

操作结果：若串 S 为空串，则返回 1；否则返回 0。

（11）StrCompare(S,T)

初始条件：串 S 和 T 存在。

操作结果：若 S>T，则返回值>0；若 S=T，则返回值等于 0；若 S<T，则返回值<0。

（12）StrClear(S)

初始条件：串 S 存在。

操作结果：将 S 清为空串。

（13）DispStr(S)

初始条件：串 S 存在。

操作结果：显示串 S 的所有字符。

}ADT String;

4.2 串的存储结构

因为串是字符型的线性表，与线性表类似，串也有两种基本存储结构：顺序存储和链式存储。但考虑到存储效率和算法的高效，串多采用顺序存储结构。

4.2.1 定长顺序存储

1. 串的顺序存储

顺序串的类型定义与顺序表的定义相似，可以用一个字符型数组和一个整型变量表示，其中字符型数组存储串，整型变量表示串的长度。

```
#define MAXLEN 256              //串的最大长度为256
typedef  struct {
   char ch[MAXLEN];
   int length;
}SeqString;
SeqString  s;                   //定义一个串变量
```

如串 *S*="Beijing"，字符串从 S.ch[0]单元开始存放，用'\0'来表示串的结束，则串 *S* 的存储示意图如图 4-1 所示。

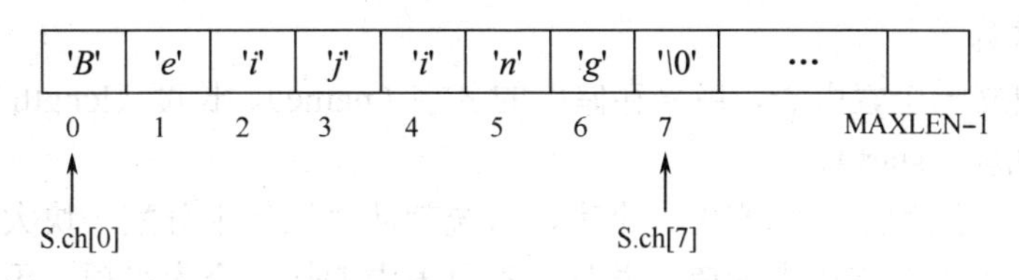

图 4-1　串 *S* 的顺序存放示意图

2. 存储方式

当计算机以字节（Byte）为单位编址时，一个存储单元刚好存放一个字符，串中相邻的字符顺序地存储在地址相邻的存储单元中。

当计算机以字（例如 1 个字为 32 位）为单位编址时，一个存储单元可以由 4 个字节组成。此时顺序存储结构又有非紧凑存储和紧凑存储两种存储方式。

（1）非紧凑存储。设串 S="Hello boy"，计算机字长为 32 位（4 个 Byte），用非紧凑格式一个地址只能存一个字符，如图 4-2 所示。其优点是运算处理简单，但缺点是十分浪费存储空间。

（2）紧凑存储。同样存储 S="Hello boy"，用紧凑格式一个地址能存 4 个字符，如图 4-3 所示。紧凑存储的优点是空间利用率高，缺点是对串中字符处理的效率低。

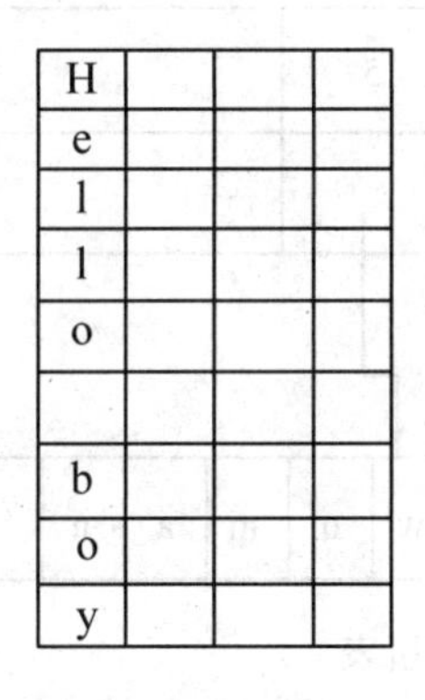

图 4-2　非紧凑格式

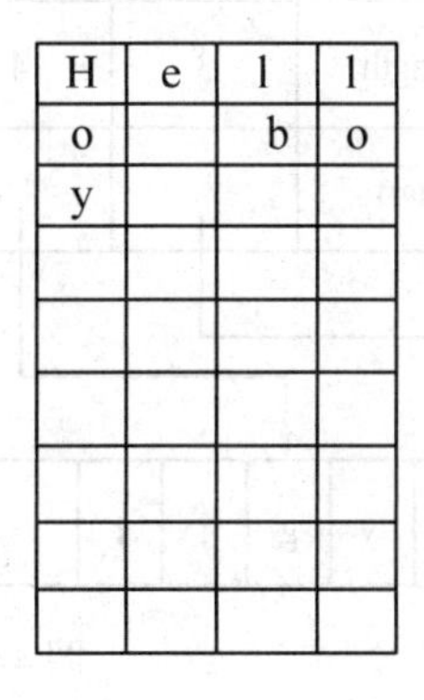

图 4-3　紧凑格式

4.2.2　堆存储

串的定长顺序存储方式是静态的，在编译时就确定了串空间的大小。而实际应用中，最好是根据实际需要，在程序执行过程中动态地分配和释放字符数组空间。在这种情况下，可以采用堆存储（也称为索引存储），这是一种动态存储结构。

堆存储结构的基本思想是：在内存中开辟能存储足够多且地址连续的存储空间作为应用程序中所有串的可利用存储空间，根据每个串的长度，动态地为每个串在堆空间里申请相应大小的存储空间，每个串顺序存储在所申请的存储区域中，若操作过程中原空间不够，可根据串的实际长度重新申请，复制原串值后再释放原空间。

1. 串的堆存储

（1）开辟一块地址连续的存储空间，用于存储各串的值，该存储空间称为“堆”（也称为自由存储区）。

（2）另外建立一个索引表，用来存储串的名字（name）、长度（length）和该串在“堆”中存储的起始地址（start）。

（3）程序执行过程中，每产生一个串，系统就从“堆”中分配一块大小与串的长度相同的连续空间，用于存储该串的值，并且在索引表中增加一个索引项，用于登记该串的名字、长度和该串的起始地址。

```
typedef  struct {                          //定义堆串的结构体
   char *ch;
   int length;
}HString;
HString  s;                                //定义一个串变量
```

2. 索引存储的例子

设字符串：S1="boy"，S2="girl"，S3="man"，S4="woman"，用指针 free 指向堆中未使用空间的首地址。索引表如图 4-4 所示。

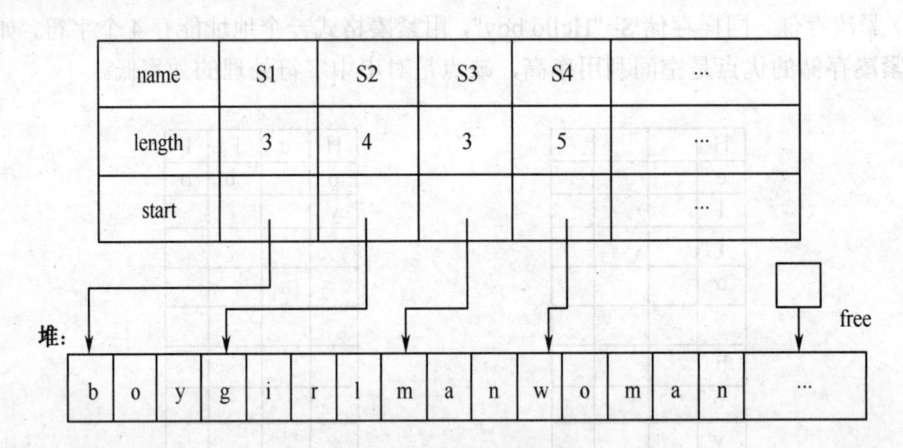

图 4-4　带长度的索引表

考虑到对字符串的插入和删除操作，可能引起串的长度变化，在“堆”中为串值分配空间时，可预留适当的空间。这时，索引表的索引项应增加一个域，用于存储该串在“堆”中拥有的实际存储单元的数量。当字符串长度等于该串的实际存储单元时，就不能对串进行插入操作。

带长度的索引表的串结构体定义。

```
typedef  struct {                          //定义堆串的结构体
   char  name[MAXLEN];                     //串名
   int length;
   char *start;
}HLString;
```

3. 堆的管理

C 语言中用动态分配函数 malloc 和 free 来管理“堆”。利用函数 malloc 为每个新串分配一块实际串长所需要的存储空间，分配成功，则返回一个指向起始地址的指针，作为串的基址。同时，约定的串长也作为存储结构的一部分。利用函数 free 来释放 malloc 分配的存储空间。而 C++中用动态分配函数 new 和 delete 来管理“堆”，其使用方法与 malloc 和 free 相同。

4.2.3　链式存储

顺序串的插入和删除操作不方便，需要移动大量的字符。因此，可考虑单链表方式存储串。由于串结构的特殊性，结构中的每个数据元素是一个字符，所以在用链表存储字符串时，存在一个“节点大小”的问题，即每个节点可存放一个字符，也可以存放多个字符。

1.　串的链式存储

用链表存储字符串，每个节点有两个域：一个数据域（data）和一个指针域（next）。在串的链式存储结构中，有如下结构：

数据域（data）—— 存放串中的字符；

指针域（next）—— 存放后继节点的地址。

仍然以存储 S="Hello boy"为例，链式存储结构如图 4-5 所示。

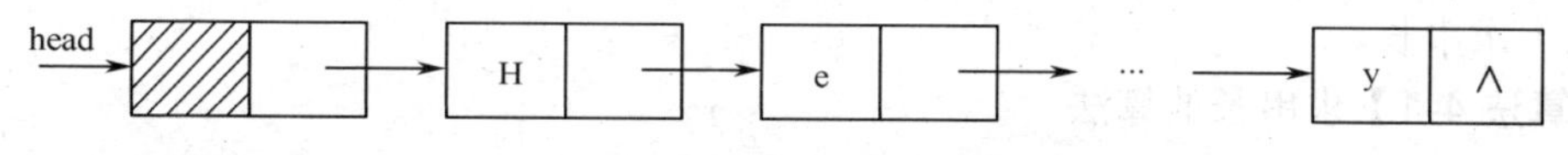

图 4-5　带头节点的非空单链表

（1）链式存储的优点：插入、删除运算方便；

（2）链式存储的缺点：存储、检索效率较低。

2.　串的存储密度

在各种串的处理系统中，所处理的串往往很长或很多。例如一本书的几百万个字符、情报资料的几千万个条目，这就必须考虑字符串的存储密度。

$$存储密度=\frac{串值所占的存储位}{实际分配的存储位}$$

串链式存储的存储密度小，存储量比较浪费，但运算处理，特别是对串的连接等操作的实现比较方便。

为了便于进行串的操作，当以链表存储串值时，除头指针外，还可附设一个尾指针指示链表中的最后一个节点，并给出当前串的长度。

```
#define CHARMAX 80              //用户定义的块链大小
typedef  struct  Chara{
   char ch[CHARMAX];
   struct  Chara  *next;
}Chara;
typedef  struct {
   Chara  *head,*tail;          //定义指向串的头指针和尾指针
   int  length;
}LString;                       //定义一个串变量
```

串的链式存储对某些串操作，如连接操作等，有一定的方便外，总的说来，不如顺序存储结构灵活，且占用存储空间大、操作复杂，因此使用较少。

4.3 串的运算实现

本节主要讨论定长顺序存储的各种算法的实现。定长顺序串的结构定义如下：

```
#define  MAXSIZE  256                    //顺序串存储空间的总分配量
typedef  struct  {
   char ch[MAXSIZE];                     //存储串的字符数组
   int Len;                              //存储串的长度
}String;                                 //串结构定义
```

在串尾用一个不常在串中出现的特殊字符作为终结符，表示字符串的结尾。如C语言中就是用'\0'来表示串的结束。

顺序串的插入和删除等操作与顺序表相同。因此，主要实现串的插入、删除、查找、比较、求子串、连接等基本操作。

（1）求串长。

【算法 4-1】求串长的算法

```
int StrLength(String *S){                //求串长度
   int i=0;
   while(S->ch[i]!='\0')
      i++;
   S->Len=i;
   return(S->Len);
}
```

（2）新建串。

【算法 4-2】建立串的算法

```
void CreatStr(String *S){                //建立新串
   gets(S->ch);
   S->Len=StrLength(S);                  //调用求串长度函数
}
```

从键盘读入一个字符串并赋给S，并调用求字符串长度函数给该字符串长度赋初值。

（3）求子串。

【算法 4-3】求子串的算法

```
int SubString(String *S,String *Sub,int pos,int len){               //求子串
    int j;
    if(pos<1 || pos>S->Len || len<1 || len>S->Len-pos+1) {
        Sub->Len=0;
        printf("参数错误!\n");
        return 0;
```

```
        }
      else  {
        for(j=0;j<len;j++)
            Sub->ch[j]=S->ch[pos+j-1];
        Sub->ch[j]='\0';
        Sub->Len=len;
        return 1;
      }
  }
```

求串 S 从第 pos 位置开始，长度为 len 的子串，并将其存入到串 Sub 中。操作成功返回 1，不成功返回 0。

（4）串删除。

【算法 4-4】删除子串的算法

```
  int  StrDelete(String *S,int i,int l){  //在串 s 中删除从指定位置 i 开始连续的 j 个字符
     int k;
     if(i+l-1>S->Len)  {
       printf("所要删除的子串超界！");
       return 0;
       }
     else {
       for(k=i+l-1;k<S->Len;k++,i++)            //从第 i 位开始删除长度为 l 个字符
           S->ch[i-1]=S->ch[k];
       S->Len=S->Len-l;
       S->ch[S->Len]='\0';                     //新串尾部加上字符串结束标志
       return 1;
       }
  }
```

删除串 S 从指定位置 *i* 开始的连续 l 个字符。首先判断删除位置和删除串长度是否出错，出错给出错误信息后返回 0；不出错则继续下面操作：将第 *i*+l−1 位的字符向前移到第 *i* 位上，以此类推，直到最后一个字符移动完毕。最后修改串 S 的长度，将新串 S 的尾部加上字符串结束标志'\0'（不加该语句多次运行程序会出错），操作成功，返回 1。

（5）串插入。

【算法 4-5】插入子串的算法

```
  int StrInsert(String *S,String *S1,int i){        //在串 s 中插入子串 s1
     int k;
     if(i>S->Len+1) {
       printf("插入位置错误！");
       return 0;
       }
     else  if(S->Len+S1->Len>MAXSIZE)  {
       printf("两串长度超过存储空间长度！");
       return 0;
       }
       else  {
```

```
        for(k=S->Len-1;k>=i-1;k--)          //将第 i 位开始的字符各向后移动 S1 串长度
            S->ch[S1->Len+k]=S->ch[k];
        for(k=0;k<S1->Len;k++)              //将子串 S1 插入到串 S 的第 i 位处
            S->ch[i+k-1]=S1->ch[k];
        S->Len=S->Len+S1->Len;              //修改串 S 的长度
        S->ch[S->Len]='\0';                 //新串 S 尾部加上字符串结束标志
        return 1;
    }
}
```

在串 S 中的第 i 位置开始插入子串 S1。首先判断插入子串的位置是否出错，然后再判断两串长度是否超过存储空间长度，都不出错则进行插入操作。首先从最后一个字符开始向后移动子串 S1 长度，直到第 i 个字符结束。移动完毕，将子串 S1 的每个字符复制到串 S 的第 i 位开始的各位置上，完成插入子串的过程。最后修改串 S 的长度，在新串 S 的尾部加上字符串结束标志'\0'（不加该语句多次运行程序会出错），操作成功，返回 1。

（6）串定位。

【算法 4-6】串定位的算法

```
int StrIndex(String *S,String *T){          //串的定位
    int i=0,j=0,k;
    while(i<S->Len && j<T->Len) {           //当两串指针没有指向该串尾时进行比较
     if(S->ch[i] ==T->ch[j])  {
            i++;
          j++;
        }
        else  {
            i=i-j+1;
          j=0;
        }
    }
    if(j>=T->Len)                           //判断在串 S 中是否有串 T
        k=i-T->Len+1;
    else
        k=-1;
    return k;
}
```

若串 S 中存在与串 T 相同的子串，则返回串 T 在串 S 中第一次出现的位置，否则返回 −1。首先将 i、j 分别指向串 S 和串 T，当 i、j 没有指向两串尾时进行循环：如果对应位置字符相同，则继续比较下一个字符；如果不相同，则令 i 等于 i−j+1 且 j 等于 0，进行下一次的字符串首字符比较。循环完毕后若 j 大于等于串 T 的长度，说明串 S 中有子串 T，返回其首次出现的起始位置，否则说明串 S 中没有子串 T，返回−1。

（7）串比较。

【算法 4-7】串比较的算法

```
int StrCompare(String *S1,String *S2){                  //两个串比较
   int i=0,flag=0;
```

```
    while(S1->ch[i]!='\0'&&S2->ch[i]!='\0') {     //当两串没到字符串尾部时
      if(S1->ch[i]!=S2->ch[i]) {              //两串对应位置的字符是否相同
      flag=1;                                 //相同则标志 flag 置 1，提前结束循环
      break;
      }
      else  i++;
    }
    if (flag==0 && S1->Len==S2->Len)
      return  0;                              //两串相等返回 0
    else
      return  S1->ch[i]-S2->ch[i];            //返回不同位置字符 ASCII 码差值
  }
```

判断串 S1 和串 S2 是否相等，如果相等，返回值为 0；如果不相等，返回两个串对应第一个不相同位置字符 ASCII 码的差值。

（8）串连接。

串连接是把两个串 S 和 T 首尾连接成一个新串。

【算法 4-8】串连接的算法

```
  int StrCat(String *S, String *T){              //串的连接
      int i, flag;                               //将串 T 连接在串 S 的后面
      if(S->Len+T->Len<=MAXSIZE) {               //连接后串长小于 MAXSIZE
          for(i=S->Len; i<S->Len+T->Len;i++)
              S->ch[i]=T->ch[i-S->Len];
          S->ch[i]='\0';
          S->Len+=T->Len;
          lag=1;
          }
  else if(S->Len<MAXSIZE) { //连接后串长大于 MAXSIZE，但串 S 的长度小于 MAXSIZE，连
接后串 T 部分字符序列被舍弃
          for(i=S->Len;i<MAXSIZE;i++)
              S->ch[i]=T->ch[i-S->Len];
          S->Len=MAXSIZE;
          flag=0;
          }
          else  flag=0;                          //串 S 的长度等于 MAXSIZE，串 T 不被连接
      return(flag);
  }
```

将第二个串 T 连接到第一个串 S 的后面，形成一个新的串存储在 S 中。操作成功返回值为 1，操作失败返回值为 0。

如果连接后串长小于串 S 的存储长度 MAXSIZE，则将串 T 直接连接到串 S 的尾部，形成新串，修改串 S 的长度并设新串的字符串结束标志，操作成功返回值为 1；如果连接后串长大于 MAXSIZE，但串 S 的长度小于 MAXSIZE，连接后串 T 部分字符序列被舍弃，将串 T 连接到串 S 的尾部，直到串 S 的存储空间满为止（留一个字符串结束标志位置），操作失败返回值为 0；否则说明串 S 的长度等于 MAXSIZE，串 T 不被连接，操作失败返回值为 0。

（9）串替换。

【算法 4-9】子串替换算法

```
void StrReplace(String *S,String *T,String *V){   //子串替换
   int i,m,n,p,q;
   n=S->Len;
   m=T->Len;
   q=V->Len;
   p=1;
   do{
      i=StrIndex(S,T);                    //调用定位函数得到子串 T 在主串 S 中的位置
      if(i!=-1) {               //当主串 S 中有该子串 T 时
             DelStr(S,i,m);               //调用删除子串函数删除该子串 T
             InStr(S,V,i);                //调用插入子串函数插入子串 V
             p=i+q;
             S->Len=S->Len+q-m;           //修改主串 S 的长度
             n=S->Len;
             }
      }while((p<=n-m+1)&&(i!=-1));
}
```

串为顺序存储结构，要求实现用子串 V 将主串 S 中的所有串 T 均替换。子串替换算法的主要思路是先定位，然后调用删除子串函数删除该串 T，其次再调用插入子串函数将子串 V 插入到该位置中，最后再查找下一个位置反复执行删除串 T、插入串 V 的操作，直到串 S 尾部。

4.4 串的模式匹配

串的模式匹配即子串定位，是一种重要的串运算。设 S 和 T 是给定的两个串，在主串 S 中查找子串 T 的过程称为模式匹配。如果在 S 中找到等于 T 的子串，则称匹配成功，函数返回 T 在 S 中首次出现的存储位置；否则匹配失败，返回值为 0。子串 T 也称为模式串。

模式匹配算法有 BF 算法和 KMP 算法，下面详细讨论这两种算法。

4.4.1 BF 算法

最简单直观的模式匹配算法是 BF（Brute-Force）算法。模式匹配不一定是从主串的第一个位置开始，可以指定主串中查找的起始位置。为了运算方便，设字符串采用定长顺序存储，且将串的长度存放在 0 地址单元，串值从 1 开始存放，这样字符序号与存储位置可以保持一致。

算法思想：

（1）首先利用指针 i 和 j 指向主串 S 和模式 T 中当前比较的字符位置，i 的初值为 pos，j 的初值为 1。

（2）若两个串均未比较到串尾，即 i 和 j 分别小于等于主串 S 和 T 的长度，则重复进

行 S.ch[i]和 T.ch[j]比较，若相等，则 i 和 j 分别指向串的下一个位置，继续比较后续字符；若不相等，则 i 重置为 $i-j+2$，j 重置为 1 后进行 S.ch[i]和 T.ch[j]的比较。

（3）若 j>T. length，则说明模式 T 中的每个字符与主串 S 中的每个字符相等，则匹配成功，返回模式 T 中第一个字符相等的主串 S 的 i 值；否则匹配不成功，返回值为 0。

【例 4-2】 BF 算法的匹配过程示例。

设主串 S="ababcabcacbab"，模式 T="abcac"，匹配过程如下。

```
第一趟匹配   a b a b c a b c a c b a b      (i=3)
             a b c                          (j=3)
第二趟匹配   a b a b c a b c a c b a b      (i=2)
               a                            (j=1)
第三趟匹配   a b a b c a b c a c b a b      (i=7)
                 a b c a c                  (j=5)
第四趟匹配   a b a b c a b c a c b a b      (i=4)
                   a                        (j=1)
第五趟匹配   a b a b c a b c a c b a b      (i=5)
                     a                      (j=1)
第六趟匹配   a b a b c a b c a c b a b      (i=11)
                       a b c a c            (j=6)成功!
```

【算法 4-10】 BF 模式匹配算法

```
int Str_Index(SString S, SString T, int pos){          //T是模式,1≤pos≤S的长度
//主串S中第pos个字符之后第一次出现的位置；否则返回值为0
    i = pos;
    j = 1;
    while(i<=S.ch[0] && j <= T.ch[0]){
      if(S.ch[i] == T.ch[j]) {                          //相应位置字符比较
          ++i;
          ++j;
          }                                             //继续比较后续字符
      else {
          i = i-j+2;
          j =1;
          }                                             //指针回溯，重新匹配
      }
    if(j > T.ch[0])
      return (i-T.ch[0]);                               //匹配成功
    else
      return 0;                                         //匹配不成功
}
```

下面分析它的时间复杂度，设 n = StrLength(S)，m = StrLength(T)。在匹配成功的情况下，考虑两种极端情况。

（1）在最好情况下，每次不成功的匹配都发生在第一个字符与主串相应字符的比较。

例如：

S = "A STRING SEARCHING EXAMPLE CONSISTING OF SIMPLE TEXT"

T = "STING"

设匹配成功发生在 S_i 处，则在前面 i-1 次匹配中共比较了 i-1 次，第 i 次成功的匹配共比较了 m 次，所以总共比较了 i-1+m 次。所有匹配成功的可能共有 n−m+1 种，设从 S_i 开始与 T 串匹配成功的概率为 P_i，在等概率情况下 P_i=1/(n−m+1)，则最好情况下平均比较次数为

$$\sum_{i=1}^{n-m+1} p_i \times (i-1+m) = \sum_{i=1}^{n-m+1} \frac{1}{n-m+1} \times (i-1+m) = \frac{(n+m)}{2} \tag{4-1}$$

即最好情况下的平均时间复杂度是 $O(n+m)$。

（2）在最坏情况的下，每次不成功的匹配都发生在 T 的最后一个字符。

例如：

S = "00000000000000000000000000000000000000000000000001"

T = "00000001"

设匹配成功发生在 S_i 处，则在前面 i−1 次匹配中共比较了(i−1)×m 次，第 i 次成功的匹配共比较了 m 次，所以总共比较了 i×m 次，则最坏情况下平均比较次数为

$$\sum_{i=1}^{n-m+1} p_i \times (i \times m) = \sum_{i=1}^{n-m+1} \frac{1}{n-m+1} \times (i \times m) = \frac{m \times (n-m+2)}{2} \tag{4-2}$$

即最坏情况的平均时间复杂度为 $O(n*m)$。

BF 算法思路简明直观，但当匹配失败时，主串的指针 i 需要回溯到 i-j+2，模式串的指针恢复到首字符 j=1。因此，算法的时间复杂度高。下面讨论另一种模式匹配算法。

4.4.2 KMP 算法

KMP 算法是 D.E.Knuth、J.H.Morris 和 V.R.Pratt 同时发明的，因此人们称它为克努特-莫里斯-普拉特操作（简称为 KMP 算法）。

KMP 算法的改进在于：每一趟匹配过程中出现字符比较不等时，不需要回溯 i 指针，只要利用已经“部分匹配”的结果，调整 j 指针，即将模式向右滑动尽可能远的一段距离，以提高算法效率。

【例 4-3】KMP 算法匹配过程示意。

```
第一趟匹配  a b a b c a b c a c b a b        (i=3)
            a b c                            (j=3)
第二趟匹配  a b a b c a b c a c b a b        (i=3→7)
                a b c a c                    (j=1→5)
第三趟匹配  a b a b c a b c a c b a b        (i=7→11)
                        (a)b c a c           (j=2→6)
```

算法复杂度为 $O(n+m)$。

1. KMP 算法的基本思想

假设主串为 S="$s_1s_2\cdots s_n$"，模式串为 T="$t_1t_2\cdots t_m$"。

目前要解决的问题是：当“失配”（$s_i \neq t_j$）时，模式串 T“向右滑动”的可行距离有多远？或者说，下一步 s_i 应该与模式串中的哪个字符比较？

综上所述，希望在 s_i 和 t_j 匹配失败后，指针 i 不回溯，模式串 T 向右“滑动”至某个位置上，使得 t_k 对准 s_i 继续向右进行。问题的关键是串 T“滑动”到哪个位置上。不妨设位置为 k，即 s_i 和 t_j 匹配失败后，指针 i 不动，模式 t 向右“滑动”，使 t_k 和 s_i 对准继续向右进行比较，要满足这一假设，就要有如下关系成立。

$$"t_1t_2\cdots t_{k-1}"="s_{i-k+1}s_{i-k+2}\cdots s_{i-1}" \quad (4\text{-}3)$$

式（4-3）左边是 t_k 前面的 $k-1$ 个字符，右边是 s_i 前面的 $k-1$ 个字符。

而本次匹配失败是在 s_i 和 t_j 处，已经得到的部分匹配结果是

$$"t_1t_2\cdots t_{j-1}"="s_{i-j+1}s_{i-j+2}\cdots s_{i-1}" \quad (4\text{-}4)$$

因为 $k<j$，所以有

$$"t_{j-k+1}t_{j-k+2}\cdots t_{j-1}"="s_{i-k+1}s_{i-k+2}\cdots s_{i-1}" \quad (4\text{-}5)$$

式（4-5）左边是 t_j 前面的 $k-1$ 个字符，右边是 s_i 前面的 $k-1$ 个字符，通过式（4-3）和（4-5）得到

$$"t_1t_2\cdots t_{k-1}"="t_{j-k+1}t_{j-k+2}\cdots t_{j-1}" \quad (4\text{-}6)$$

结论：在 s_i 和 t_j 匹配失败后，如果模式串中有满足式（4-6）关系的子串存在，即模式中的前 $k-1$ 个字符与模式中 t_j 字符前面的 $k-1$ 个字符相等时，模式串 T 就可以向右“滑动”，使 t_k 和 s_j 对准，然后继续向右进行比较即可。

2. next 函数

模式中的每一个 t_j 都对应一个 k 值，由式（4-6）可知，这个 k 值仅依赖于模式串 T 本身字符序列的构成，而与主串 S 无关。可用函数 next(j)表示 t_j 对应的 k 值，根据以上分析，next 函数具有如下性质。

（1）next(j)是一个整数，且 0≤next(j) ≤j。

（2）为了使 t 的右移不丢失任何匹配成功的可能，当存在多个满足式（4-6）的 k 值时，应取最大的值，这样向右“滑动”的距离最短，向右“滑动”的字符为 j−next(j)个。

（3）如果在 t_j 前不存在满足式（4-6）的子串，则 k=1，即用 t_j 和 s_i 继续比较，向右“滑动”最远 j−1 个字符。

一般情况下，模式 T 串的 next 函数定义如下：

$$\text{next}[j]=\begin{cases} 0 & \text{当 } j=1 \\ \max & \{k \mid 1<k<j \text{ 且 } "t_1\ t_2\cdots t_{k-1}"="t_{j-k+1}\ t_{j-k+2}\cdots t_{j-1}"\} \\ 1 & \text{其他情况} \end{cases}$$

由此定义，可以推出模式串"abaabcac"的 next 函数值：

j	1	2	3	4	5	6	7	8
模式串	a	b	a	a	b	c	a	c
next[j]	0	1	1	2	2	3	1	2

在求得模式的 next 函数之后，匹配可如下进行：假设以指针 i 和 j 分别指示主串和模式中正待比较的字符，令 i 的初值为 pos，j 的初值为 1。若在匹配过程中 $s_i=p_i$，则 i 和 j 分别增加 1；否则，i 不变，而 j 退到 next[j]的位置再比较，若相等，则指针各自增 1，否则 j 再退到下一个 next 值（next[next[…next[j]…]]）的位置，以此类推，直至下列两种可能：一种是 j 退到某个 next 值时字符比较相等，则指针各自增 1，继续进行匹配；另一种是 j 退到值为零（即模式第一个字符失配），则此时需将模式继续向右滑行一个位置，即从主串的下一个字符 s_{i+1} 起和模式重新开始匹配。

【例 4-4】 next[j]匹配过程示意。

第一趟　a **c** a b a a b a a b c a c a a b c　　(i=2)
　　　　a **b**　　(j=2，next[2]=1)
第二趟　a **c** a b a a b a a b c a c a a b c　　(i=2)
　　　　　a　　(j=1，next[1]=0)
第三趟　a c a b a a b a **a** b c a c a a b c　　(i=8)
　　　　　　a b a a b **c**　　(j=6，next[6]=3)
第四趟　a c a b a a b **a** a b c a c a a b c　　(i=14)
　　　　　　　(a b) **a** a b c a c　　(j=9，成功)

3. KMP 算法

KMP 算法和 BF 算法极为相似，不同之处在于：当匹配过程中产生“失配”时，指针 i 不变，指针 j 退回到 next[j]所指示的位置上重新进行比较，并且当指针 j 退至零时，指针 i 和指针 j 需同时增 1。即主串的第 i 个字符和模式的第 1 个字符不相等，应从主串的第 i+1 个字符起重新进行匹配。

【算法 4-11】 KMP 算法

```
int Index_KMP(SString S, SString T, int  pos) {
    //利用模式串 T 的 next 函数求 T 在主串 S 中第 pos 个字符之后第一次出现的位置
    i = pos;
    j = 1;
    while(i<=S.ch[0] && j <= T.ch[0]){       //两个串均未比较到串尾
        if(j==0 || S.ch[i]==T.ch[j]){
            ++i;
            ++j;
            }                                //继续比较后续字符
        else
            j = next[j];                     //模式串向后移
    }
    if(j > T.ch[0])
```

```
        return ( i-T.ch[0]);                            //匹配成功
    else
        return 0;                                       //匹配不成功
}
```

KMP 算法是在已知模式串的 next 函数值的基础上执行的，那么如何求得模式串的 next 函数值呢？

next 函数值仅取决于模式本身而与主串无关。可以从分析 next 函数的定义出发，用递推的方法求得 next 函数值。

由定义可知：next[1]=0；设 next[j]=k，则有关系："$t_1\ t_2\cdots t_{k-1}$"="$t_{j-k+1}\ t_{j-k+2}\cdots t_{j-1}$"，其中 $1<k<j$，并且不可能存在 $k'>k$ 使上述关系成立。

那么 next[j+1]的值，有两种可能情况。

（1）若 $t_k=t_j$，则表明："$t_1\ t_2\cdots t_k$"="$t_{j-k+1}\ t_{j-k+2}\cdots t_j$"，并且不可能存在 $k'>k$ 使上述关系成立。也就是 next[j+1]=k+1 即 next[j+1]=next[j]+1。

（2）若 $t_k\neq t_j$，则表明："$t_1\ t_2\cdots t_k$"≠"$t_{j-k+1}\ t_{j-k+2}\cdots t_j$"，此时求 next 的问题可看成模式匹配的问题；整个模式串既是主串又是模式，递推 k=next[k]，直到 T[k]=T[j]或 k=0；此时 next[j+1]=next[k]+1。

【算法 4-12】求模式串的 next 函数值

```
void Get_next(Sstring T, int  &next[]){ //求模式 T 的 next 函数值并存入数组 next
    int j = 1;
    int k=0;
    int next[1] = 0;
    while(j<T.ch[0]) {
        if(k==0||T[j]==T[k]){
            ++j;
            ++k;
            next[j]=k;
        }
        else
            k=next[k];
    }
}
```

该算法的时间复杂度为 $O(m)$，通常模式串的长度 m 比主串的长度 n 要小得多，因此，对整个匹配算法来说，所增加的这点时间是值得的。

4.5 本章小结

本章介绍了串的定义和基本概念、存储结构、运算实现以及模式匹配。

1. 串的基本概念

串是一种特殊的线性表，规定每个数据元素仅由一个字符组成。串上的操作主要是针对串的整体或串的一部分子串进行的。

2. 串的存储结构

串是字符型的线性表，与线性表类似，串也有两种基本存储结构：顺序存储和链式存储。由于串的特殊性，主要讨论了串的定长顺序存储、堆存储、块链存储。当串采用不同的存储结构时，其对应的串的操作运算也会发生变化。

3. 串的运算实现

串的基本运算包括串的连接、插入、删除、比较、替换和模式匹配等，要求重点掌握串的定长顺序存储的基本算法。

4. 串的模式匹配

串的模式匹配即子串定位，是一种重要的串运算。模式匹配算法有 BF 算法和 KMP 算法。主要掌握两种算法的基本思想、算法实现及时间效率分析。

习　　题

1. 选择题。

（1） 以下说法正确的是（　　）。

A．串是一种特殊的线性表　　B．串的长度必须大于零

C．串中的元素只能是字母　　D．空串就是空白串

（2） 设有一个字符串 S="Welcome to Shenyang!"，则该串的长度为（　　）。

A．18　　B．19

C．20　　D．21

（3） 设有一个字符串 S="abcdefgh"，则该串的最大子串个数为（　　）。

A．8　　B．36

C．37　　D．9

（4） 两个字符串相等的条件是（　　）。

A．两串的长度相等

B．两串包含的字符相同

C．两串的长度相等，并且两串包含的字符相同

D．两串的长度相等，并且对应位置上的字符相同

（5） 某串的长度小于一个常数，则采用（　　）存储方式最节省空间。

A．链式　　B．顺序

C．堆结构　　D．无法确定

（6） 以下论述正确的是（　　）。

A．空串与空格串是相同的　　B．"tel"是"Teleptone"的子串

C．空串是零个字符的串　　D．空串的长度等于 1

（7） 以下论断正确的是（　　）。

A．" "是空串，"　"是空格串

B．"BEIJING"是"BEI JING"的子串

C．"something"<"Somethig"

D．"BIT"="BITE"

（8） 设有两个串 S1 和 S2，则 StrCompare(S1,S2)运算称作（　　）。

A. 串连接　　B．模式匹配

C. 求子串　　D．串比较

（9） 串的模式匹配是指（　　）。

A．判断两个串是否相等

B．对两个串比较大小

C．找某字符在主串中第一次出现的位置

D．找某子串在主串中第一次出现的第一个字符位置

（10） 若 SubString(Sub,S,pos,len)表示用 Sub 返回串 S 的第 pos 个字符起长度为 len 的子串的操作，则对于 S="Data Structure"，SubString(Sub,S,6,3)的结果为（　　）。

A．"ta Str"　　B．"Str"

C．"tru"　　D．以上均不正确

（11） 若 StrIndex(S,T)表示求 T 在 S 中的位置的操作，则对于 S="Beijing and Nanjing"，T="jing"，StrIndex(S,T)的结果为（　　）。

A．2　　B．3　　C．4　　D．16

（12） S="morning"，执行求子串函数 SubStr(S,2,2)后的结果为（　　）。

A．"mo"　　B．"or"

C．"in"　　D．"ng"

（13）S1="Good"，S2="Morning"，执行串连接函数 ConcatStr(S1,S2)后的结果为(　　)。

A．"GoodMorning"　　B．"Good Morning"

C．"GOODMORNING"　　D．"GOOD MORNING"

（14） S1="good"，S2="morning"，执行函数 SubStr(S2,4,LenStr(S1))后的结果为(　　)。

A．"good"　　B．"ning"

C．"go"　　D．"morn"

（15） 设串 S1="ABCDEFG"，S2="PQRST"，则 ConcatStr(SubStr(S1,2,LenStr(S2)), SubStr(S1,LenStr(S2),2))的结果串为（　　）。

A．BCDEF　　B．BCDEFG

C．BCPQRST　　D．BCDEFEF

2. 填空题。

（1） 字符串按存储方式可以分为：顺序存储、链式存储和______________。

（2） 在 C 语言中，以字符______________表示串值的终结。

（3） 空格串的长度等于______________。

（4） 在空串和空格串中，长度不为 0 的是______________。

（5） 两个串相等是指两个串长度相等，且对应位置的______________。

（6） 设 S="My mather"，则 LenStr(S)= ______________。

（7） 两个字符串分别为：S1="Today is"，S2="24 July,2011"，则 ConcatStr(S1,S2)的结果是：______________。

（8） 假设有两个字符串 S1 和 S2，其中 S1="abcdxyz"，S2="rest"，那么如果进行了下面的运算 StrCat(SubString(Sub,S1,3,2), SubString(Sub,S1,StrLength(S2),3))，其结果为______________。

3. 应用题。

（1） 下面程序是把两个串 r1 和 r2 首尾相连的程序，即：r1=r1+r2，试完成程序填空。

```
typedef  struct {
    char vec[MAXLEN];                              //定义合并后串的最大长度
    int len;                                       //len 为串的长度
}Str;
void ConcatStr(Str *r1,Str *r2) {                  //字符串连接函数
    int i;
        printf("%s,%s", r1->vec,r2->vec);
    if(r1->len+r2->len>____(1)____)
        printf("两个串太长，溢出！");
    else {
        for(i=0;i<____(2)____;i++)                 //把 r2 连接到 r1 后
            r1->vec[____(3)____]=r2->vec[i];
        r1->vec[r1->len+i]=____(4)____;            //添上字符串结束标记
        r1->len=____(5)____;                       //修改新串长度
    }
}
```

（2） 设 x 和 y 两个串均采用顺序存储方式，下面的程序是比较 x 和 y 两个串是否相等的函数，试完成程序填空。

```
#define  MAXLEN  100
typedef  struct {
    char  vec[MAXLEN];
    int   len;
}Str;
    int same (Str *x, Str *y) {
    int i=0,tag=1;
        if (x->len____(1)____y->len)
            return 0;
    else    {
    while ( i<x->len____(2)____tag ) {
        if (x->vec[i]____(3)____y->vec[i] )
                ____(4)____;
    ____(5)____;
    }
    return  tag;
    }
}
```

（3） 编写算法，求串 S 中所含不同字符的总数和每种字符的个数。

（4） 有两个串 S1 和 S2，设计一个算法，求一个串 T，使其中的字符是 S1 和 S2 中的公共字符。

编 程 实 例

串的基本运算实现。

编程目的：掌握串的定长顺序存储结构，实现串的创建、连接、插入、删除、显示、查找、求子串和比较串的操作；理解模式匹配的 BF 算法。

问题描述：实现串的连接、求子串、删除、插入、模式匹配等程序。

源程序代码如下：

```
#include<stdio.h>
#include<string.h>
#define STRINGMAX  100
typedef  struct {
    char vec[STRINGMAX];
    int len;
}str;
void ConcatStr(str *r1,str *r2) {                         //串连接
    int i;
    printf("\n\t\tr1=%s r2=%s\n",r1->vec,r2->vec);
    if (r1->len+r2->len> STRINGMAX)                   //连接后的串长超过串的最大长度
        printf("\n\t\t两个串太长，溢出!\n");
    else  {
            for (i= 0; i< r2->len;i++)
                r1->vec[r1->len+i]=r2->vec[i];        //进行连接
            r1->vec[r1->len+ i]='\0';
            r1->len=r1->len+r2->len;                  //修改连接后新串的长度
            }
    printf("\n\t\t连接字符串为:");
    puts (r1->vec);
}
void SubStr(str *r, int i, int j) {                       //求子串
    int k;
    str a;
    str *r1=&a;
    if (i+j-1 > r->len)
        printf("\n\t\t字串超界!\n");
    else
        for(k=0;k<j;k++) {
            r1->vec [ k ] = r->vec [i+ k-1];
            r1->len=j;
            r1->vec[r->len]='0';                       //从r中取出子串
```

```
        }
    printf("\n\t\t取出字符为:");
    puts (rl->vec);
}
void DelStr(str *r, int i, int j){        //删除子串，i 指定位转置，j 为连续删除的
字符个数
    int k;
    if(i+j-1> r->len)
        printf("\n\t\t所要删除的子串超界！ \n");
    else {
        for (k= i+j ; k< r-> len;k++,i++)
            r->vec[i]=r->vec[k];                    //将后面字符串前移覆盖
        r->len= r->len- j;
        r->vec[r->len]='0';
        }
    printf("\n\t\t删除后字符串为:");
    puts (rl->vec);
}
void  InsStr(str *r,str *rl, int i ) {                  //插入子串
    int k;
    if (i>= r->len || r->len+rl->len>STRINGMAX)
        printf("\n\t1t不能插入！ \n");
        else    {
            for(k=r->len-1;k>=i; k--)
                r->vec [ rl-> len+ k)=r->vec[k];    //后移空出位置
            for ( k= 0; k< rl-> len; k++)
            r->vec[i+k]=rl->vec[k];                 //插入子串 rl
            r->len=r-> len+rl->len;
            r->vec[r->len]='\0';
            }
        printf("\n\t\t删除后字符串为:");
        puts (rl->vec);
}
int  IndexStr(str *r, str *rl){                         //模式匹配子串
    int i, j,k;
    for (i=0;r->vec[i];i++)
        for (j=i, k= 0;r->vec [j]==rl->vec [k] ; j++,k++)
            if(!rl->vec[k+1])
                return i;
    return -1;
}
int  lenStr(str  *r){
    int i= 0;
    while (r->vec [i]!= '\0')
        i++;
    return i;
}
```

```
str *CreateStr(str *r) {
    gets(r->vec);
    r->len=lenStr(r);
    return r;
}
void menu() {                                          //子菜单
    printf("功能如下:\n");
    printf("\t 1--------串连接\n");
    printf("\t 2--------求子串\n");
    printf("\t 3--------删除子串\n");
    printf("\t 4--------插入子串\n");
    printf("\t 5--------匹配子串\n");
    printf("\t 0.退出\n");
    printf("\t 请选择(0-5):");
}
void main(){
   str a,b;
   str *r=&a;
   str *r1;
   r->vec[0]='\0';
   int i,j,x;
   while(1) {
        system("cls");
        menu();
        scanf("%d",&x);
        switch(x) {
            case 1: printf("请输入字符串1:\n");
                    gets(r->vec);r->len=lenStr(r);
                    printf("请输入字符串2:\n");
                    r1= CreateStr(&b);
                    ConcatStr(r, r1);break;
            case 2: printf("请输入从第几个字符开始:");
                    scanf("%d", &i);getchar();
                    printf("请输入子串的长度:");
                    scanf("%d", &j);getchar();
                    SubStr(r, i, j); break;
            case 3: printf("请输入从第几个字符开始:");
                    scanf("%d", &i);getchar();
                    printf("请输入删除的连续字符数:");
                    scanf("%d", &j);getchar();
                    DelStr(r, i-1, j); break;
            case 4: printf("请输入从第几个字符开始:");
                    scanf("%d", &i);getchar();
                    printf("请输入插入的字符串:");
                    r1= CreateStr(&b);
                    InsStr(r, r1, i-1 ); break;
            case 5: printf("请输入需要查找的子串:");
```

```
                r1= CreateStr(&b);
                i= IndexStr(r, r1);
                if(i==-1)
                    printf("匹配失败！");
                else
                    printf("匹配成功！");
                break;
            default : return 0;                 //退出系统
            }
        }
    }
```

第5章

数组和广义表

线性表的推广

数组和广义表，可看成是线性表的扩展，即线性表中的数据元素既可以是单个的元素，也可以是一个线性结构。数组中的每个数据元素可用类型相同的数组来表示；广义表则较灵活，每个数据元素可以是不可再分的原子类型，也可以是子表。数组和广义表都是常用的数据结构，在相关领域有着广泛的应用。

本章知识要点：

- 数组的定义及存储
- 特殊矩阵的压缩存储
- 稀疏矩阵
- 广义表

5.1 数组的定义及存储

数组是一种很多高级语言都支持的、应用广泛的数据类型，可以看作线性表的推广。数组作为一种数据结构，其特点是结构中的元素本身可以是具有某种结构的数据，但属于同一数据类型。从逻辑结构上看，数组可以看成是一般线性表的特殊形式；二维数组可以看成是线性表的线性表。

5.1.1 数组的定义

数组是由 n 个类型相同的数据元素组成的有限序列。其中，n 个数据元素占用一块地址连续的存储空间。数组中的数据元素，可以是原子类型的，如整型、字符型、浮点型等，这种类型的数组称为一维数组；也可以是一个线性表，这种类型的数组称为二维数组。

例如，一维数组可以看作一个线性表，二维数组可以看作“数据元素是一维数组”的一维数组，三维数组可以看作“数据元素是二维数组”的一维数组，依此类推。一个 n 维数组可以看成是由若干个 $n-1$ 维数组组成的线性表。如图 5-1 所示，是一个 m 行 n 列的二维数组。

数组中的所有元素都必须属于同一种数据类型。数组中每个数据元素都对应于一组下标（$j_1, j_2, \cdots, j_n$）。这里，n 代表了数组的维度；每个下标的取值范围是 $0 \leqslant j_i \leqslant b_{i-1}$，$b_i$ 称为第 i 维的长度（$i=1, 2, \cdots, n$）。一维数组对应一个下标值 j_1（即 $n=1$），二维数组对应两个下标值（j_1, j_2）（即 $n=2$），以此类推。二维数组可看作一个定长线性表，其每一个元素也是一个定长线性表。

$$\boldsymbol{A}_{m\times n}=\begin{bmatrix} a_{00} & a_{01} & \cdots & a_{0,n-1} \\ a_{10} & a_{11} & \cdots & a_{1,n-1} \\ \vdots & \vdots & & \vdots \\ a_{m-1,0} & a_{m-1,1} & \cdots & a_{m-1,n-1} \end{bmatrix}$$

图 5-1 $\boldsymbol{A}_{m\times n}$ 矩阵

上述二维数组，可以看作是一个线性表 T=（$t_0, t_1, \cdots, t_k$），（$k=m-1$ 或 $n-1$）。

当 $k=m-1$ 时，线性表 T 中每个元素 $t_0, t_1, \cdots, t_k$ 又分别是一个行向量形式的线性表。换句话说，线性表 T 表示为一个一维数组，其数组长度为 m，其中每个元素分别是一个长度为 n 的一维数组。

当 $k=n-1$ 时，线性表 T 中每个元素 $t_0, t_1, \cdots, t_k$ 又分别是一个列向量形式的线性表。换句话说，线性表 T 表示为一个一维数组，其数组长度为 n，其中每个元素分别是一个长度为 m 的一维数组。

所以说，数组是一般线性表的特殊形式，二维数组是线性表的线性表。

5.1.2　数组的基本操作

数组是一个具有固定格式和数量的数据有序集，每一个数据元素用唯一的一组下标来标识。因此，在数组上不能做插入、删除数据元素的操作。通常在各种高级语言中数组一旦被定义，每一维的大小及上下界都不能改变。因此，除了结构的初始化和销毁之外，在数组中通常只有下面两种操作。

（1）取值操作：给定一组下标，读取对应的数据元素。

（2）赋值操作：给定一组下标，存储或修改与其相对应的数据元素。

下面给出数组的抽象数据类型定义。

ADT　Array{

数据元素：D＝{ $a_{j1,\ j2,\ \cdots,\ jn}$ | $n(n>0)$ 称为数组的维数，j_i（$0\leqslant j_i\leqslant b_i-1$）是数组元素的第 i 维下标，b_i 称为第 i 维的长度（i=1, 2,⋯, n），$a_{j1,\ j2,\ \cdots,\ jn}$ 为指定的数据类型}

数据关系：R＝{R_1,R_2,⋯,R_n}

基本操作：

（1）Init Array (A, *n*, d[ ])。

操作结果：构造一个 *n* 维的数组 A，其中 d[ ]中存放各维数的下标值。

（2）DestroyArray(A)。

初始条件：数组 A 已存在。

操作结果：销毁一个 *n* 维数组 A，释放其占用的内存空间。

（3）GetValue(A, d[ ], val)。

初始条件：数组 A 已存在。

操作结果：从 A 读取某个元素的值，存入变量 val 中，并将该元素的各维下标值存入 d[ ]。

（4）SetValue(d[ ], *v*, A)。

初始条件：数组 A 已存在。

操作结果：将变量 *v* 的值，赋给 *n* 维数组 A 中某个元素，该元素的位置由 d[ ]下标值来确定。

}ADT　Array;

5.1.3　数组的顺序存储

由于数组具有一经生成即长度固定、连续存放的特性，所以一般都采用顺序存储结构来存储。

计算机中的存储结构是一维线性地址结构，因此对于一维数组的存储非常容易和方便。但对于多维数组来讲，如果要用一组连续的存储单元存放数组的元素，就必须要考虑如何将多维数组结构映射为一维线性结构，这种映射方法称为多维数组的一维化过程。即事先约定按某种次序将数组元素排成序列，然后将这个序列（线性表）存入存储器中。

对多维数组分配时，要把它的元素映像存储在一维存储器中，一般有两种存储方式：一种是以行为主序（先行后列）的顺序存放，如 BASIC、PASCAL、C、Java 等程序设计语言中，即一行分配完了接着分配下一行；另一种是以列为主序分配的顺序存放，如FORTRAN语言中，即一列一列地分配。以行为主序的分配规律是：最右边的下标先变化，即最右下标从小到大，循环一遍后，右边第二个下标再变，……，从右向左，最后是左下标。以列为主序分配的规律恰好相反，最左边的下标先变化，即最左下标从小到大，循环一遍后，左边第二个下标再变，……，从左向右，最后是右下标。

下面以二维数组为代表来讨论多维数组的顺序存储。

例如，一个2×3的二维数组，逻辑结构如图5-2所示。以行为主序的内存映像如图5-3（a）所示；以列为主序的内存映像如图5-3（b）所示。

a_{11}	a_{12}	a_{13}
a_{21}	a_{22}	a_{23}

图5-2　2×3的二维数组逻辑结构

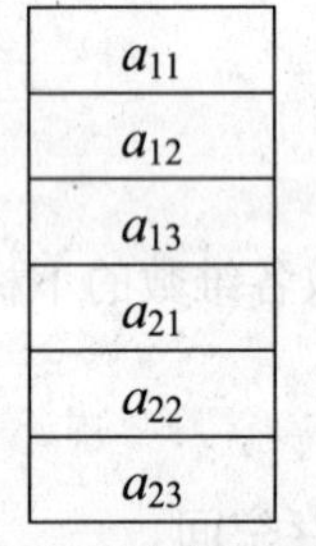

（a）行优先顺序存储

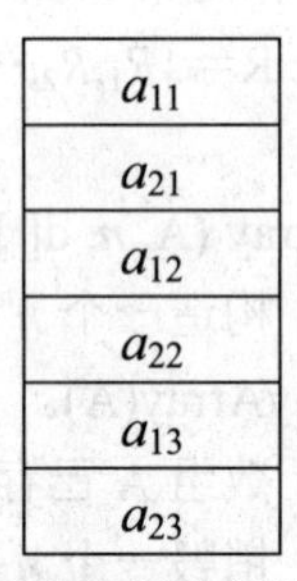

（b）列优先顺序存储

图5-3　2×3的二维数组的顺序存储

对于图5-1所示的 m 行 n 列的二维数组，将其数组元素按行向量排列，第 i+1个行向量紧接在第 i 个行向量后面，该二维数组按行优先顺序存储的线性序列如图5-4所示。

以行优先顺序存储方式为例，设数组的基地址为 $LOC(a_{11})$，每个数组元素占据 r 个地址单元，则 a_{ij} 的物理地址可由下式确定。

$$LOC(a_{ij})= LOC(a_{11})+((i-1)\times n+(j-1))\times r \tag{5-1}$$

其中因为数组元素 a_{ij} 的前面有 i-1行，每一行的元素个数为 n，在第 i 行中它的前面还有 j-1个数组元素。

对于图5-1所示的 m 行 n 列的二维数组，将其数组元素按列向量排列，第 j+1个列向量紧接在第 j 个列向量之后，二维数组按列优先顺序存储的线性序列如图5-5所示。

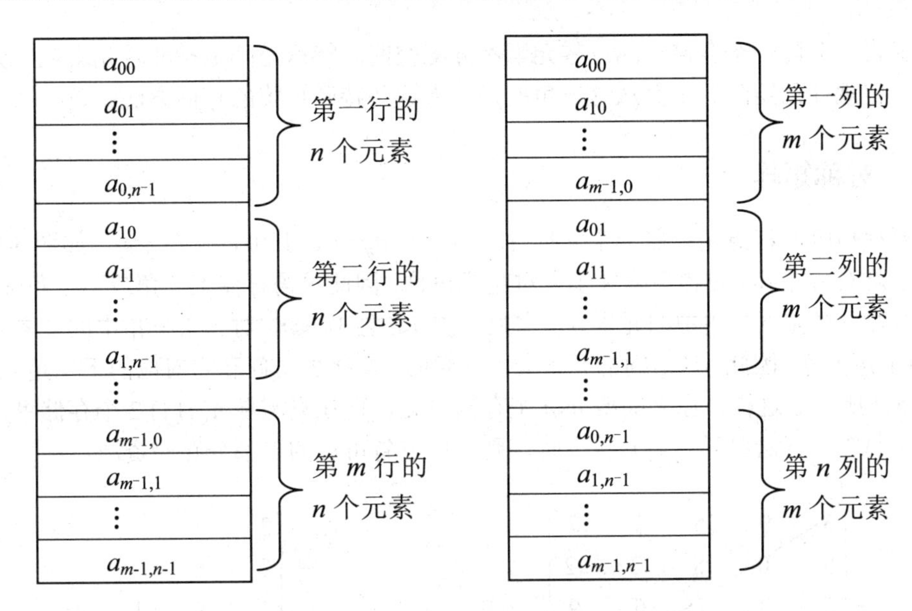

图 5-4 行优先顺序存储方式　　图 5-5 列优先顺序存储方式

以列优先顺序存储方式为例，设数组的基地址为 $LOC(a_{11})$，每个数组元素占据 r 个地址单元，则 a_{ij} 的物理地址可由下式确定。

$$LOC(a_{ij})= LOC(a_{11})+((j-1)\times m+(i-1))\times r \tag{5-2}$$

将式（5-1）推广到一般情况，对于三维数组 A_{mnp}，即 $m\times n\times p$ 数组，以低地址优先存储，其数组元素 a_{ijk} 的物理地址为

$$LOC(a_{ijk})= LOC(a_{111})+((i-1)\times n\times p+(j-1)\times p+(k-1))\times r \tag{5-3}$$

将式（5-2）推广到一般情况，对于三维数组 A_{mnp}，即 $m\times n\times p$ 数组，以高地址优先存储，其数组元素 a_{ijk} 的物理地址为。

$$LOC(a_{ijk})=LOC(a_{111})+((k-1)\times m\times n+(j-1)\times m+(i-1))\times r \tag{5-4}$$

利用一维线性存储的特性，可以计算出数组中任一元素的地址，然后可以随机存取不同的元素。为此，需要知道以下一些参数：

（1）数组元素的起始地址，即基地址；

（2）数组的维数及每维的长度；

（3）每个数组元素所占用的内存单元大小。

5.2 特殊矩阵的压缩存储

矩阵是很多科学与工程计算问题中研究的数学对象，在此，讨论如何存储矩阵的元素，从而使矩阵的各种运算能有效地进行。对于一个矩阵结构，用一个二维数组来表示是非常恰当的。但在有些情况下，比如一些常见的特殊矩阵，如对角矩阵、三角矩阵、对称矩阵、稀疏矩阵等，从节约存储空间的角度考虑，可以对这类矩阵进行压缩存储。即多个相同的

非零元素只分配一个存储空间；零元素不分配空间。特殊矩阵是指非零元素或零元素的分布有一定规律的矩阵。下面从这一角度来考虑这些特殊矩阵的存储方法。

5.2.1 对称矩阵

对称矩阵的特点是：在一个 n 阶方阵中，有 $a_{ij}=a_{ji}$，其中，$1\leqslant i$，$j\leqslant n$，如图 5-6 所示是一个 5 阶对称矩阵。对称矩阵关于主对角线对称，因此只需存储上三角或下三角部分即可。例如，若只存储下三角中的元素 a_{ij}，其特点是 $j\leqslant i$ 且 $1\leqslant i\leqslant n$，对于上三角中的元素 a_{ij}，它和对应的 a_{ji} 相等。因此，当访问的元素在上三角时，直接去访问和它对应的下三角元素即可，如图 5-7 所示。这样，原来需要 $n\times n$ 个存储单元，现在只需要 $n(n+1)/2$ 个存储单元，节约了 $n(n-1)/2$ 个存储单元，当 n 较大时，则可以节省可观的一部分存储资源。

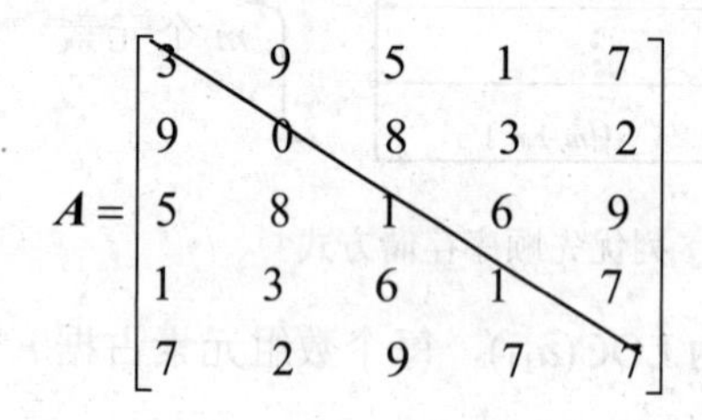

图 5-6 对称矩阵 **A**

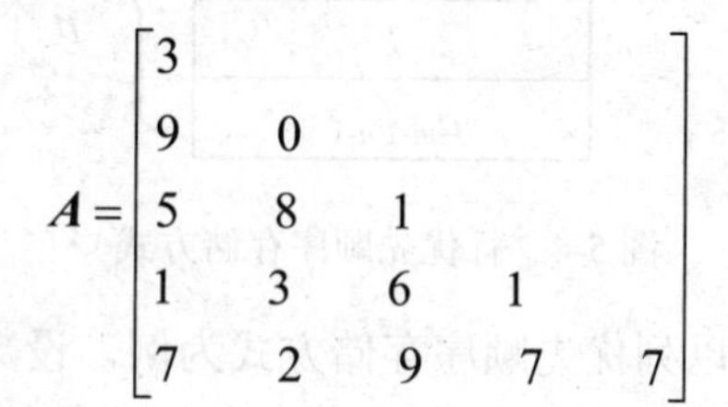

图 5-7 矩阵 **A** 的下三角

将图 5-7 所示按行优先顺序存储，设用一维数组 arr 存储 n 阶对称矩阵，如图 5-8 所示。

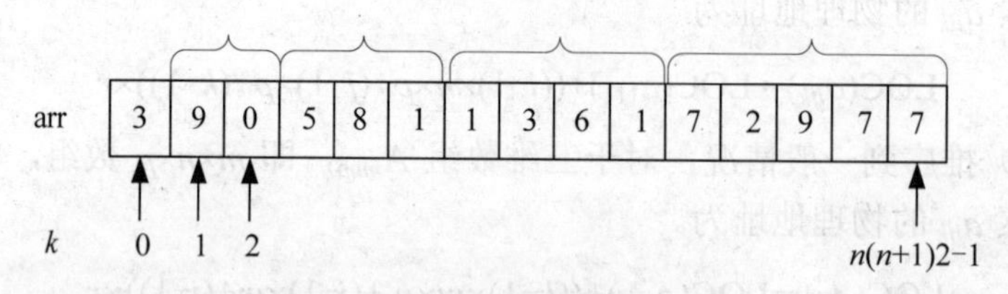

图 5-8 对称矩阵 **A** 的压缩存储

如何只存储下三角部分呢？将下三角部分以行为主序的顺序存储到一个向量中去，在下三角中共有 $n(n-1)/2$ 个元素，为了不失一般性，设存储到向量 SA[$n(n+1)/2$]中，存储顺序如图 5-9 所示。这样，原矩阵下三角中的某一个元素 a_{ij} 具体对应一个 SA[k]，下面的问题是要找到 k 与 i，j 之间的关系。

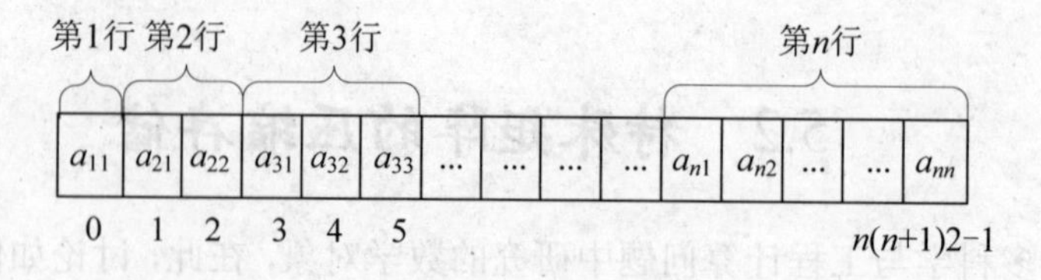

图 5-9 一般对称矩阵的压缩存储

对于下三角中的元素 a_{ij}，其特点是：$i \geqslant j$ 且 $1 \leqslant i \leqslant n$。其存储到 SA 中后，根据存储原则，其前面有 $i-1$ 行，共有 $1+2+3+\cdots+i-1= i(i-1)/2$ 个元素，而 a_{ij} 又是第 i 行的第 j 个元素，所以在上面的排列顺序中，a_{ij} 是第 $i(i-1)/2+j$ 个元素，则 SA[k]和矩阵元素 a_{ij} 之间存在着一一对应的关系：

$$k=\begin{cases}\dfrac{i(i-1)}{2}+j-1; & i \geqslant j \\ \dfrac{j(j-1)}{2}+i-1; & i<j\end{cases} \tag{5-5}$$

若 $i<j$，则 a_{ij} 是上三角中的元素，因为 $a_{ij}=a_{ji}$，访问上三角中的元素 a_{ij} 时则去访问和它对应的下三角中的 a_{ji} 即可。

5.2.2　三角矩阵

矩阵中，非零元素的排列呈三角形状的，称为三角矩阵。

一般地，以主对角线来划分，三角矩阵又可以分为上三角矩阵和下三角矩阵。上三角矩阵中，其主对角线下方的元素均为常数 c 或为零，如图 5-10 所示。下三角矩阵正好相反，它的主对角线上方的元素均为常数 c 或为零，如图 5-11 所示。

$$\boldsymbol{U}=\begin{bmatrix}3 & 9 & 5 & 1 & 7 \\ c & 0 & 8 & 3 & 2 \\ c & c & 1 & 6 & 9 \\ c & c & c & 1 & 7 \\ c & c & c & c & 7\end{bmatrix}$$

图 5-10　上三角矩阵

$$\boldsymbol{L}=\begin{bmatrix}3 & c & c & c & c \\ 9 & 0 & c & c & c \\ 5 & 8 & 1 & c & c \\ 1 & 3 & 6 & 1 & c \\ 7 & 2 & 9 & 7 & 7\end{bmatrix}$$

图 5-11　下三角矩阵

对于三角矩阵中的重复元素 c，可以只用一个存储空间来存放它，而剩余的非重复元素还有 $n(n+1)/2$ 个。因此，可以将三角矩阵压缩存储到一个长度为 $n(n+1)/2+1$ 的一维数组 arr 中，并且规定将常数 c 存储到数组最后一个元素中，这样就可以节约 $n(n-1)/2-1$ 个存储空间。

图 5-10 所示的上三角矩阵，按行优先顺序存储的压缩格式如图 5-12 所示。

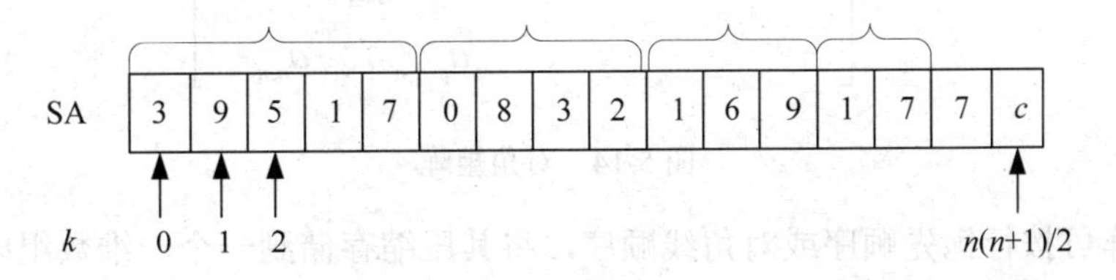

图 5-12　上三角矩阵的压缩存储

上三角矩阵中，元素 a_{ij} 的下标值（i,j）与 SA 中的下标值 k 之间的对应关系是：

$$k=\begin{cases}\dfrac{(i-1)(2n-i+2)}{2}+(j-i); & i\leqslant j\\ \dfrac{n(n+1)}{2}; & i>j\end{cases} \tag{5-6}$$

图 5-11 所示的下三角矩阵，按行优先顺序存储的压缩格式如图 5-13 所示。

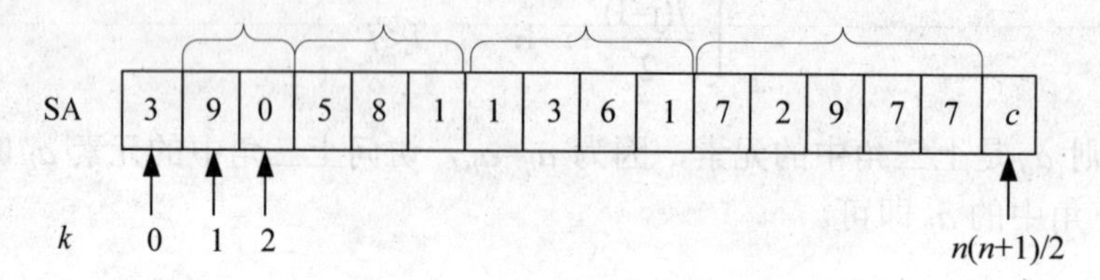

图 5-13 下三角矩阵的压缩存储

下三角矩阵中，元素 a_{ij} 的下标值（i,j）与 SA 中的下标值 k 之间的对应关系是：

$$k=\begin{cases}\dfrac{i(i-1)}{2}+(j-1); & i\geqslant j\\ \dfrac{n(n+1)}{2}; & i<j\end{cases} \tag{5-7}$$

5.2.3 对角矩阵

对角矩阵是指所有非零元素全部集中在中心几条对角线上的矩阵。即所有的非零元素集中在以主对角线为中心的带状区域中，除了主对角线和它的上下方若干条对角线的元素外，所有其他元素都为零（或同一个常数 C），如图 5-14 所示。

$$\boldsymbol{A}=\begin{bmatrix} a_{11} & a_{12} & & & & \\ a_{21} & a_{22} & a_{23} & & 0 & \\ & a_{32} & a_{33} & a_{34} & & \\ & & a_{43} & a_{44} & \vdots & \\ 0 & & \vdots & \vdots & a_{n-1,n} & \\ & & & a_{n-1,n} & & a_{n,n} \end{bmatrix}$$

图 5-14 对角矩阵

对角矩阵可按行优先顺序或对角线顺序，将其压缩存储到一个一维数组中，并且也能找到每个非零元素和数组下标的对应关系。

在实际应用中还经常会遇到一类矩阵，其非零元素较少，且分布没有一定规律，称为稀疏矩阵。

5.3 稀疏矩阵

一般地，矩阵中非零元素的个数远远小于矩阵元素的总数（即多数元素都为零），且非零元素的分布没有规律，则称为稀疏矩阵。定量判定一个矩阵是否为稀疏矩阵的方法是：设矩阵 $\boldsymbol{A}$ 是一个 $m\times n$ 的矩阵，其中有 t 个非零元素，设 $\delta=t/(m\times n)$，称 δ 为稀疏因子；若某一矩阵的稀疏因子 δ 满足 $\delta\leqslant 0.05$，则称该矩阵为稀疏矩阵，如图 5-15 所示。

$$\boldsymbol{A}=\begin{bmatrix}0&0&0&0&0&0&0&0&0\\6&0&0&0&0&0&0&0&2\\0&0&0&0&0&8&0&0&0\\0&0&0&0&0&0&0&0&0\\0&0&3&5&0&0&0&0&0\\0&0&0&0&0&0&0&0&0\\0&0&0&0&0&0&0&9&0\\0&0&0&0&0&0&0&0&0\\0&0&0&0&0&0&0&0&0\end{bmatrix}$$

图 5-15 稀疏矩阵

在科学管理及工程计算中，常会遇到阶数很高的大型稀疏矩阵。如果按常规方法顺序存储矩阵中的所有元素到计算机内，那将相当浪费内存。为此提出另一种存储方法，即仅存放非零元素。下面讨论稀疏矩阵的压缩存储方法。

5.3.1 稀疏矩阵的三元组表存储

根据稀疏矩阵的特性，可以提出另外一种节省空间的存储方法：只存储非零元素。但是，稀疏矩阵中非零元素的分布没有规律，为了能找到相应的元素，仅存储非零元素的值是不够的，还必须记下它所在的行和列。于是可以采取如下方法：将非零元素所在的行、列以及它的值构成一个三元组（i, j, v），然后再按某种规律存储这些三元组。因此，一个三元组（i, j, a_{ij}）能够唯一确定稀疏矩阵中的一个非零元素。

将三元组按行优先，且同一行中列号从小到大的规律排列成一个线性表，称为三元组表，采用顺序存储方法存储该表。如图 5-15 所示的稀疏矩阵对应的三元组表如图 5-16 所示。

非零元素	i	j	v
1	2	1	6
2	2	9	2
3	3	6	8
4	5	3	3
5	5	4	5
6	7	8	9

图 5-16 三元组表

显然，要唯一地表示一个稀疏矩阵，还需要在存储三元组表的同时存储该矩阵的行、列。为了运算方便，矩阵的非零元素的个数也同时存储。下面给出稀疏矩阵的三元组表的结构体定义。

```
#define  SIZE  MAX                          //非零元素个数的最大值
typedef  struct{
    int i, j;                               //非零元素的行、列下标
    Elemtype v;                             //非零元素值
} SPNode;
typedef struct{
    SPNode data[SIZE];                      //三元组表
    int row ,col, count;                    //矩阵的行、列和非零元素个数
} SPMatrix;                                 //三元组表的存储类型
```

图 5-15 所示的稀疏矩阵对应的三元组表存储如图 5-17 所示。

地址	*i*	*j*	*v*
0	9	9	6
1	2	1	6
2	2	9	2
3	3	6	8
4	5	3	3
5	5	4	5
6	7	8	9

图 5-17　稀疏矩阵的三元组表存储

这样的存储方法确实节约了存储空间，但矩阵的运算从算法上可能变得复杂些。下面讨论在这种存储方式下的稀疏矩阵的转置运算。

1. 稀疏矩阵的转置

设矩阵 $\boldsymbol{A}$ 表示一个 $m\times n$ 的稀疏矩阵，则其转置矩阵 $\boldsymbol{B}$ 是一个 $n\times m$ 的稀疏矩阵，定义矩阵 $\boldsymbol{A}$、$\boldsymbol{B}$ 均为 SPMatrix 存储类型。由矩阵 $\boldsymbol{A}$ 求矩阵 $\boldsymbol{B}$，需要完成以下步骤。

（1）将矩阵的行、列值交换；

（2）将每个三元组中的 i、j 互换；

（3）按行优先次序，重排三元组的次序。

转置运算过程的示意图，如图 5-18 所示。

在这三个步骤中，前两步很容易实现，而第三步则相对麻烦。需要注意的是，为了运算方便，矩阵的行、列均从 1 算起，三元组表 data 从 0 单元用起。

算法思路：

（1）将矩阵 $\boldsymbol{A}$ 的行、列转化成矩阵 $\boldsymbol{B}$ 的列、行；

（2）在 A.data 中依次找到第 1 列、第 2 列，直到最后一列的元素，并将找到的每个三元组的行、列交换后顺序存储到 B.data 中即可。

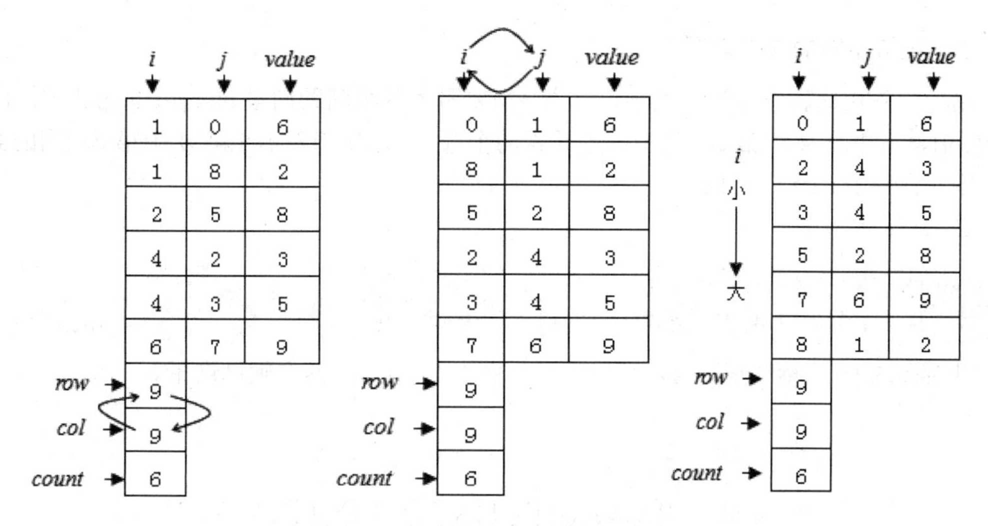

图 5-18　矩阵的转置运算过程示意图

【算法 5-1】稀疏矩阵转置算法

```
SPMatrix Trans(SPMatrix A){        //采用三元组表存储，求 A 的转置矩阵 B
  SPMatrix B;
  B.row=A.col;                     //矩阵的行、列值交换
  B.col=A.row;                     //矩阵的行、列值交换
  B.count=A.count;                 //转置矩阵的非零元素个数等于原矩阵的个数
  if (B.count > 0) {               //稀疏矩阵存在非零元素
    int k =0;
    for(int col = 1; col <= A.col; col++)      //扫描 A 中所有列
        for(int p =0; p < A.count; p++)        //扫描所有非零元素
            if (A.data[p].j==col){
                B.data[k].j=A.data[p].i;       //行号变为转置矩阵的列号
                B.data[k].i=A.data[p].j;       //列号变为转置矩阵的行号
                B.data[k].v=A.data[p].v;
                k++;
            }
    }
    return B;
}
```

分析该算法，其时间主要耗费在 col 和 p 的二重循环上，所以时间复杂度为 $O(n*t)$（设 m、n 是原矩阵的行、列，t 是稀疏矩阵的非零元素个数），显然当非零元素的个数 t 和 $m*n$ 同数量级时，算法的时间复杂度为 $O(m*n^2)$，和通常存储方式下矩阵转置算法相比，可能节约了一定量的存储空间，但算法的时间性能更差一些。

因此，考虑对以上算法进行改进，如果能预先确定矩阵 ***A*** 中每一列（即 ***B*** 中每一行）的第一个非零元素在 B.data 中的正确位置，那么在对 A.data 中的三元组依次作转置时，就可以直接放到 B.data 中确定的位置上。为此，在转置前，应该先求出 ***A*** 的每一列中非零元素的个数，进而求出每一列的第一个非零元素在 B.data 中的正确位置。这种方法，称为快速转置算法。

2. 稀疏矩阵的快速转置

稀疏矩阵快速转置算法的实现，首先，需要引入两个辅助向量 num[*n*]和 cpot[*n*]，其中 num[col]表示矩阵 ***A*** 中第 col 列中非零元素的个数，cpot[col]表示矩阵 ***A*** 中第 col 列的第 1 个非零元素在 B.data 中的位置。

显然有：

```
cpot[1]=0
cpot[col]=copt[col-1]+num[col-1]     1≤col≤n
```

针对图 5-15 的稀疏矩阵 ***A***，可以得到如图 5-19 所示的两个辅助向量。

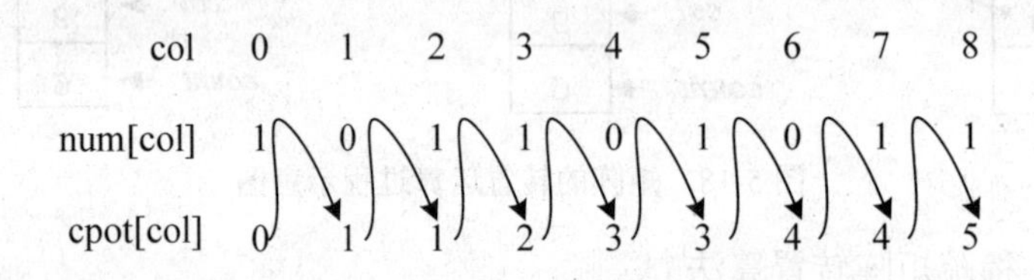

图 5-19 矩阵的 num 与 cpot 值

注意：num[col]的值为零时，表明矩阵中该列全部都是零元素，故该列不用转置到 B.data，具体算法中可跳过对该列的处理。

【算法 5-2】稀疏矩阵快速转置算法

```
SPMatrix ConvertMatrix(SPMatrix A){      //改进的算法，求稀疏矩阵 A 的转置矩阵 B
  SPMatrix B;
  int num[A.col];                        //定义向量 num
  int cpot[A.col];                       //定义向量 cpot
  int col,i, idx,ipos;
  B.row = A.col;                         //矩阵的行、列值交换
  B.col = A.row;                         //矩阵的行、列值交换
  B.count = A.count;
  if(B.count > 0){                       //稀疏矩阵存在非零元素
    for(col = 0;col < A.col;col++)  //扫描 A 中所有列
        num[col] = 0;                    //初始化 num 向量
    int k;
    for(i = 0;i < A.count;i++){
        k = A.data[i].j;                 //取得矩阵 A 第一个非零元素的列号
        num[k]++;                        //统计 A 中某一列共有多少个非零元素
    }
    cpot[0] = 0;                         //B.data 中第一个位置为 0
    for(col = 1;col < A.col;col++)
        cpot[col] = cpot[col-1] +num[col-1];
    for(idx = 0;idx < A.count; idx++){ //扫描三元组表
        col = A.data[idx].j;                //当前三元组的列号
        ipos = cpot[col];                   //当前三元组在 B.data 中的位置
        B.data[ipos].j = A.data[idx].i;      //行号变为转置矩阵的列号
        B.data[ipos].i = A.data[idx].j;      //列号变为转置矩阵的行号
        B.data[ipos].v = A.data[idx].v;
```

```
            cpot[col]++;
            }
        }
    return B;
    }
```

分析这个算法的时间复杂度：这个算法中有 4 个循环，分别执行 col，count，col−1，count 次。在每个循环中，每次迭代的时间是一个常量，因此总的计算量是 O(col+count)。当然，它所需要的存储空间比前一个算法多了两个向量，即以空间换时间。

5.3.2　稀疏矩阵的十字链表存储

三元组表可以看作稀疏矩阵的顺序存储，但是在做一些操作（如加法、乘法）时，非零元素的个数及位置会发生变化，这时用三元组表来存储就十分不便。为此，介绍稀疏矩阵的一种链式存储结构——十字链表，其同样具备链式存储的特点，而且，采用十字链表表示稀疏矩阵非常方便。

如图 5-20 所示是一个稀疏矩阵的十字链表。

$$\boldsymbol{A}=\begin{bmatrix}0 & 0 & 3 & 0\\ 6 & 0 & 0 & 5\\ 0 & 0 & 0 & 0\\ 0 & 0 & 9 & 0\end{bmatrix}$$

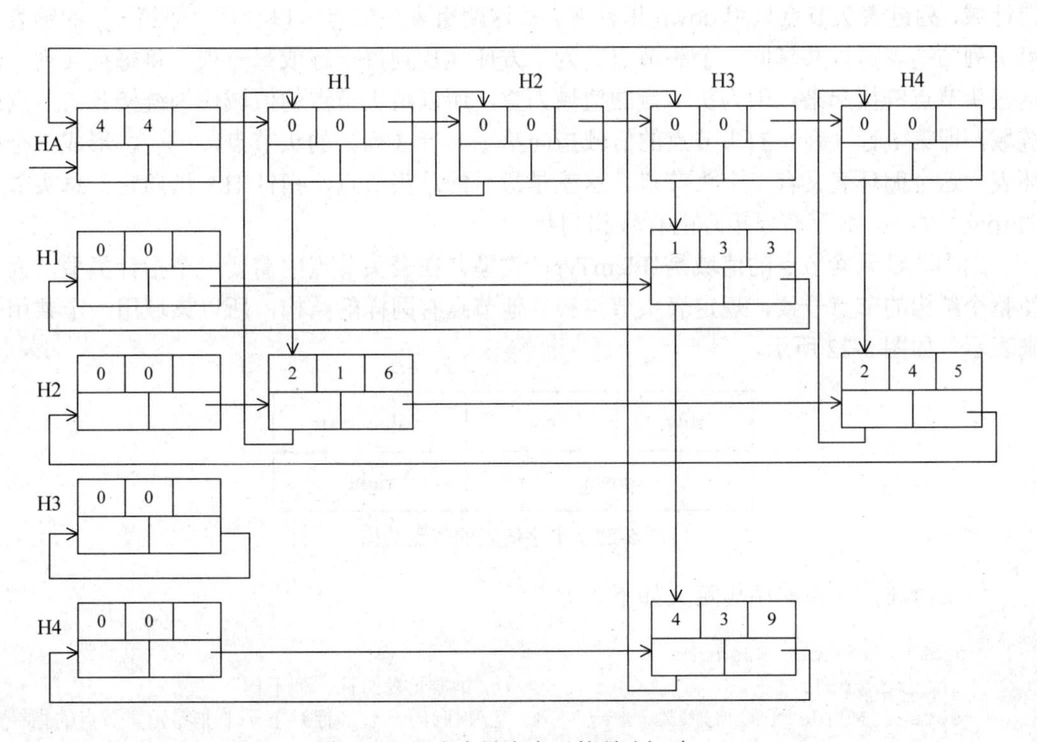

图 5-20　用十字链表表示的稀疏矩阵 ***A***

用十字链表表示稀疏矩阵的基本思想是：将每个非零元素存储为一个节点，节点由 5 个域组成，其结构如图 5-21 所示。其中：row 域存储非零元素的行号，col 域存储非零元素的列号，value 域存储非零元素的值，down 域为指向同一列下一个非零元素节点的指针，right 域为指向同一行下一个非零元素节点的指针。

<table>
<tr><td>row</td><td>col</td><td>value</td></tr>
<tr><td colspan="2">down</td><td>right</td></tr>
</table>

图 5-21　十字链表的节点结构

稀疏矩阵中每个非零元素，既是其所在的行链表中的一个节点，又是其所在的列链表中的一个节点。这样，矩阵的每一行的非零元素构成一个单循环的行链表，每一列的非零元素也构成一个单循环的列链表，于是就构成了一个十字链表。

稀疏矩阵中每一行的非零元素节点按其列号从小到大顺序由 right 域链成一个带表头节点的循环行链表，同样每一列中的非零元素按其行号从小到大顺序由 down 域也链成一个带表头节点的循环列链表，即每个非零元素 a_{ij}，既是第 i 行循环链表中的一个节点，又是第 j 列循环链表中的一个节点。整个矩阵构成一个十字交叉的链表，故称这样的存储结构为十字链表。

行链表、列链表的头节点的 row 域和 col 域置 0。每一列链表的表头节点的 down 域指向该列链表的第一个元素节点，每一行链表的表头节点的 right 域指向该行链表的第一个元素节点。由于各行、列链表头节点的 row 域、col 域和 v 域均为零，行链表头节点只用 right 指针域，列链表头节点只用 down 指针域，故这两组表头节点可以合用，即第 i 行的链表和第 i 列的链表可以共享同一个头节点。为了方便地找到每一行或每一列，将每行（列）的这些头节点链接起来，因为头节点的值域为空，所以用头节点的值域作为链接各头节点的链域，即第 i 行（列）的头节点的值域指向第 i+1 行（列）的头节点，……，形成一个循环表。这个循环表又有一个头节点，这就是最后的总头节点，指针 HA 指向它。总头节点的 row 域和 col 域存储原矩阵的行数和列数。

因为非零元素节点的值域是 ElemType 类型，在表头节点中需要一个指针类型，为了使整个结构的节点一致，规定表头节点和其他节点有同样的结构，所以该域用一个共用体来表示，如图 5-22 所示。

<table>
<tr><td>row</td><td>col</td><td>value/next</td></tr>
<tr><td colspan="2">down</td><td>right</td></tr>
</table>

图 5-22　十字链表的节点结构

综上所述，节点的结构定义如下。

```
typedef  struct  MNode{
  int row,col;                        //非零元素的行、列下标
  struct MNode *down,*rightv;         //指向同一列（行）下一个非零元素节点的指针
  union{
```

```
        ElemType value;
        struct MNode *next;
        }v_next;                              //定义行、列头节点的联合体
        }MNode,*MLink;                        //定义十字链表结构体
```

5.4　广义表

广义表是线性表的推广，线性表是广义表的特例。在人工智能领域中应用十分广泛。

在前面章节中，把线性表定义为 $n(n\geqslant 0)$ 个数据元素 a_1，$a_2,\cdots$，a_n 的有穷序列，该序列中的所有元素具有相同的数据类型，且只能是原子项(Atom)，即每个元素在结构上是不可再分的。例如，每个元素都是一个整数或一个结构。而广义表中的数据元素，则没有这种限制，它们可以有其自身结构，不需要具备原子性，只要类型都一致即可。例如，广义表中的每个元素可以是一个线性表。这种拓宽了的线性表就是广义表。

5.4.1　广义表的定义

1.　广义表的定义

广义表（Generalized Lists），也称为列表，是由 $n(n\geqslant 0)$ 个数据元素组成的有穷序列，一般记作：

$$LS=(a_1, a_2,\cdots, a_n)$$

其中：LS 是广义表的名字，n 是它的长度，a_i（$1\leqslant i\leqslant n$）是 LS 的成员，可以是原子项，也可以是一个广义表。若 a_i 是广义表，则称为 LS 的子表。当广义表 LS 非空时，称第一个元素 a_1 是表头（Head），而其余元素从 a_2 到 a_n 组成的表称为 LS 的表尾（Tail）。并作如下约定：用小写字母表示原子类型，用大写字母表示列表（子表）。

显然，广义表的定义是递归的。

2.　广义表的特点

由广义表的定义，可以得到广义表的特点性质。

（1）有序性：每个元素都有一个直接前驱和一个直接后继，首尾有点特殊性。

（2）有长度：表中最外层括号中的元素个数即为广义表的长度。

（3）有深度：广义表的元素可以是原子，也可以是子表，子表的元素又可以是子表。即广义表是一个多层次的结构；表中所含括号的层数即为广义表的深度。

（4）递归性：广义表可以作为自己的子表；广义表本身可以是一个递归表。

（5）共享性：广义表可以被其他广义表所共享，也可以共享其他广义表。广义表共享其他广义表时通过表名引用。

广义表的结构相当灵活，某种前提下，它可以兼容线性表、数组、树和有向图等各种常用的数据结构。

当二维数组的每行（或每列）作为子表处理时，二维数组即为一个广义表。

此外，树和有向图也可以用广义表来表示。

由于广义表不仅集中了线性表、数组、树和有向图等常见数据结构的特点，而且还可有效地利用存储空间，因此在计算机的许多应用领域都有成功使用广义表的实例。

广义表及其长度、深度如表 5-1 所示。部分广义表对应的图形表示如图 5-23 所示。

表 5-1　广义表及其长度、深度

广义表	表长度 n	表深度 h
A=( )	0	0
B=(e)	1	1
C=(a,　(b, c, d))	2	2
D=(A, B, C)	3	3
E=(a, E)	2	∞
F=(( ))	1	2

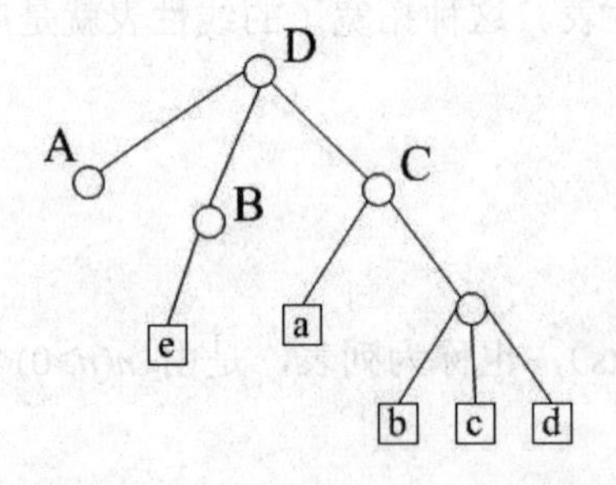

图 5-23　广义表对应的图形表示

3. 广义表的基本运算

在广义表上可以定义与线性表类似的运算操作，如初始化、插入、删除、连接、复制、遍历等。

（1）CreateLists(LS)：创建一个广义表 LS。

（2）IsEmpty(LS)：若广义表 LS 为空，则返回 1；否则返回 0。

（3）Length(LS)：求广义表 LS 的长度。

（4）Depth(LS)：求广义表 LS 的深度。

（5）Locate(LS，x)：在广义表 LS 中查找数据元素 x。

（6）Merge(LSl, LS2)：以 LS1 为头，LS2 为尾建立广义表。

（7）CopyGList(LS1,LS2)：复制广义表，将 LS1 复制建立 LS2。

（8）Head(LS)：返回广义表 LS 的头部。

（9）Tail(LS)：返回广义表 LS 的尾部。

针对广义表，其中有两个重要的基本操作，即取头操作（Head）和取尾操作（Tail）。

根据广义表的表头、表尾的定义可知，对于任意一个非空的列表，其表头可能是原子元素也可能是列表，而表尾必为列表。而对于空表，则不能对其进行取头、取尾运算。

表 5-2 显示了针对不同广义表进行取头、取尾运算后所得的结果。

表 5-2 广义表的取头、取尾运算

广义表(LS)	Head(LS)	Tail(LS)
A=( )	空表不能求表头	空表不能求表尾
B=(e)	Head(B)=e	Tail(B)=()
C=(a, (b, c, d))	Head(C)=a	Tail(C)=((b,c,d))
D=(A, B, C)	Head(D)=A	Tail(D)=(B,C)
E=(a, E)	Head(E)=a	Tail(E)=(E)
F=(( ))	Head(F)=()	Tail(F)=()

5.4.2 广义表的存储结构

广义表中的数据元素可以具有不同的结构，一般分为两类：有可能是原子元素，也有可能是广义表，因此通常用链式存储结构表示广义表，每个数据元素用一个节点表示。

按节点形式的不同，广义表的链式存储结构又可以分为两种不同的存储方式。一种称为头尾表示法，另一种称为孩子兄弟表示法。

1. 头尾表示法

对于一个非空的广义表，可以分为表头和表尾；反之，一对确定的表头和表尾可唯一地确定一个广义表。故在头尾表示法中，定义两类节点：原子节点和表节点。

原子节点表示原子项的元素，由标志域和元素值域组成，如图 5-24（a）所示。其中，标志域 tag=0 表示原子节点，value 用来表示元素的值。

表节点表示哪些元素是广义表的项，只要广义表非空，都是由表头和表尾组成的，故由标志域、表头指针域、表尾指针域组成，如图 5-24（b）所示。其中，标志域 tag=1 表示表节点，表头指针 hp 指向表头元素，表尾指针 tp 指向表尾列表。

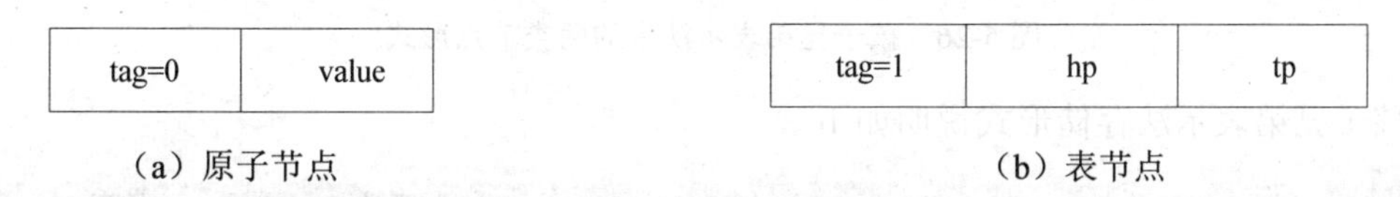

（a）原子节点　　（b）表节点

图 5-24 头尾表示法中的两类节点形式

头尾表示法存储形式说明如下。

```
typedef  enum { ATOM, LIST} ElemTag ;  //ATOM=0：原子节点；LIST=1：子表
typedef  struct  LSNode {             //定义广义表的节点
   ElemTag  tag ;                     //标志域，表明节点的类型：原子节点或表节点
   union{                             //原子节点和表节点的联合部分
   ElemType atom ;                    //原子类型节点的值域，ElemType 由用户定义
   struct {
     struct LSNode *hp, *tp ;         //表节点的指针域
     } ptr ;                          //ptr.hp 与 ptr.tp 分别指向广义表的表头和表尾
   };
}*Lists ;                             //广义表类型
```

【例 5-1】广义表 A=（a,（b, c, d)），其头尾法表示的存储形式如图 5-25 所示。

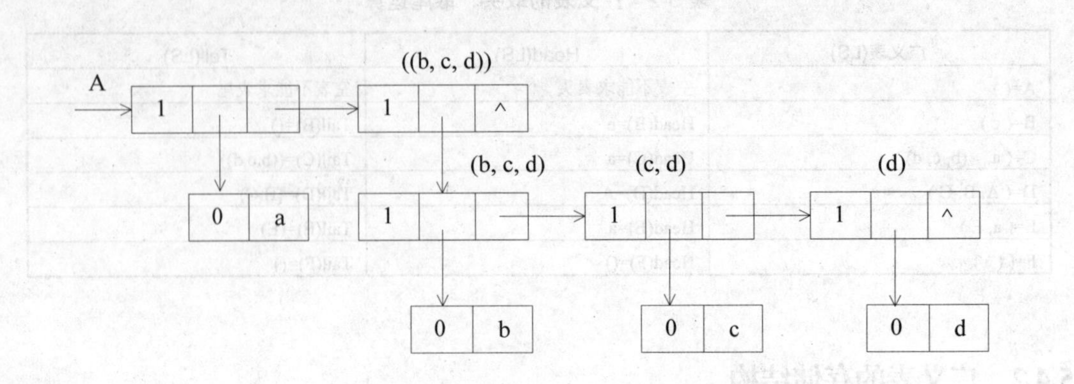

图 5-25 广义表 A 的头尾法表示的存储形式

2. 孩子兄弟表示法

在孩子兄弟表示法中，也存在两类节点形式：无孩子节点和有孩子节点。

无孩子节点表示单元素。由标志域、元素值域和一个指向兄弟节点的指针域组成，如图 5-26（a）所示。其中，标志域 tag=0 表示此节点为无孩子节点，value 表示元素的值，指针 tp 指向兄弟节点。

有孩子节点表示子表，由标志域、指向第一个孩子（长子）节点的指针域、指向兄弟节点的指针域组成，如图 5-26（b）所示。其中，标志域 tag=1 表示此节点为有孩子节点，指针 hp 指向长子节点，指针 tp 指向兄弟节点。

图 5-26 孩子兄弟表示法中的两类节点形式

孩子兄弟表示法存储形式说明如下。

```
typedef   enum { ATOM, LIST} ElemTag ;//ATOM=0：单元素；LIST=1：子表
typedef  struct  LSNode {                   //定义广义表的节点
  ElemTag  tag ;                            //标志域，表明节点的类型
  union{                                  //元素节点和表节点的联合部分
    ElemType atom ;                         //元素节点的值域，ElemType 由用户定义
    struct  LSNode  *hp ;         //表节点的表头指针
    } ;
    struct  LSNode  *tp ;                   //指向下一个节点
}*Lists ;                                       //广义表类型
```

【例 5-2】用孩子兄弟法表示表 5-1 中各广义表的存储形式如图 5-27 所示。

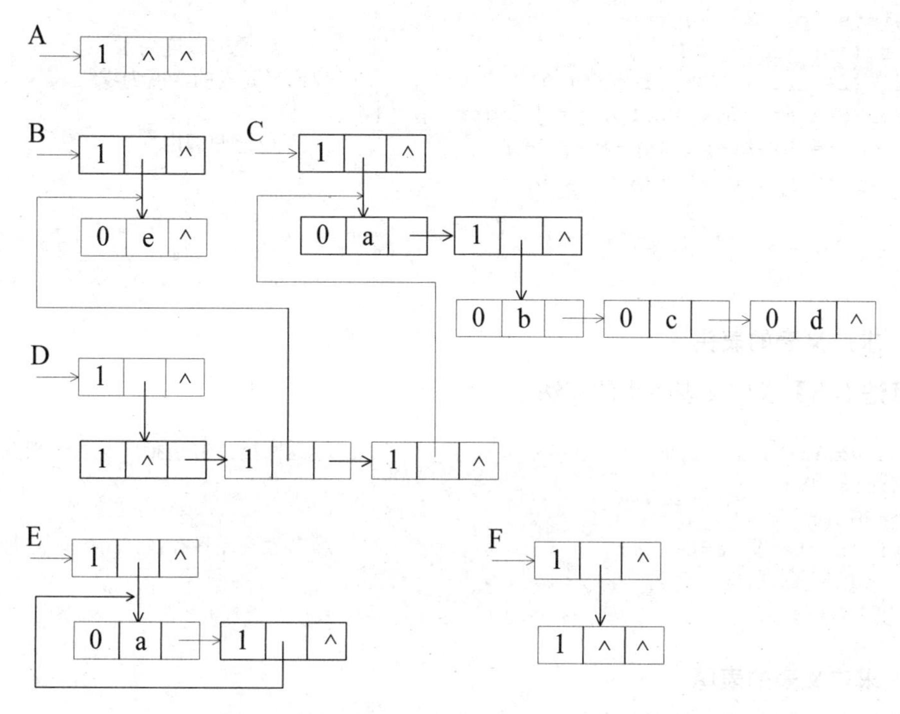

图 5-27　孩子兄弟法表示广义表的存储形式

5.4.3　广义表的基本操作实现

由于广义表是一种递归的数据结构，所以一般采用递归算法来实现广义表的运算。

1.　求广义表的长度

广义表的长度是指广义表最外层括号中元素的个数。空表的长度为 0，对于非空表，同一层次的每个节点都是通过 tp 域链接起来的单链表，此时广义表的长度等于 1 加上其后继单链表的长度。

【算法 5-3】 求广义表长度的算法

```
int ListLength(Lists L){                              //返回指针 L 所指广义表的长度
  if (!L) return 0;                                   //空表长度为 0
  else
  return 1 + ListLength(L->ptr.tp);                   //递归调用
  }
```

2.　求广义表的深度

广义表的深度是指表中所含括号的层数。可以将广义表分解为 n 个子表，采用递归法，分别求得每个子表的深度，则广义表的深度=子表深度的最大值+1。此外，空表的深度为 1，原子元素的深度为零。

【算法 5-4】 求广义表深度的算法

```
int ListDepth(Lists L){                                  //返回指针 L 所指广义表的深度
  int dep;
```

```
  Lists Lp;
  if (!L)  return 1;                              //空表深度为1
  if (L->tag==ATOM) return 0;                   //原子元素的深度为零
  for(int max=0,Lp=L;Lp;Lp=Lp->ptr.tp) {
    dep = ListDepth(Lp->ptr.hp);                  //递归调用
    if (dep > max) max = dep;
    }
  return max + 1;
  }
```

3. 求广义表的表头

【算法 5-5】求广义表表头的算法

```
Lists Head(Lists L){                            //返回指针L所指广义表的表头
  Lists *p;
  p=NULL;
  if (L->tag)  p=L->hp;                         //若表头元素存在，p指向表头
  return p;
}
```

3. 求广义表的表尾

【算法 5-6】求广义表表尾的算法

```
Lists Tail(Lists L){                            //返回指针L所指广义表的表尾
  Lists *p;
  p=NULL;
  if (L->tag)  p=L->tp;                         //若表尾不空，指针p指向表尾
  return p;
}
```

5.5 本章小结

本章介绍了数组的概念、基本操作和存储；特殊矩阵的压缩存储；稀疏矩阵的顺序存储与链式存储；广义表的基本概念、存储结构及基本操作实现。

1. 数组的基本概念及存储

数组是一种应用广泛的数据结构，可看作是一般线性表。数组的基本操作包括：构造数组、销毁数组、从数组读取元素的值、给数组的元素赋值。数组的存储可以采用按行优先顺序和按列优先顺序两种存储方式。掌握按行优先顺序存储结构中的地址计算方法。

2. 特殊矩阵的压缩存储

针对对称矩阵、三角矩阵和对角矩阵，讨论了对它们进行压缩存储所采用的方法。掌握进行压缩存储时的下标变换公式。

3. 稀疏矩阵的压缩存储

稀疏矩阵的压缩存储，一般有三元组的顺序存储和十字链表存储两种方法。

4. 广义表的基本概念及存储

广义表的定义、特点及基本运算；广义表的链式存储；广义表的基本操作算法。

习 题

1. 选择题。

（1）设有数组 A[i, j]，数组的每个元素长度为 3 字节，i 的值为 1 到 8，j 的值为 1 到 10，数组从内存首地址 BA 开始顺序存放，按列优先次序存储时，元素 A[5,8]的存储首地址为（　　）。

A．BA+141　　B．BA+222

C．BA+180　　D．BA+225

（2）数组 arr[0…5, 0…6]的每个元素占五个字节，将其按列优先次序存储在起始地址为 1000 的内存单元中，则元素 arr[5, 5]的地址是（　　）。

A．1175　　B．1180

C．1205　　D．1210

（3）***A***[N, N]是对称矩阵，将下三角（含对角线）以行序存储到一维数组 arr[N(N+1)/2]中，则对任一上三角元素 arr[i, j]对应 arr[k]的下标 k 是（　　）。

A．$i*(i-1)/2 + j$　　B．$j*(j-1)/2 + i$

C．$i*(j-1)/2 +1$　　D．$j*(i-1)/2 +1$

（4）稀疏矩阵的压缩存储方法是只存储（　　）。

A．非零元素　　B．三元组（i, j, a_{ij}）

C．a_{ij}　　D．i, j

（5）对稀疏矩阵进行压缩存储的目的是（　　）。

A．便于输入和输出　　B．降低运算的时间复杂度

C．节省存储空间　　D．便于进行矩阵运算

（6）有一个 100*90 的稀疏矩阵，非零元素有 10 个，设每个整型数占 2 个字节，则用三元组表示该矩阵时，所需的字节数是（　　）。

A．18000　　B．60

C．33　　D．66

（7）已知广义表 LS=((a, b, c),(d, e, f))，对其运用 Head 和 Tail 运算，取出其中原子 e 的运算是（　　）。

A．Head(Tail(LS))　　B．Head(Tail(Head(Tail(LS))))

C．Head(Tail(Tail(Head(LS))))　　D．Tail(Head(LS))

（8）广义表((a, b, c, d))的表头是（　　），表尾是（　　）。

A. a　　　　　　　　　　　　　　B. ()

C. (a, b, c, d)　　　　　　　　　D. (b)

（9）设广义表L=（(a, b, c)），则L的长度和深度分别为（　　）。

A. 1和2　　　　　　　　　　　　B. 1和3

C. 1和1　　　　　　　　　　　　D. 2和3

2. 数组、广义表与线性表之间有什么关系？

3. 特殊矩阵和稀疏矩阵，哪一种压缩存储后失去随机存取的功能？为什么？

4. 画出广义表((((a)，b))，((()，d)，(e，f)))的链式存储结构图。

5. 设二维数组a[1⋯*m*, 1⋯*n*]含有*m***n*个整数。

（1）写出算法：判断a中所有元素是否互不相同，输出相关信息（yes/no）。

（2）试分析算法的时间复杂度。

编 程 实 例

稀疏矩阵的三元组表的转置算法实现。

编程目的：掌握稀疏矩阵三元组表的存储、创建、显示、转置和查找方法；以及稀疏矩阵三元组表的算法分析方法。

问题描述：设矩阵***A***表示一个*m***n*的稀疏矩阵，其转置矩阵***B***则是一个*n***m*的稀疏矩阵，定义矩阵***A***、***B***均为三元组表存储类型，设计程序实现求***A***矩阵的转置矩阵***B***，并打印输出矩阵***B***。

源程序代码如下：

```
#include<stdio.h>
#include<string.h>
#include<stdlib.h>
#define MAX 100                             //三元组非零元素的最大个数
typedef struct {                            //定义三元组
      int i;                                //三元组非零元素的行，列和值
      int j;
      int v;
}SpNode;
typedef struct {                            //定义稀疏矩阵
      int row;
      int col;
      int term;                             //稀疏矩阵行、列和非零元素的个数
      SpNode data[MAX];                     //三元组表
}Sparmatrix;
Sparmatrix Creat( ) {                       //创建稀疏矩阵
      Sparmatrix A;
      int n;
      printf("请输入稀疏矩阵的行数,列数和非零元素(用逗号隔开):\n 注意：行数和列数从
1开始\n");
```

```
        scanf("%d,%d,%d",&A.row,&A.col,&A.term);
        for(n=1;n<=A.term;n++)    {
                printf("输入第%d 个非零元素的行数,列数和值(用逗号隔开):",n);
                scanf("%d,%d,%d",&A.data[n].i,&A.data[n].j,&A.data[n].v);
        }
        return A;
}
Sparmatrix Trans(Sparmatrix A) {                        //将稀疏矩阵 A 转置
        Sparmatrix B;
        int n;
        B.row=A.col;                                    //赋值矩阵的行数、列数与非零元素
        B.col=A.row;
        B.term=A.term;
        for(n=1;n<=A.term;n++)    {
                B.data[n].i=A.data[n].j;                //行列数交换并赋值
                B.data[n].j=A.data[n].i;
                B.data[n].v=A.data[n].v;
        }
        printf("转置成功!\n");
        system("pause");
        return B;
 }
void Show(Sparmatrix A) {                               //显示函数
        int k,x,y,n;
        for(x=1;x<=A.row;x++) {
            for(y=1;y<=A.col;y++) {
               k=0;
               for(n=1;n<=A.term;n++)
                 if((A.data[n].i==x)&&(A.data[n].j==y)) {
printf("%8d",A.data[n].v);//比较每一行每一列的位置与非零元素
                      k=1;
                     }
                 if(k==0)    printf("%8d",k);   //未找到则输出 0
                }
                printf("\n");
        }
        system("pause");
}
void menu() {                                           //子菜单
        printf("功能如下:\n");
        printf("\t 1.创建稀疏矩阵\n");
        printf("\t 2.输出\n");
        printf("\t 3.转置稀疏矩阵\n");
        printf("\t 0.退出\n");
}
int main(){
        Sparmatrix A,B;
        int x;
```

```
        while(1) {
            system("cls");
            menu();
            scanf("%d",&x);
            switch(x) {
              case 1: A=Creat();break;
              case 2: printf("转置前:\n");
                     Show(A);
                      printf("转置后:\n");
                      Show(B);
                      break;
              case 3: B=Trans(A); break;
              default : return 0;                //退出系统
               }
        }
        return 0;
}
```

第6章

树和二叉树

千姿百态树结构

人人都见过树，知道树可以调节气候、净化空气、防风降噪、防止水土流失和山体滑坡等自然灾害，是人类的好朋友。那么在程序设计和数据结构中，树如何存在和发挥作用呢？树从上到下主要分为树叶、树枝、树干、树根，这四部分构成了所有树共同具有的结构：根、分支、叶子。人类社会的很多管理层次架构都可用树结构来表示。树结构是以分支关系定义的层次结构，在软件开发与设计领域的应用非常广泛。

本章知识要点：

- 树的定义和基本术语
- 二叉树的定义与性质
- 二叉树的存储实现与基本操作
- 遍历二叉树与线索二叉树
- 二叉树的应用
- 树、森林与二叉树的转换
- 哈夫曼树及其应用

6.1 树的定义与基本术语

6.1.1 树的定义

1. 树的定义

树是 n（n≥0）个节点的有限集合。当 n=0 时，称这棵树为空树。在一棵非空树中：

（1）有且仅有一个称之为根的节点，根节点没有直接前驱，但有零个或多个直接后继。

（2）除根节点之外的其余节点可被分成 m（m≥0）个互不相交的有限集合 T_1，T_2，…，T_m，其中每一个集合 T_i（1≤i≤m）本身又是一棵树，称为根节点的子树。每个子树的根节点有且仅有一个直接前驱，但有零个或多个直接后继。

可以看出，在树的定义中用了递归概念，即用树来定义树。

树的逻辑结构示意图如图 6-1 所示，其形如一棵倒长的树。图 6-1（a）是只有一个根节点的树；图 6-1（b）是有 14 个节点的树，其中 A 是根，其余节点分成 3 个互不相交的子集：T_1={B,E,F,K,L}，T_2={C,G}，T_3={D,H,I,J,M,N}。T_1、T_2 和 T_3 都是根 A 的子树，且本身也是一棵树。如此可继续向下分为更小的子树，直到每棵子树只有一个根节点为止。

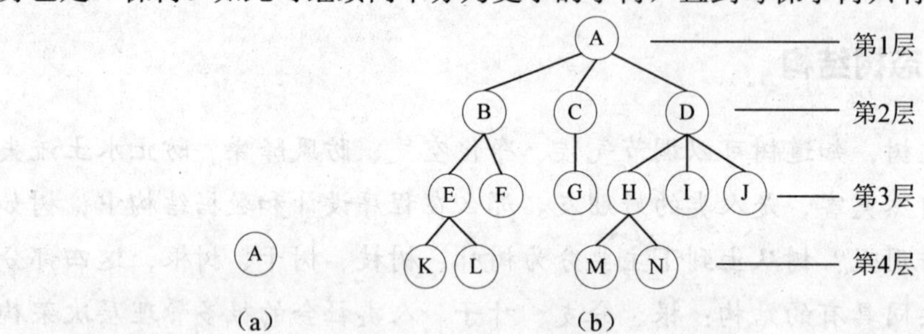

图 6-1 树的逻辑结构示意图

树的定义还可形式化地描述为二元组的形式：

T= (D,R)

其中，D 为树中节点的集合，R 为树中节点之间关系的集合。

例如，T=（D,R）

D={a,b,c,d,e,f}

R={（a,b），（a,c），（a,d），（c,e），（c,f）}

下面给出树的抽象数据类型定义。

ADT Tree{

数据元素：D 是具有相同特性的数据元素的集合。

数据关系：若 D 为空集，则为空树。若 D 中仅含有一个数据元素，则 R 为空集，否则 R＝{H}，H 是如下的二元关系：

（1）在 D 中存在唯一的称为根的数据元素 root，它在关系 H 下没有前驱。

（2）除 root 以外，D 中每个节点在关系 H 下都有且仅有一个前驱。

基本操作。

（1）InitTree(&T)。

操作结果：构造空树 T。

（2）DestroyTree(&T)。

初始条件：树 T 已存在。

操作结果：销毁树 T。

（3）CreateTree(&T)。

初始条件：树 T 为空树。

操作结果：构造树 T。

（4）ClearTree(&T)。

初始条件：树 T 已存在。

操作结果：将树 T 清为空树。

（5）TreeEmpty(T)。

初始条件：树 T 已存在。

操作结果：若 T 为空树，则返回 TRUE，否则返回 FALSE。

（6）TreeDepth(T)。

初始条件：树 T 已存在。

操作结果：返回 T 的深度。

（7）Root(T)。

初始条件：树 T 已存在。

操作结果：返回 T 的根。

（8）Value(T,*e*)。

初始条件：树 T 已存在，*e* 是 T 中某个节点。

操作结果：返回 *e* 的值。

（9）Assign(T, *e*,value)。

初始条件：树 T 已存在，*e* 是 T 中某个节点。

操作结果：给节点 *e* 赋值为 value。

（10）Parent(T, *e*)。

初始条件：树 T 已存在，*e* 是 T 中某个节点。

操作结果：若 x 为非根节点，则返回其双亲节点，否则返回空。

（11）InsertChild(T,p,Child)。

初始条件：树 T 已存在，*p* 指向 T 中某个节点，非空树 Child 与 T 不相交。

操作结果：将 Child 插入 T 中，做 *p* 所指节点的子树。

（12）DeleteChild (T,p,i)。

初始条件：树 T 已存在，*p* 指向 T 中某个节点。

操作结果：删除 T 中 *p* 所指节点的第 *i* 棵子树。

（13）Traverse(T)。

初始条件：树 T 已存在。

操作结果：按某种次序对 T 的每个节点访问一次。

} ADT Tree;

2. 树的表示

树的表示方法有以下四种，各用于不同的目的。表示方法的多样化，说明了树结构在日常生活及计算机程序设计中的重要性，凡是分层次的设计方案都可用树结构来表示。

（1）树型表示法。

树的直观表示法就是以倒着的分支树的形式表示，图 6-2（a）就是一棵树的直观表示，其特点就是对树的逻辑结构的描述非常直观，是数据结构中最常用的树的描述方法。例如家族关系的表示，A 有 3 个孩子 B、C 和 D，B 有 2 个孩子 E、F 等。

（2）嵌套集合表示法。

所谓嵌套集合是指一些集合的集体，对于其中任何两个集合，或者不相交，或者一个包含另一个。用嵌套集合的形式表示树，就是将根节点视为一个大的集合，其若干棵子树构成这个大集合中若干个互不相交的子集，如此嵌套下去，即构成一棵树的嵌套集合表示。图 6-2（b）就是图 6-2（a）这棵树的嵌套集合表示。例如一张地图，国家由省组成，省又由市组成等。

（3）广义表表示法。

树用广义表表示，就是将根作为由子树森林组成的表的名字写在表的左边，这样依次将树表示出来。图 6-2（c）就是用广义表表示。

（4）凹入表示法。

树的凹入表示法如图 6-2（d）所示。类似于一本书的目录，例如一本书 A 分为 B、C、D 三章，每章又分为若干节等，实际上程序的锯齿形结构就是这种表示法。

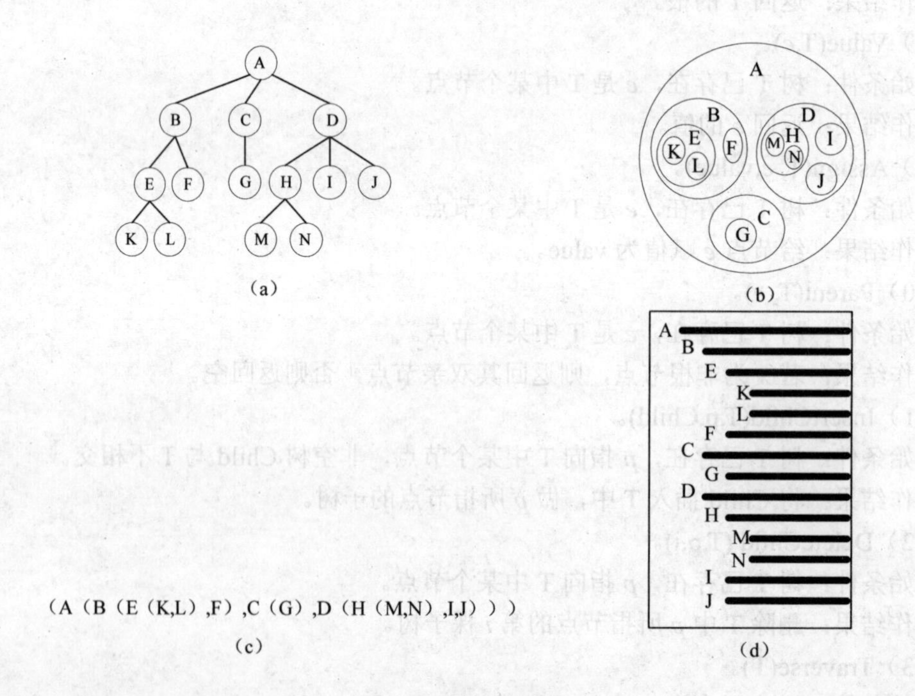

图 6-2　树的表示法

6.1.2　树的基本术语

（1）节点：树中的一个独立单元，包含一个数据元素及若干指向其子树的分支，如图 6-2（a）中的 A、B、C、D 等。

（2）节点的度：节点所拥有的子树的个数称为该节点的度。如图 6-2（a）中 A 的度为 3，C 的度为 1。

（3）树的度：树中各节点度的最大值称为该树的度。如图 6-2（a）所示的树的度为 3。

（4）叶子：度为 0 的节点称为叶子或终端节点，即无后继的节点。

（5）分支节点：度不为 0 的节点称为分支节点或非终端节点。一棵树的节点除叶子外，其余的都是分支节点。

（6）节点的层次：从根节点开始定义，根节点的层次为 1，其余节点的层次等于其双亲节点的层次加 1。

（7）树的深度：树中所有节点的最大层次称为树的深度或高度。如图 6-2（a）所示的树的深度为 4。

（8）有序树和无序树：如果树中节点的各子树从左到右是有次序的，即若交换某节点各子树的相对位置，则构成不同的树，称这棵树为有序树；反之，则称为无序树。在有序树中最左边的子树的根称为第一个孩子，最右边的子树的根称为最后一个孩子。

（9）森林：m（$m \geqslant 0$）棵互不相交的树的集合。自然界中树和森林是不同的概念，但在数据结构中，树和森林只有很小的差别。任何一棵树，删去根节点就变成了森林。

（10）双亲和孩子：节点的子树的根称为该节点的孩子，相应地，该节点称为孩子的双亲。

（11）兄弟：具有同一个双亲的孩子节点互称为兄弟。

（12）祖先：从根节点到该节点所经分支上的所有节点。

（13）子孙：一个节点的直接后继和间接后继称为该节点的子孙。

（14）堂兄弟：其双亲在同一层的节点互为堂兄弟。

在深入讨论树的存储及其实现前，先学习一种简单而重要的树结构，即二叉树。因为任何树都可以转化为二叉树进行处理。二叉树的应用十分广泛，遍及各个领域，从编码译码到查找排序，以及程序编译等。

6.2　二叉树

二叉树是一种特殊的树结构，也是最常用的树结构。二叉树的存储和处理比一般的树简单，而一般的树都能通过转换得到与之对应的二叉树，因此解决树的有关问题就可以借助于二叉树来实现。

6.2.1　二叉树的定义

二叉树是 n（$n \geqslant 0$）个节点的有限集合，它或为空（$n=0$）；或为非空树，对于非空树 T：

（1）有且仅有一个称为根的节点；

（2）除根节点以外的其余节点分别由两个不相交的、被分别称为左子树和右子树的二叉树组成。

由定义可看出，二叉树与树一样具有递归性质，二叉树具有如下的特点：

（1）二叉树中每个节点的度不大于 2；

（2）二叉树是有序的，其子树有左右之分，其次序不能任意颠倒。

二叉树的递归定义表明二叉树或为空，或是由根节点加上两棵分别称为左子树和右子树的二叉树组成。因此二叉树具有五种基本形态，如图 6-3 所示。

图 6-3（a）所示为一棵空的二叉树；图 6-3（b）所示为一棵只有根节点的二叉树，图 6-3（c）所示为一棵只有左子树的二叉树（左子树仍是一棵二叉树），图 6-3（d）所示为一棵只有右子树的二叉树（右子树仍是一棵二叉树）；图 6-3（e）所示为一棵左、右子树均非空的二叉树（左、右子树仍是一棵二叉树）。即使树中节点只有一棵子树，也要区分它是左子树还是右子树。

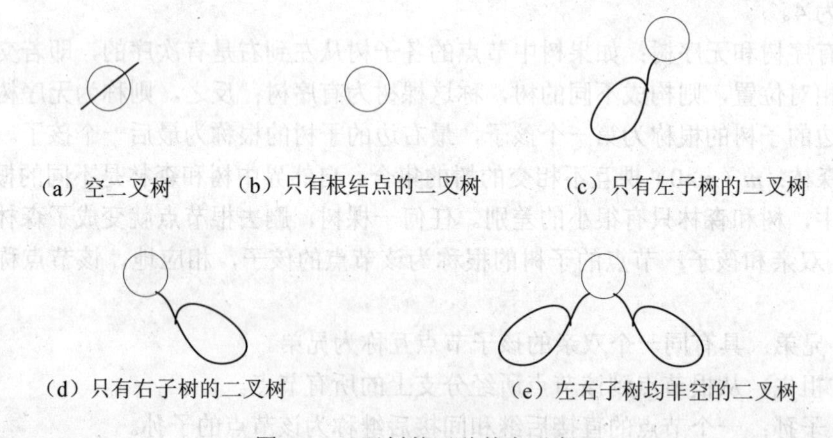

图 6-3　二叉树的五种基本形态

与树的基本操作类似，下面给出二叉树的抽象数据类型定义。

ADT　BinaryTree{

数据元素：D 是具有相同特性的数据元素的集合。

数据关系：若 D=Φ，则 R=Φ，称 BinaryTree 为空二叉树；若 D≠Φ，则 R＝{H}，H 是如下的二元关系：

（1）在 D 中存在唯一的称为根的数据元素 root，它在关系 H 下没有直接前驱。

（2）若 D−{root}≠Φ，则存在 D−{root}={D_l,D_r}，且 $D_l \cap D_r$ =Φ。

（3）若 D_l≠Φ，则 D_l 中存在唯一的元素 x_l，<root,x_l>∈H，且存在 D_l 上的关系 $H_l \subseteq H$；若 D_r≠Φ，则 D_r 中存在唯一的元素 x_r，<root,x_r>∈H，且存在 D_r 上的关系 $H_r \subseteq H$；H={<root,x_1>,<root,x_r>,H_1,H_r}。

（4）(D_l,{H_l})是一棵符合定义的二叉树，称为根的左子树；(D_r,{H_r})是一棵符合定义的二叉树，称为根的右子树。

基本操作：

（1）InitBiTree(&T)。

操作结果：构造空二叉树 T。

（2）DestroyBiTree(&T)。

初始条件：二叉树 T 已存在。

操作结果：销毁二叉树 T。

（3）CreateBiTree(&T)。

初始条件：二叉树 T 为空树。

操作结果：构造二叉树 T。

（4）ClearBiTree(&T)。

初始条件：二叉树 T 已存在。

操作结果：将二叉树 T 清空。

（5）BiTreeEmpty(T)。

初始条件：二叉树 T 已存在。

操作结果：若 T 为空二叉树，则返回 TRUE，否则返回 FALSE。

（6）BiTreeDepth(T)。

初始条件：二叉树 T 已存在。

操作结果：返回 T 的深度。

（7）Root(T)。

初始条件：二叉树 T 已存在。

操作结果：返回 T 的根。

（8）Parent(T, *e*)。

初始条件：二叉树 T 已存在，*e* 是 T 中某个节点。

操作结果：若 *e* 是 T 的非根节点，则返回它的双亲，否则返回空。

（9）LeftChild(T, *e*)。

初始条件：二叉树 T 已存在，*e* 是 T 中某个节点。

操作结果：返回 *e* 的左孩子。若 *e* 无左孩子，则返回空。

（10）RightChild(T, *e*)。

初始条件：二叉树 T 已存在，*e* 是 T 中某个节点。

操作结果：返回 *e* 的右孩子。若 *e* 无右孩子，则返回空。

（11）InsertChild(T, *p*, LR, *c*)。

初始条件：二叉树 T 已存在，*p* 指向 T 中某个节点，LR 为 0 或 1，非空二叉树 c 与 T 不相交且右子树为空。

操作结果：根据 LR 为 0 或 1，插入 *c* 为 T 中 *p* 所指节点的左或右子树。*p* 所指节点的原有左或右子树则成为 *c* 的右子树。

（12）DeleteChild(T, *p*, LR)。

初始条件：二叉树 T 已存在，*p* 指向 T 中某个节点，LR 为 0 或 1。

操作结果：根据 LR 为 0 或 1，删除 T 中 *p* 所指节点的左或右子树。

（13）PreOrder (T)。

初始条件：二叉树 T 已存在。

操作结果：先序遍历 T，对每个节点访问一次且仅一次。

（14）InOrder(T)。

初始条件：二叉树 T 已存在。

操作结果：中序遍历 T，对每个节点访问一次且仅一次。

（15）PostOrder(T)。

初始条件：二叉树 T 已存在。

操作结果：后序遍历 T，对每个节点访问一次且仅一次。

（16）LevelOrder (T)。

初始条件：二叉树 T 已存在。

操作结果：层次遍历 T，对每个节点访问一次且仅一次。

} ADT　BinaryTree;

6.2.2　二叉树的性质

二叉树具有下列重要特性。

性质 1：一棵非空二叉树的第 i 层上最多有 2^{i-1} 个节点($i\geqslant1$)。

证明：用数学归纳法证明。

当 $i=1$ 时，只有一个根节点，此时 $2^{i-1}=2^0=1$，结论成立。

假设 $i=k$ 时结论成立，即第 k 层上节点总数最多为 2^{k-1} 个。

证明当 $i=k+1$ 时，结论成立。

因为二叉树中每个节点的度最大为 2，则第 $k+1$ 层的节点总数最多为第 k 层上节点最大数的 2 倍，即 $2\times2^{k-1}=2^{(k-1)+1}$，故结论成立。

性质 2：一棵深度为 k 的二叉树，最多具有 2^k-1 个节点。

证明：设第 i 层的节点数为 x_i（$1\leqslant i\leqslant k$），深度为 k 的二叉树的节点数为 M，由性质 1 可知，x_i 最多为 2^{i-1}，则有

$$M=\sum_{i=1}^{k}x_i\leqslant\sum_{i=1}^{k}2^{i-1}=2^k-1$$

故结论成立。

性质 3：对于一棵非空二叉树，如果叶子节点数为 n_0，度数为 2 的节点数为 n_2，则有：$n_0=n_2+1$。

证明：设 n 为二叉树的节点总数，n_1 为二叉树中度为 1 的节点数，则有

$$n=n_0+n_1+n_2$$

设 B 为二叉树中的分支数，在二叉树中，除根节点外，其余节点都有唯一的一个进入分支。那么有

$$B=n-1$$

因为二叉树中的分支都是由度为 1 和度为 2 的节点发出的，一个度为 1 的节点发出一个分支，一个度为 2 的节点发出两个分支，所以有

$$B=n_1+2n_2$$

整理上述两式可以得到

$$n_0=n_2+1$$

下面先介绍两种特殊的二叉树，然后讨论其有关性质。

满二叉树：深度为 k 且有 2^k-1 个节点的二叉树。在满二叉树中，每一层上的节点数都是最大节点数。即所有分支节点都存在左子树和右子树，并且所有叶子节点都在同一层上，如图 6-4（a）所示的二叉树即为一棵满二叉树。对满二叉树的节点进行顺序编号，从根节点开始，自上而下、从左往右进行编号。由此可引出完全二叉树的定义。

完全二叉树：深度为 k，有 n 个节点的二叉树，当且仅当其每个节点按从上至下、从左到右的顺序进行编号，其编号与满二叉树中从 1 至 n 的节点编号一一对应，则称为完全二叉树。如图 6-4（b）所示的二叉树即为一棵完全二叉树。

完全二叉树的特点是：叶子节点只能出现在最下层和次最下层，且最下层的叶子节点集中在树的左部，如图 6-5（a）和（b）所示的不是完全二叉树。显然，一棵满二叉树必定是一棵完全二叉树，而完全二叉树未必是满二叉树。

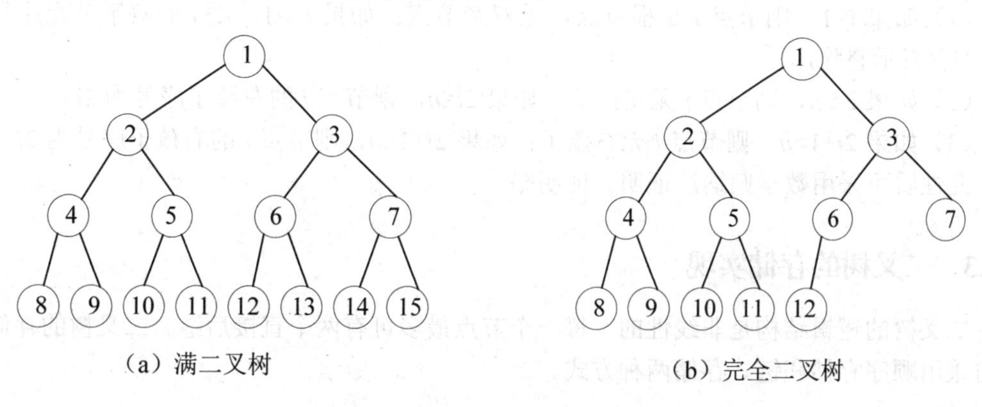

图 6-4　满二叉树和完全二叉树

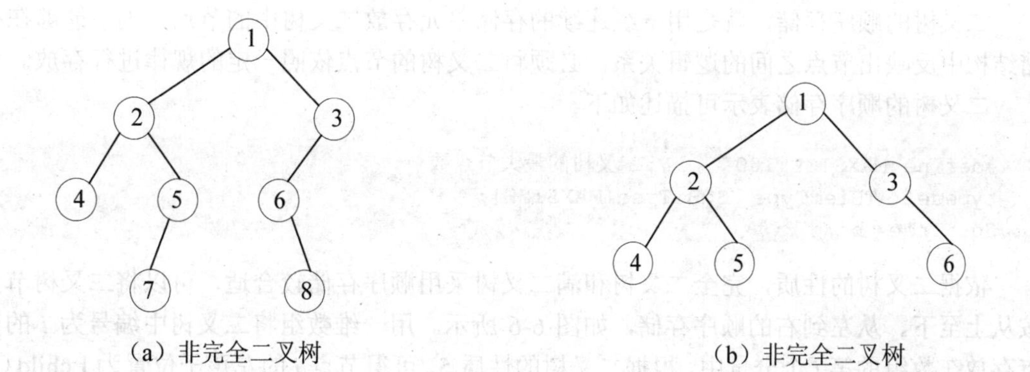

图 6-5　非完全二叉树

性质 4：具有 n 个节点的完全二叉树的深度为 $[\log_2 n]+1$。

证明：根据完全二叉树的定义和性质 2 可知，当一棵完全二叉树的深度为 k，节点个数为 n 时，有

$$2^{k-1}-1<n\leqslant 2^k-1$$

即

$$2^{k-1}\leqslant n<2^k$$

对不等式取对数，有

$$k-1\leqslant \log_2 n<k$$

由于 k 是整数，所以有 $k=[\log_2 n]+1$。

性质 5：对于具有 n 个节点的完全二叉树，如果按照从上至下、从左到右的顺序对二叉树中的所有节点从 1 开始顺序编号，则对于任意的序号为 i（$1\leqslant i\leqslant n$）的节点，有如下性质。

（1）如果 $i=1$，则节点 i 是根节点，无双亲节点；如果 $i>1$，则 i 的双亲节点序号为 $i/2$(“/”表示整除)。

（2）如果 $2i>n$，则节点 i 无左孩子；如果 $2i\leqslant n$，则节点 i 的左孩子序号为 $2i$。

（3）如果 $2i+1>n$，则节点 i 无右孩子；如果 $2i+1\leqslant n$，则节点 i 的右孩子序号为 $2i+1$。

此性质可采用数学归纳法证明。证明略。

6.2.3 二叉树的存储实现

二叉树的逻辑结构是非线性的，每一个节点最多可有两个直接后继。二叉树的存储结构可采用顺序存储和链式存储两种方式。

1. 顺序存储结构

二叉树的顺序存储，就是用一组连续的存储单元存放二叉树中的节点。为了能够在存储结构中反映出节点之间的逻辑关系，必须将二叉树的节点依照一定的规律进行存放。

二叉树的顺序存储表示可描述如下。

```
#define MAXSIZE 100      //二叉树的最大节点数
typedef  TElemType  SqBiTree[MAXSIZE];
SqBiTree  bt;
```

依据二叉树的性质，完全二叉树和满二叉树采用顺序存储较合适，可以将二叉树节点按从上至下、从左到右的顺序存储，如图 6-6 所示。用一维数组将二叉树中编号为 i 的节点存放在数组的第 i 个分量中，根据二叉树的性质 5，可得节点 i 的左孩子位置为 Lchild（i）$=2i$；右孩子位置为 Rchild（i）$=2i+1$。

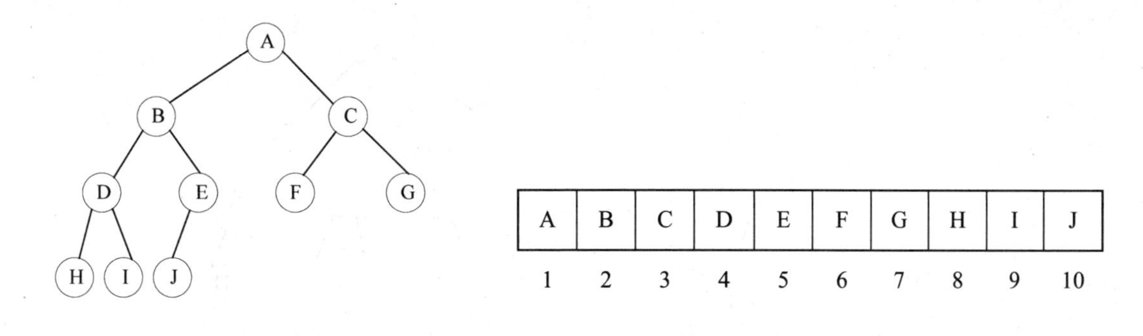

（a）完全二叉树　　（b）二叉树的顺序存储结构

图 6-6　二叉树的顺序存储

可见，顺序存储结构对于一棵完全二叉树来说是非常方便的，既能够最大可能地节省存储空间，又可以利用数组元素的下标值确定节点在二叉树中的位置及节点之间的关系。

但是对于一般的二叉树，只有增添一些并不存在的“虚节点”，使之成为一棵完全二叉树的形式，然后再用一维数组顺序存储，如图 6-7 所示。显然，这种存储会造成空间的大量浪费，不宜采用。

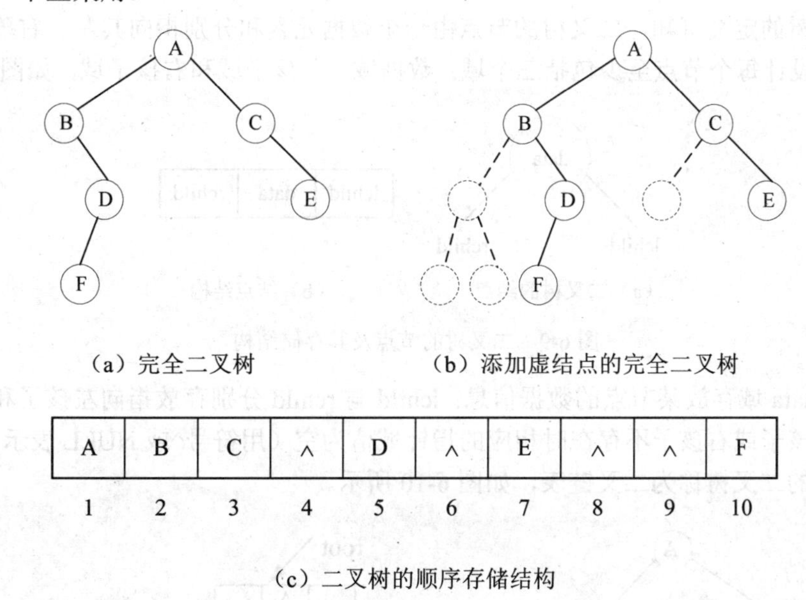

（a）完全二叉树　　（b）添加虚结点的完全二叉树

（c）二叉树的顺序存储结构

图 6-7　一般二叉树及其顺序存储

所以顺序存储结构仅适用于完全二叉树。在最坏的情况下，一棵深度为 k 且只有 k 个节点的右单支树，却需分配 2^k-1 个存储单元，如图 6-8 所示。造成了存储空间的极大浪费，对于一般二叉树，更适合采取链式存储结构。

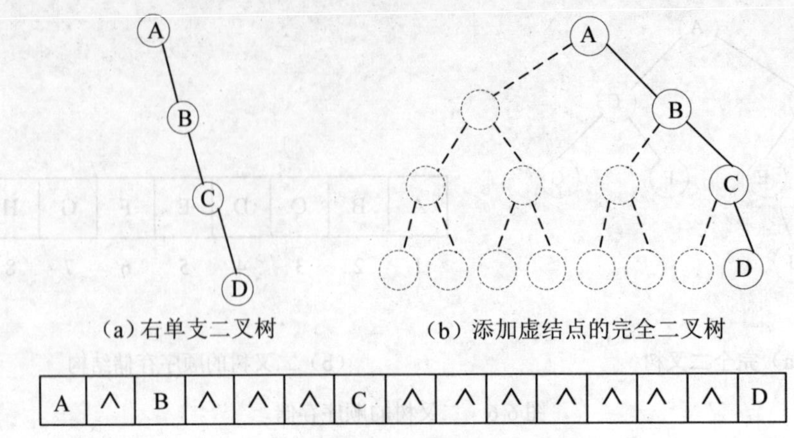

图 6-8　右单支二叉树及其顺序存储

2. 链式存储结构

二叉树的链式存储结构是指用链表来表示一棵二叉树，即用链来指示元素的逻辑关系。由二叉树的定义可知，二叉树的节点由一个数据元素和分别指向其左、右孩子的两个分支构成，设计每个节点至少包括三个域：数据域、左孩子域和右孩子域，如图 6-9 所示。

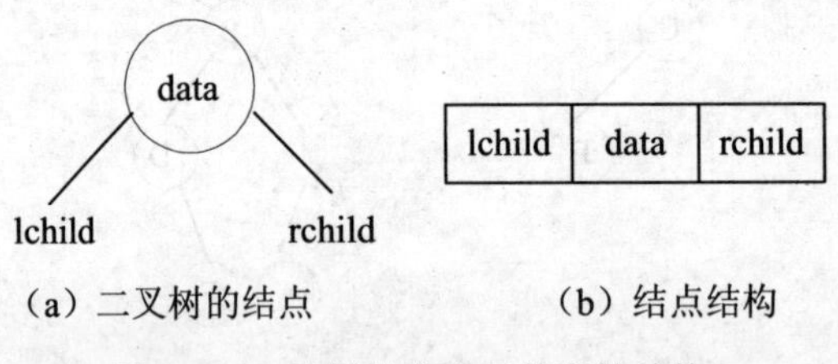

图 6-9　二叉树的节点及其存储结构

其中，data 域存放某节点的数据信息；lchild 与 rchild 分别存放指向左孩子和右孩子的指针，当左孩子或右孩子不存在时相应的指针域值为空（用符号^或 NULL 表示）。由此节点结构形成的二叉树称为二叉链表，如图 6-10 所示。

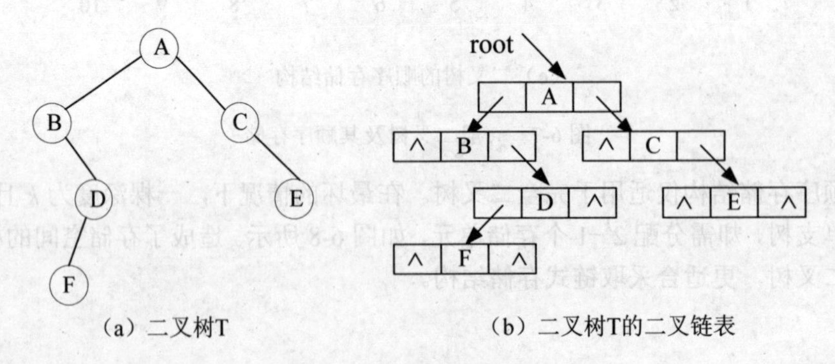

图 6-10　二叉树和二叉链表

二叉树的二叉链表存储表示可描述如下。

```
typedef  struct  BiTNode {
    ElemType data;                  //节点数据域
    struct  BiTNode *lchild,*rchild;  //左右孩子指针
}BiTNode, *BiTree;
```

定义 BiTree 为指向二叉链表节点结构的指针类型。

有时为了方便找到节点的双亲节点，在二叉链表的存储结构中增加一个指向双亲节点的指针域 parent。该节点的存储结构如图 6-11 所示。利用这种节点结构所得二叉树的存储结构称为三叉链表，如图 6-12 所示。

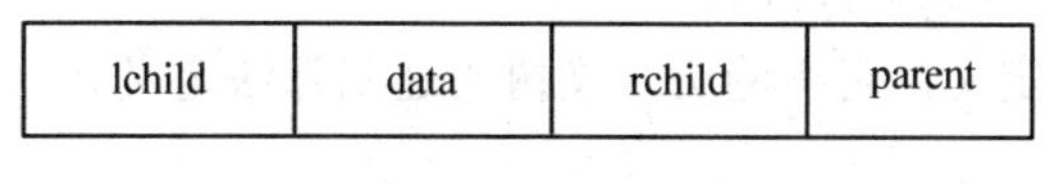

图 6-11　三叉链表的节点结构

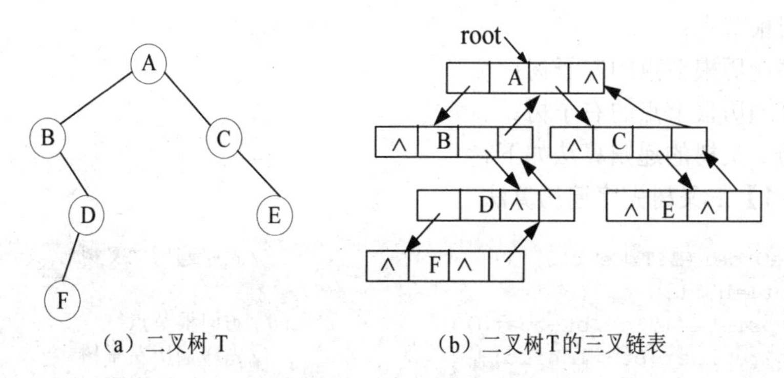

图 6-12　二叉树和三叉链表

尽管在二叉链表中无法由节点直接找到其双亲，但由于二叉链表结构灵活，操作方便，对于一般情况的二叉树，比顺序存储结构更节省空间。因此，二叉链表是最常用的二叉树存储方式。

6.3　遍历二叉树

在二叉树的操作实现中，常常需要对其所有节点进行某种操作，这种对所有节点逐一进行的操作就是遍历。

6.3.1　遍历二叉树的递归实现

遍历二叉树是指按照某种顺序访问二叉树中的每个节点，使每个节点被访问一次且仅被访问一次。其中的访问可指计算二叉树中节点的数据信息，打印该节点的信息，也包括对节点进行的任何其他操作。

遍历二叉树是二叉树最基本的操作，也是二叉树其他各种操作的基础。因为在实际应用中，常常需要按一定顺序对二叉树中的每个节点逐个进行访问，或查找节点，然后再进

行处理。

二叉树是非线性数据结构，通过遍历可使二叉树中节点由非线性序列得到访问节点的顺序序列。也就是说，遍历操作使非线性结构线性化。

由二叉树的定义可知，二叉树由根节点、根节点的左子树和根节点的右子树三部分组成。因此，只要依次遍历这三部分，就可以遍历整个二叉树。

若以D、L、R分别表示访问根节点、遍历根节点的左子树、遍历根节点的右子树，则二叉树的遍历方式有六种：DLR、LDR、LRD、DRL、RDL和RLD。如果限定先左后右，则只有前三种方式。根据对根的访问先后顺序不同，分别称DLR为先序（根）遍历、LDR为中序（根）遍历和LRD为后序（根）遍历。

基于二叉树的递归定义，可得遍历二叉树的递归算法定义。

1. 先序遍历

若二叉树为空，则为空操作，否则

（1）访问根节点；

（2）先序遍历根节点的左子树；

（3）先序遍历根节点的右子树。

先序遍历二叉树的递归算法如下。

【算法6-1】二叉树先序遍历算法

```
void  PreOrder(BiTree bt)  {                           //先序遍历二叉树
    if(bt!=NULL)  {
        printf ("%d",bt->data);                        //访问根节点
        PreOrder(bt->lchild);                          //先序遍历左子树
        PreOrder(bt->rchild);                          //先序遍历右子树
        }
    }
```

2. 中序遍历

若二叉树为空，则为空操作，否则

（1）中序遍历根节点的左子树；

（2）访问根节点；

（3）中序遍历根节点的右子树。

中序遍历二叉树的递归算法如下。

【算法6-2】二叉树中序遍历算法

```
void  InOrder(BiTree bt)  {                       //中序遍历二叉树
  if(bt!=NULL)  {
    InOrder(bt->lchild);                          //中序遍历左子树
    printf ("%d",bt->data);                       //访问根节点
    InOrder(bt->rchild);                          //中序遍历右子树
    }
  }
```

3. 后序遍历

若二叉树为空，则为空操作，否则

（1）后序遍历根节点的左子树；

（2）后序遍历根节点的右子树；

（3）访问根节点。

后序遍历二叉树的递归算法如下。

【算法 6-3】二叉树后序遍历算法

```
void  PostOrder(BiTree bt)  {          //后序遍历二叉树
    if(bt!=NULL)  {
        PostOrder(bt->lchild);      //后序遍历左子树
        PostOrder(bt->rchild);      //后序遍历右子树
        printf ("%d",bt->data);     //访问根节点
        }
    }
```

4. 层次遍历

所谓二叉树的层次遍历，是指从二叉树的第一层（根节点）开始，从上至下逐层遍历，在同一层中，则按从左到右的顺序对节点逐个访问。

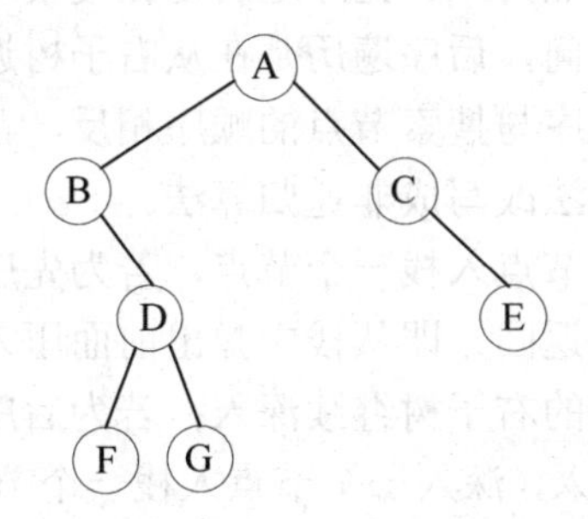

图 6-13　二叉树示意图

对于如图 6-13 所示的二叉树，其先序、中序、后序、层次遍历的序列如下。

先序遍历：A、B、D、F、G、C、E；

中序遍历：B、F、D、G、A、C、E；

后序遍历：F、G、D、B、E、C、A；

层次遍历：A、B、C、D、E、F、G。

从二叉树遍历的定义可知，先序、中序和后序三种遍历算法的区别在于访问根节点和遍历左、右子树的先后关系，但都采用了递归的方法。而递归的实现，一定会采用后进先出的栈。

6.3.2　遍历二叉树的非递归实现

对于图 6-13 所示的二叉树，其先序、中序和后序遍历都是从根节点 A 开始的，且在遍历过程中经过节点的路线也是一样的，只是访问的时机不同而已。图 6-14 所示的从根节

点左外侧开始到根节点右外侧结束的曲线为遍历二叉树的路线。沿着该路线按△标记的节点读得的序列为先序序列，按*标记读得的序列为中序序列，按#标记读得的序列为后序序列。

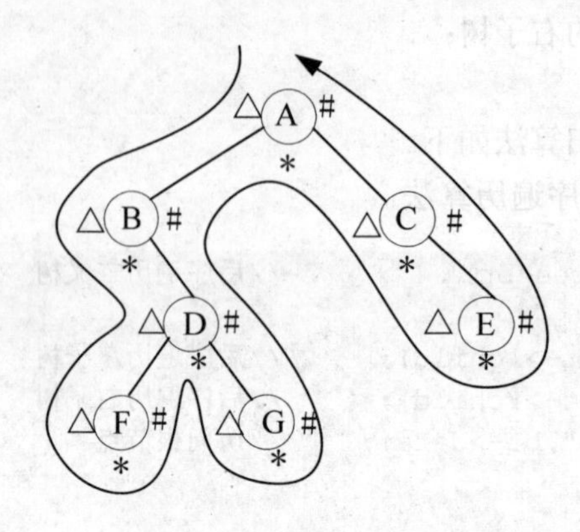

图 6-14　遍历二叉树的路线

然而，这一路线正是从根节点开始沿左子树搜索，当搜索到最左端，无法再深入下去时，则返回，再逐一进入刚才搜索时遇到节点的右子树，再进行如此的搜索和返回，直到最后从根节点的右子树返回到根节点为止。先序遍历是在搜索时遇到节点就访问，中序遍历是在从左子树返回时遇到节点访问，后序遍历是在从右子树返回时遇到节点访问。

在这一过程中，返回节点的顺序与搜索节点的顺序相反，正好符合栈结构后进先出的特点，因此，可以利用栈将递归算法改写成非递归算法。

在沿左子树搜索时，深入一个节点入栈一个节点，若为先序遍历，则在入栈之前访问它；当沿左分支深入不下去时，则返回，即从栈中弹出前面压入的节点；若为中序遍历，则此时访问该节点，然后从该节点的右子树继续深入；若为后序遍历，则将此节点再次入栈，然后从该节点的右子树继续深入，深入一个节点入栈一个节点，深入不下去时再返回，直到第二次从栈里弹出该节点，即从右子树返回时，才访问之。

1. 先序遍历的非递归实现

在下面算法中，二叉树以二叉链表存放，一维数组 stack[MAXSIZE]用以实现栈，变量 top 用来表示当前栈顶的位置。

【算法 6-4】先序遍历的非递归实现算法

```
int PreOrder(BiTree bt) {                      //非递归先序遍历二叉树
    BiTree stack [MAXSIZE];
    BiTree p;
    int top;
    if(bt==NULL)                               //空树
       return 1;
    top=-1;                                    //栈顶指针初始化
    p=bt;
    while(!(p==NULL&&top==-1)) {
        while (p!=NULL) {
```

```
            printf ("%d",p->data);          //访问节点的数据域
            if(top<MAXSIZE-1)  {            //将当前指针 p 压栈
               top++;
               stack[top]=p;
            }
          else {
              printf ("栈溢出");
                 return 0;                  //错误，返回 0
                }
          p=p->lchild;                      //指针 p 指向左孩子节点
}
        if (top==-1)
           return 1;                        //栈空时结束
    else{
        p=stack[top];                       //弹出栈顶元素
           top--;
        p=p->rchild;                        //指针 p 指向右孩子节点
        }
        }
    }
```

2. 中序遍历的非递归实现

中序遍历的非递归算法实现，只需将先序遍历的非递归算法中的 printf(p->data)移到 p=stack[top]和 p=p->rchild 之间即可。

【算法 6-5】中序遍历的非递归实现算法

```
  int InOrder(BiTree bt) {                  //非递归中序遍历二叉树
     BiTree stack [MAXSIZE];
     BiTree p;
     int top;
     if(bt==NULL)                           //空树
       return 1;
     top=-1;                                //栈顶指针初始化
     p=bt;
     while(!(p==NULL&&top==-1)) {
        while (p!=NULL) {
            if(top<MAXSIZE-1)  {            //将当前指针 p 入栈
               top++;
               stack[top]=p;
            }
          else {
              printf("栈溢出");
                 return 0;                  //错误，返回 0
                }
          p=p->lchild;                      //指针 p 指向左孩子节点
        }
        if (top==-1)
           return 1;                        //栈空时结束
        else{
```

```
            p=stack[top];                  //弹出栈顶元素
            top--;
            printf("%d",p->data);          //访问节点的数据域
            p=p->rchild;                   //指针 p 指向右孩子节点
            }
        }
    }
```

3. 后序遍历的非递归实现

后序遍历非递归算法比较复杂。由于后序遍历要求左、右子树都访问完后，最后访问根节点。说明节点在第一次出栈后，还需再次入栈。也就是说，节点要入两次栈，出两次栈，而访问节点是在第二次出栈时访问。因此，为了区别同一个节点指针的两次出栈，设置一标志 flag，当节点指针进、出栈时，其标志 flag 也同时进、出栈。

$$flag=\begin{cases}1 & \text{第一次出栈，结点不能访问}\\ 2 & \text{第二次出栈，结点可以访问}\end{cases}$$

后序遍历二叉树的非递归算法如下。

在算法中，一维数组 stack[MAXSIZE]用于实现栈的结构，指针变量 p 指向当前要处理的节点，top 为栈顶指针，用来表示当前栈顶的位置。

【算法 6-6】 后序遍历的非递归实现算法

```
typedef  struct{
   BiTree link;
   int  flag;
   }StackType;
int Postorder(BiTree bt) {                 //非递归后序遍历二叉树
   StackType stack[MAXSIZE];
   BiTree p;
   int top,s;
   if(bt==NULL)                            //空树
      return 1;
   top=-1;                                 //栈顶指针初始化
   p=bt;
   while(!(p==NULL&&top==-1)){
         if (p!=NULL){                     //节点第一次进栈
            top++;
            stack[top].link=p;
            stack[top].flag=1;
            p=p->lchild;                   //指向该节点的左孩子
           }
         else{
            p=stack[top].link;
            s=stack[top].flag;
            top--;
            if(s==1){                      //节点第二次进栈
               top++;
```

```
            stack[top].link=p;
            stack[top].flag=2;          //标记第二次进栈
            p=p->rchild;
          }
        else{
          printf("%d",p->data);         //访问该节点数据域
          p=NULL;
          }
          }
        }
        return 1;                       //遍历结束，返回
    }
```

无论是递归还是非递归遍历二叉树，由于每个节点仅被访问一次，则不论按哪一种次序进行遍历，对含 n 个节点的二叉树，其时间复杂度均为 $O(n)$。所需辅助空间为遍历过程中栈的最大容量，即树的深度，最坏情况下为 n，即空间复杂度也为 $O(n)$。

6.3.3 遍历算法的应用

二叉树的遍历是二叉树各种操作的基础，对访问根节点操作的理解可包含各种各样的操作，用于解决二叉树的实际应用问题。

1. **建立二叉树（二叉链表方式存储）**

给定一棵二叉树，可以得到其遍历序列；反过来，给定一棵二叉树的遍历序列，也可以创建相应的二叉链表。

采用先序遍历的递归算法，设计特定的符号表示空子树，用“#”字符表示空子树。首先读入当前根节点的数据，如果是“#”，则将当前根节点置为NULL；否则申请一个新节点，存入当前根节点的数据，分别用当前根节点的左指针和右指针进行递归调用，创建左、右子树。

【算法 6-7】先序遍历建立二叉链表

```
void CreateBitree(BiTree &T) {
   char ch;
   scanf("%c", &ch);
   if (ch=='  ')T=NULL;
   else {
    T=new BiTNode;
    T->data=ch;
    CreateBitree(T->lchild);
    CreateBitree(T->rchild);
   }
 }
```

2. **输出二叉树中的叶子节点**

当二叉树为空时，叶子为 0；当二叉树只有一个根节点时，根节点就是叶子节点，输出叶子节点；在其他情况下，输出左子树与右子树中的叶子节点。

【算法 6-8】先序遍历输出二叉树中的叶子节点

```
void  PreOrder(BiTree  T)  {                          //先序遍历二叉树
     if(T!=NULL)  {
          if(T->lchild==NULL && T->rchild==NULL)
               printf ("%d",T->data);                 //访问叶子节点
          PreOrder(T->lchild);                        //先序遍历左子树
          PreOrder(T->rchild);                        //先序遍历右子树
          }
}
```

3. 统计二叉树中的叶子节点个数

当二叉树为空时，叶子节点个数为 0；当二叉树只有一个根节点时，根节点就是叶子节点，叶子节点个数为 1；在其他情况下，计算左子树与右子树中叶子节点的和。

【算法 6-9】统计二叉树中的叶子节点个数

```
int  CountLeaf(BiTree  T){                       //返回指针 T 所有叶子节点个数
      int m, n:
      if(T==NULL)  return 0;
      if(T->lchild==NULL && T->rchild==NULL)  return 1;
      else  {
              m=CountLeaf(T->lchild);
              n=CountLeaf(T->rchild);
              return(m+n);
             }
}
```

4. 计算二叉树的高度

二叉树的高度为树中节点的最大层次。如果是空树，则高度为 0；否则，递归计算左子树的高度记为 *m*，递归计算右子树的高度记为 *n*，二叉树的高度为 *m* 与 *n* 的较大者加 1。显然，这是在后序遍历二叉树的基础上进行的运算。

【算法 6-10】计算二叉树的高度

```
int  BiTreeDepth(BiTree  T) {                    //求高度
    int m,n;
    if(T==NULL)  return 0;                       //空树的高度为 0
    else  {
    m=BiTreeDepth(T->lchild);                    //求左子树的高度为 m
    n=BiTreeDepth(T->rchild);                    //求右子树的高度为 n
    if(m>n)   return m+1;
    else  return n+1;
    }
}
```

5. 复制二叉树

复制二叉树就是利用已有的一棵二叉树复制得到另外一棵与其完全相同的二叉树。其复制步骤如下：若二叉树不空，则首先复制根节点，然后分别复制二叉树根节点的左子树

和右子树，其实现过程与二叉树先序遍历的实现类似。

【算法 6-11】复制二叉树

```
void  CopyTree(BiTree T, BiTNode *&newt) {
    if (T==NULL) {
        newt=NULL;
        return NULL;
        }
    else  {
        newt=new BiTNode;
        newt->data=T->data;
        CopyTree(T->lchild,newt->lchild);           //复制左子树
        CopyTree(T->rchild,newt->rchild);           //复制右子树
        }
}
```

6. 由遍历序列确定二叉树

在二叉树的遍历中，任意一棵二叉树节点的先序序列、中序序列和后序序列都是唯一的。反过来，若已知节点的先序序列和中序序列，能否确定这棵二叉树呢？这样确定的二叉树是否是唯一的呢？回答是肯定的。

要根据遍历序列确定二叉树，至少需要知道该二叉树的两种遍历序列。表 6-1 列出了两种遍历序列组合确定二叉树的结果，可见只有一种序列是无法确定二叉树的。

表 6-1　遍历组合及二叉树的确定

两种遍历序列的组合	能否唯一确定二叉树
先序+中序	可以
后序+中序	可以
先序+后序	否

已知一棵二叉树的先序序列与中序序列分别为：

ABCDEFGH

BCAEDGHF

请画出这棵二叉树。

首先，由先序序列可知，节点 A 是二叉树的根节点；其次，根据中序序列，在 A 之前的所有节点都是根节点左子树的节点，在 A 之后的所有节点都是根节点右子树的节点，由此得到图 6-15（a）所示的状态；然后，再对左子树进行分解，得知 B 是左子树的根节点，又从中序序列知道，B 的左子树为空，B 的右子树只有一个节点 C；接着对 A 的右子树进行分解，得知 A 的右子树的根节点为 D，而节点 D 把其余节点分成两部分，即左子树为 E，右子树为 F、G、H、I，如图 6-15（b）所示；接下去的工作就是按上述原则对 D 的右子树继续分解下去，最后得到如图 6-15（c）所示的二叉树。

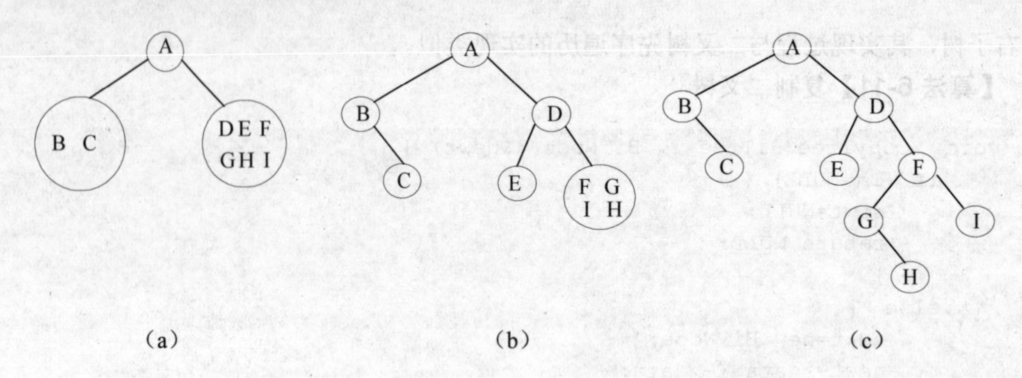

图 6-15 由先序和中序序列确定的二叉树

上述过程是一个递归过程，其递归算法思想：先根据先序序列的第一个元素建立根节点；然后在中序序列中找到该元素，确定根节点的左、右子树的中序序列；再在先序序列中确定左、右子树的先序序列；最后由左子树的先序序列与中序序列建立左子树，由右子树的先序序列与中序序列建立右子树。

6.4 线索二叉树

6.4.1 线索二叉树的基本概念

1. 线索二叉树的定义

按照某种遍历方式对二叉树进行遍历，可以把二叉树中所有节点排列为一个线性序列。在序列中，除第一个节点外，每个节点有且仅有一个直接前驱节点；除最后一个节点外，每个节点有且仅有一个直接后继节点。遍历二叉树实质上是对一个非线性结构进行线性化操作。

但是，二叉树中每个节点在这个序列中的直接前驱节点和直接后继节点，在二叉树的存储结构中并没有反映出来，只能在对二叉树遍历的动态过程中得到这些信息。为了保留节点在某种遍历序列中直接前驱和直接后继的位置信息，可以利用二叉树的二叉链表存储结构中的那些空指针域来指示。二叉树中添加的这些指向直接前驱节点和指向直接后继节点的指针，就称为线索二叉树。

2. 线索二叉树的结构

具有 n 个节点的二叉树采用二叉链表存储结构，在 $2n$ 个指针域中只有 $n-1$ 个指针域是有用的非空链域，用来存储节点孩子的地址，其余 $n+1$ 个指针域是空链域。因此，可以充分利用这些空链域来存放节点的直接前驱和直接后继信息。

现作如下规定：若节点有左子树，则其 lchild 域指示其左孩子，否则令 lchild 域指示其直接前驱；若节点有右子树，则其 rchild 域指示其右孩子，否则令 rchild 域指示其直接后继。为了区分孩子节点和前驱节点、后继节点，为节点结构增设两个标志域，令每个标志位只占一个 bit，这样就只需增加很少的存储空间，节点的结构如图 6-16 所示。

lchild	Ltag	data	Rtag	rchild

图 6-16　线索二叉树节点结构

其中：

$$\text{Ltag}=\begin{cases}0,\text{lchild域指示结点的左孩子}\\1,\text{lchild域指示结点的直接前驱}\end{cases}$$

$$\text{Rtag}=\begin{cases}0,\text{rchild域指示结点的右孩子}\\1,\text{rchild域指示结点的直接后继}\end{cases}$$

在这种存储结构中，指向前驱和后继节点的指针称为线索，以这种结构组成的二叉链表作为二叉树的存储结构，称为线索链表。对二叉树以某种次序进行遍历并且加上线索的过程称为线索化。线索化的二叉树称为线索二叉树。

由于序列可由不同的遍历方法得到，因此，线索树有先序线索二叉树、中序线索二叉树和后序线索二叉树三种。把二叉树改造成线索二叉树的过程称为线索化。如图 6-17 所示为一棵二叉树的先序、中序和后序线索树。图中实线表示指针，虚线表示线索。

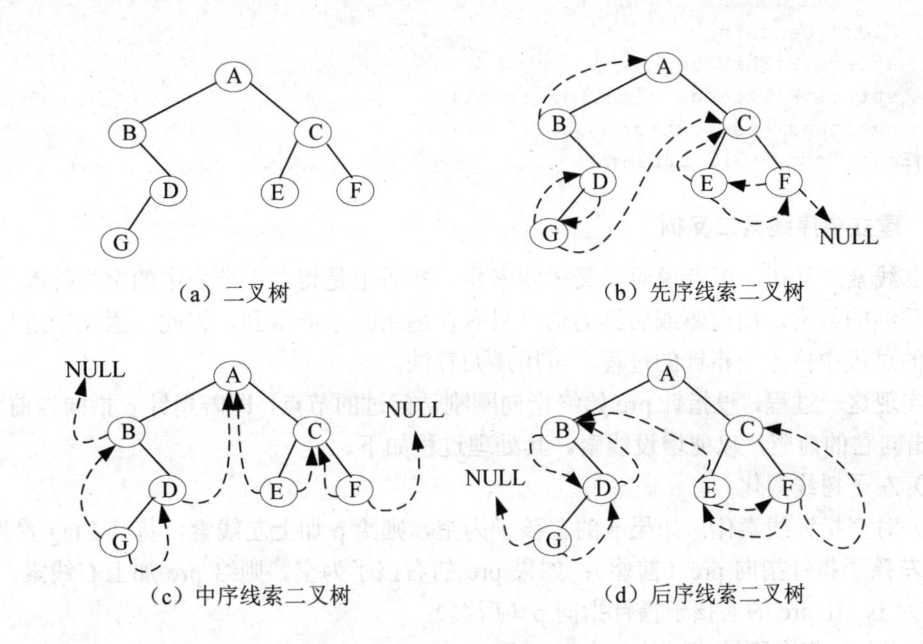

图 6-17　线索二叉树

为了操作方便，在存储线索二叉树时往往增设一个头节点，其结构与其他线索二叉树的节点结构一样，只是其数据域不存放信息，其左指针域指向二叉树的根节点，右指针域指向遍历序列的最后一个节点。而二叉树在某种遍历下的第一个节点的前驱线索和最后一个节点的后继线索都指向该头节点。图 6-18 所示为中序线索二叉树的存储结构。

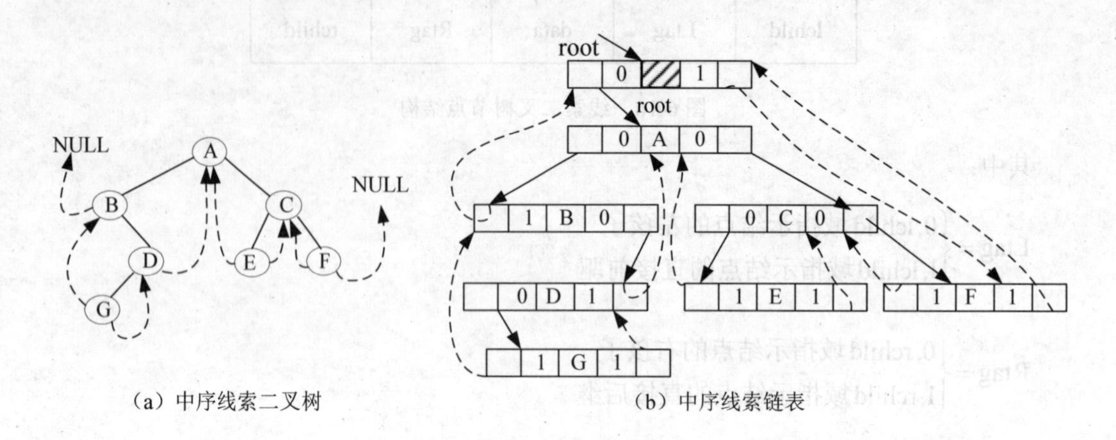

（a）中序线索二叉树　　（b）中序线索链表

图 6-18　中序线索二叉树的存储结构

6.4.2　线索二叉树的运算实现

在线索二叉树中，节点的结构定义如下。

```
typedef  struct  BiThrNode {
    ElemType data;
    struct BiThrNode
    struct BiThrNode *lchild, *rchild;
    unsigned Ltag, Rtag;
  }BiThrNode, *BiThrTree;
```

1. 建立中序线索二叉树

建立线索二叉树，或者说对二叉树线索化，实质上是将二叉链表中的空指针改为指向前驱或后继的线索，而前驱或后继的信息只有在遍历时才能得到，因此线索化的过程即为在遍历的过程中修改空指针的过程，可用递归算法。

为实现这一过程，设指针 pre 始终指向刚刚访问过的节点，即若指针 p 指向当前节点，则 pre 指向它的前驱，以便增设线索。其处理过程如下。

（1）左子树线索化；

（2）对空指针线索化：如果 p 的左孩子为空，则给 p 加上左线索，将其 Ltag 置为 1，让 p 的左孩子指针指向 pre（前驱）；如果 pre 的右孩子为空，则给 pre 加上右线索，将其 Rtag 置为 1，让 pre 的右孩子指针指向 p（后继）；

（3）将 pre 指向刚访问过的节点 p，即 pre=p；

（4）右子树线索化。

【算法 6-12】建立中序线索二叉树算法

```
void InTreading (BiThrTree  p){                          //中序线索化
    if  (p){
      InThreading(p->lchild);                            //左子树线索化
```

```
        if(!p->lchild) {                              //前驱线索
            p->Ltag=1;
            p->lchild=pre;
          }
        else  p->Ltag=0;
        if(!pre->rchild)    {                         //后继线索
            pre->Rtag=1;
            pre->rchild=p;
            }
          else pre->Rtag=0;
          pre=p;
          InThreading(p->rchild);                     //右子树线索化
      }
  }
```

2. 中序线索二叉树找任一节点的前驱节点

对于中序线索二叉树上的任一节点，寻找其中序的前驱节点，有以下两种情况。

（1）如果该节点的左标志为 1，其左指针域所指向的节点便是它的前驱节点。

（2）如果该节点的左标志为 0，表明该节点有左孩子，根据中序遍历的定义，它的前驱节点是以该节点的左孩子为根节点的子树的最右节点，即沿着其左子树的右指针链向下查找，当某节点的右标志为 1 时，就是所要找的前驱节点。

在中序线索二叉树上寻找节点 p 的中序前驱节点的算法如下。

【算法 6-13】 中序线索树中找前驱节点

```
BiThrTree InPreNode(BiThrTree p){          //中序线索树 p 的中序前驱节点
    BiThrTree pre;
    pre=p->lchild;
    if (p->Ltag!=1)
      while (pre->Rtag==0)
        pre=pre->rchild;
    return pre;
    }
```

3. 中序线索二叉树找任一节点的后继节点

对于中序线索二叉树上的任一节点，寻找其中序的后继节点，有以下两种情况。

（1）如果该节点的右标志为 1，其右指针域所指向的节点便是它的后继节点。

（2）如果该节点的右标志为 0，表明该节点有右孩子，根据中序遍历的定义，它的后继节点是以该节点的右孩子为根节点的子树的最左节点，即沿着其右子树的左指针链向下查找，当某节点的左标志为 1 时，就是所要找的后继节点。

在中序线索二叉树上寻找节点 p 的中序后继节点的算法如下。

【算法 6-14】 中序线索树中找后继节点

```
BiThrTree InPostNode(BiThrTree  p){        //中序线索树 p 的中序后继节点
    BiThrTree post;
    post=p->rchild;
    if (p->Rtag!=1)
```

```
        while (post->Ltag==0)
            post=post->lchild;
    return post;
    }
```

4. 中序线索二叉树找值为 x 的节点

利用在中序线索二叉树上寻找后继节点和前驱节点的算法，就可以遍历到二叉树的所有节点。例如，先找到按某种遍历的第一个节点，然后再依次查询其后继；或先找到按某种遍历的最后一个节点，然后再依次查询其前驱。这样，既不用栈也不用递归就可以访问到二叉树的所有节点。

在中序线索二叉树上查找值为 x 的节点，实质上就是在线索二叉树上进行遍历，将访问节点的操作具体写为用当前节点的值与 x 比较的语句。

【算法 6-15】 中序线索树中找值为 x 的节点

```
BiThrTree Search(BiThrTree head, ElemType x){    //中序线索树查找值为 x 的节点
    BiThrTree p;
    p=head->lchild;
    while (p->Ltag==0&&p!=head)
        p=p->lchild;
    while (p!=head&&p->data!=x)
        p=InPostNode(p);
    if (p==head){
        printf("没有找到数据！ ");
        return NULL;
        }
    else
        return p;
    }
```

5. 中序线索二叉树的更新

线索二叉树的更新是指：在线索二叉树中插入一个节点或者删除一个节点。一般情况下，这些操作有可能破坏原来已有的线索，因此，在修改指针时，还需要对线索做相应的修改。这里讨论在中序线索二叉树中插入一个节点 p，使它成为节点 s 的右孩子。分两种情况分析。

（1）若节点 s 的右孩子为空，则插入节点 p 的过程简单。原来节点 s 的后继节点将成为 p 的中序后继节点，节点 s 成为节点 p 的中序前驱节点，节点 p 成为节点 s 的右孩子。二叉树中其他部分的指针和线索不发生变化。

（2）若节点 s 的右孩子非空，则插入节点 p 之后，节点 s 原来的右子树变成节点 p 的右子树，节点 s 变为节点 p 的前驱节点，节点 p 变为节点 s 的右孩子节点。又由于节点 s 原来的后继成为节点 p 的后继，因此还要将本来指向节点 s 的前驱左线索，改为指向节点 p。插入节点 p 的过程如图 6-19 所示。

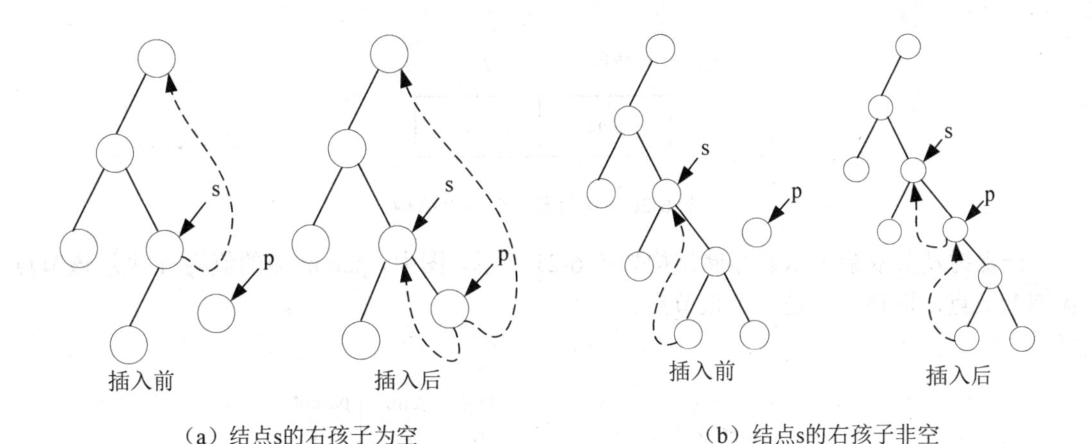

图 6-19　中序线索二叉树节点右孩子插入操作

【算法 6-16】中序线索二叉树插入节点

```
void  InsertThrRight(BiThrTree s,BiThrTree p){  //插入节点 p 为节点 s 的右孩子
    BiThrTree  w;
    p->rchild=s->rchild;
    p->Rtag=s->Rtag;
    p->lchild=s;
    p->Ltag=1;                  //将 s 变为 p 的中序前驱
    s->rchild=p;
    s->Rtag=0;                  //p 成为 s 的右孩子
    if (p->Rtag==0){            //s 右子树不空时，找到 s 的后继 w，w 为 p 的后继
        w=InPostNode(p);
        w->lchild=p;
        }
    }
```

6.5　树和森林

本节主要讨论树的存储结构以及树、森林与二叉树的转换关系。

6.5.1　树的存储结构

树的存储有多种方式，既可以采用顺序存储结构，也可以采用链式存储结构。树的主要存储方法有以下三种。

1.　双亲表示法

由树的定义可以知道，树中的每个节点都有唯一的双亲节点，根据这一特性，可用一组连续的存储空间存储树中的各个节点，每个节点除了保存节点本身的信息，还附设一个指示器来指示其双亲节点的位置，其节点的结构如图 6-20 所示。

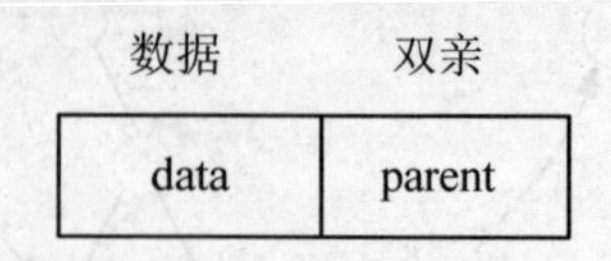

图6-20　双亲表示法节点结构

一棵树及其双亲表示的存储结构如图6-21所示。图中，parent域的值为-1表示该节点无双亲节点，即该节点是一个根节点。

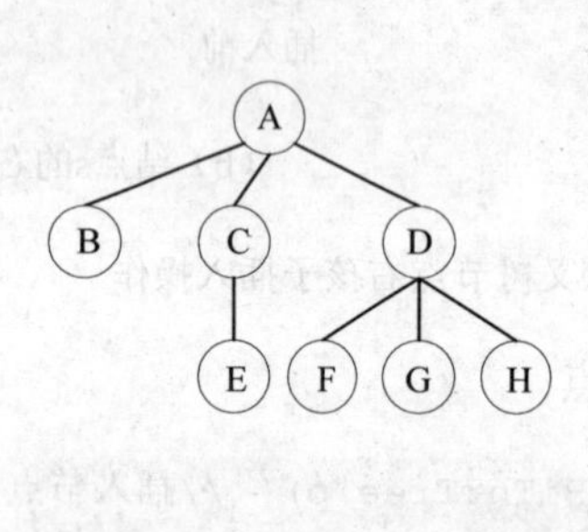

结点序号	data	parent
0	A	-1
1	B	0
2	C	0
3	D	0
4	E	2
5	F	3
6	G	3
7	H	3

图6-21　树的双亲表示法

双亲表示法存储的树，其存储表示描述如下。

```
#define  MAXSIZE 100
typedef  struct{
    ElemType  data;
    int  parent;
}NodeType;
typedef  struct{
    NodeType tree[MAXSIZE];
    int  num;                    //节点数
}parentTree;
```

这种存储方法利用了树中每个节点（根节点除外）只有一个双亲节点的性质，使得查找某个节点的双亲节点非常容易。反复使用求双亲节点的操作，也可以很容易地找到根节点。但是在这种存储结构中，求某个节点的孩子时需要遍历整个数组。

2. 孩子表示法

这种方法通常是把每个节点的孩子节点排列起来，构成一个单链表，称为孩子链表。*n*个节点共有*n*个孩子链表（叶子的孩子链表为空表）。而*n*个头指针又组成一个线性表，为了便于查找，可采用顺序存储结构。

一棵树及其孩子表示的存储结构如图6-22所示。

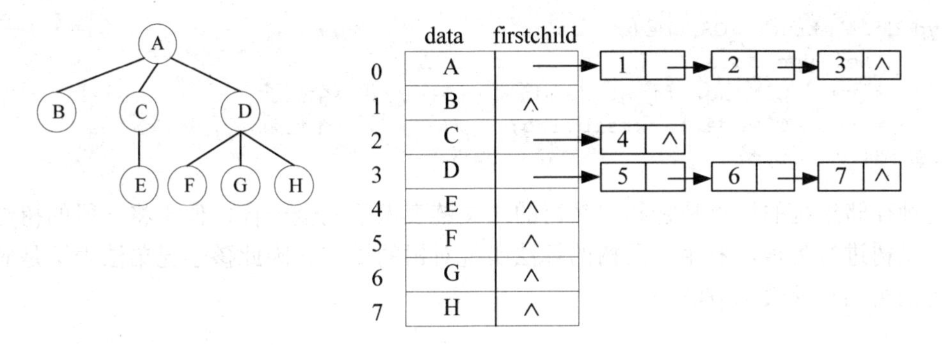

图 6-22　树的孩子链表表示法

孩子链表表示法存储的树，其存储表示描述如下。

```
#define  MAXSIZE 100
typedef  struct ChildNode{
     int childcode;
     struct ChildNode *nextchild;
} ChildNode;
typedef  struct{
   ElemType  data;
   ChildNode *firstchild;
}NodeType;
typedef  struct{
     NodeType tree[MAXSIZE];
     int  num;                          //节点数
}childTree;
```

在孩子链表表示法中查找双亲比较困难，查找孩子却十分方便，故适用于对孩子操作多的应用。也可以把双亲表示法和孩子表示法结合起来，即将双亲表示和孩子链表合在一起。

3. 孩子兄弟表示法

这种表示法又称为树的二叉表示法，或者称为二叉链表表示法，即以二叉链表作为树的存储结构。链表中每个节点设有两个指针，分别指向该节点的第一个孩子节点和下一个兄弟节点。其存储结构如图 6-23 所示。

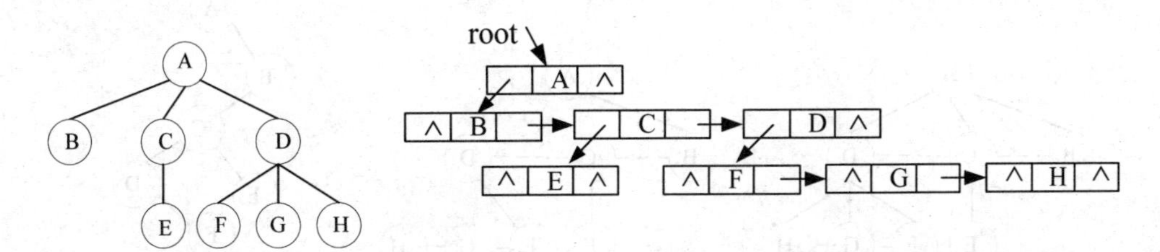

图 6-23　树的孩子兄弟表示法

孩子兄弟表示法的存储表示定义如下。

```
typedef  struct  CSNode{
     ElemType data;
     struct CSNode *firstchild;          //第一个孩子
     struct CSNode *nextsibling;         //下一个兄弟
}CSNode,*CSTree;
```

这种存储结构的优点是它和二叉树的二叉链表表示完全一样，便于将一般的树结构转换为二叉树进行处理，利用二叉树的算法实现对树的操作。因此孩子兄弟法表示是应用最为普遍的树的存储表示方法。

6.5.2 树、森林与二叉树的转换

从树的孩子兄弟表示法可以看到，树的孩子兄弟链表结构与二叉树的二叉链表结构在物理结构上是完全相同的，说明可用二叉树结构表示树和森林。本节讨论树、森林与二叉树之间的转换方法。

1. 树转换为二叉树

对于一棵无序树，树中节点的各孩子的次序是无关紧要的，而二叉树中节点的左、右孩子节点是有区别的。为避免发生混淆，约定树中每一个节点的孩子节点按从左到右的次序顺序编号。如图 6-24 所示的一棵树，根节点 A 有三个孩子 B、C、D，可以认为节点 B 为 A 的第一个孩子节点，节点 C 为 A 的第二个孩子节点，节点 D 为 A 的第三个孩子节点。

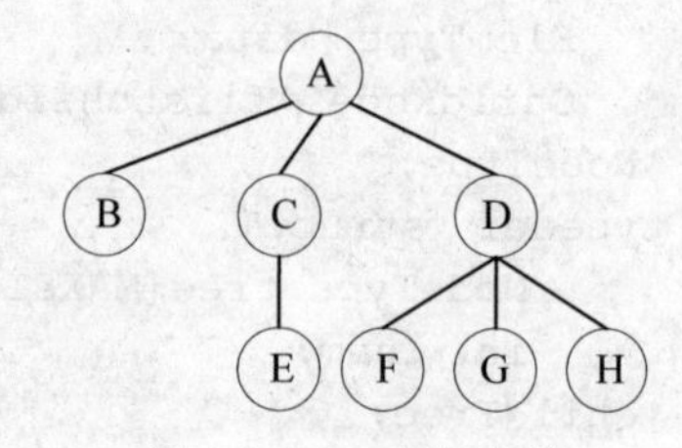

图 6-24　一棵有序树

将一棵树转换为二叉树的方法如下。

（1）树中所有相邻兄弟之间加一条连线，即加线。

（2）对树中的每个节点，只保留其与第一个孩子节点之间的连线，删去与其他孩子节点之间的连线，即抹线。

（3）以树的根节点为轴心，将整棵树顺时针转动一定的角度，使之结构层次分明，即旋转。

可以证明，经过这样的转换所构成的二叉树是唯一的。树转换为二叉树的过程如图 6-25 所示。

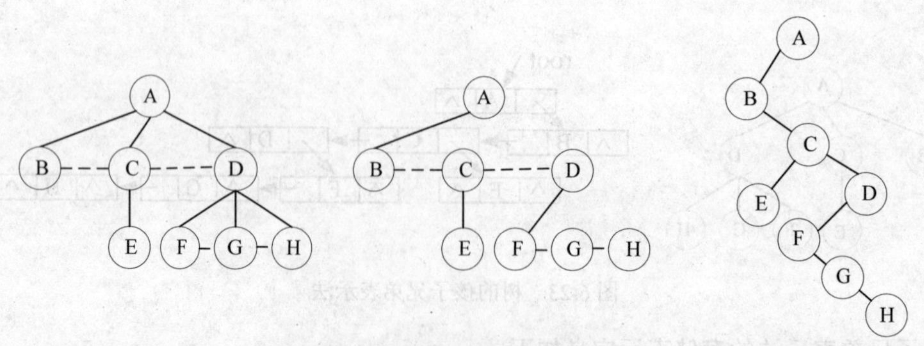

图 6-25　树转换为二叉树的过程

通过转换过程可以看出，在二叉树中，左分支上的各节点在原来的树中是父子关系，而右分支上的各节点在原来的树中是兄弟关系。由于树的根节点没有兄弟，所以转换后的二叉树的根节点的右孩子必为空。

2. 森林转换为二叉树

森林是若干棵树的集合，只要将森林中各棵树的根视为兄弟，每棵树都可以用二叉树表示，因此森林也可以用二叉树表示。

森林转换为二叉树的方法如下。

（1）将森林中的每棵树转换成相应的二叉树。

（2）第一棵二叉树不动，从第二棵二叉树开始，依次把后一棵二叉树的根节点作为前一棵二叉树根节点的右孩子，当所有二叉树连起来后，此时所得到的二叉树就是由森林转换得到的二叉树。

这一方法可用递归描述如下。

如果森林 F={T_1,T_2,⋯,T_n}，则可按如下规则转换成一棵二叉树 B=(root,LB,RB)。

（1）若 F 为空，即 n=0，则 B 为空树。

（2）若 F 非空，即 n≠0，则 B 的根 root 即为森林中第一棵树的根 Root(T_1)；B 的左子树 LB 是从 T_1 中根节点的子树森林 F_1={T_{11},T_{12},⋯,T_{1n}}转换而成的二叉树；其右子树 RB 是从森林 F′={T_2,T_3,⋯,T_n}转换而成的二叉树。

森林转换为二叉树的过程如图 6-26 所示。

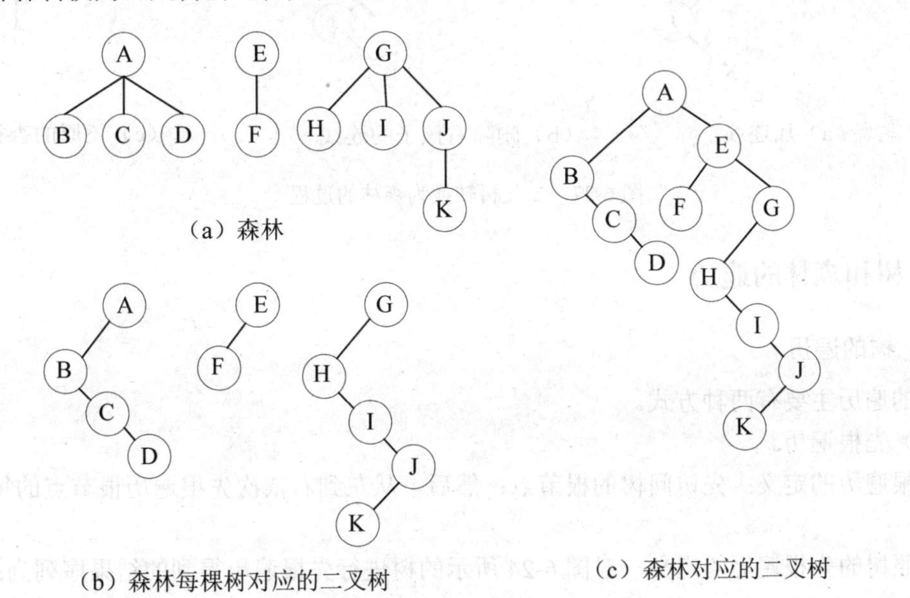

图 6-26　森林转换为二叉树的过程

3. 二叉树转换为树或森林

树和森林都可以转换为二叉树，两者不同的是：树转换成的二叉树，其根节点无右分支；由森林转换后的二叉树，其根节点有右分支。这一转换过程是可逆的，即可以依据二叉树的根节点有无右分支，将一棵二叉树还原为树或森林，具体方法如下。

（1）若某节点是其双亲的左孩子，则把该节点的右孩子、右孩子的右孩子……都与该节点的双亲节点用线连起来。

（2）删去原二叉树中所有的双亲节点与右孩子节点的连线。

（3）整理由前两步所得到的树或森林，使之结构层次分明。

可用递归描述转换过程。

如果 B=（root,LB,RB）是一棵二叉树，则可按如下规则转换成森林 F={$T_1,T_2,\cdots,T_n$}。

（1）若 B 为空，则 F 为空。

（2）若 B 非空，则森林中第一棵树 T_1 的根 Root（T_1）即为 B 的根 root；T_1 中根节点的子树森林 F_1 是由 B 的左子树 LB 转换而成的森林；F 中除 T_1 之外其余树组成的森林 F'={$T_2,T_3,\cdots,T_n$}是由 B 的右子树 RB 转换而成的森林。

二叉树转换为森林的过程如图 6-27 所示。

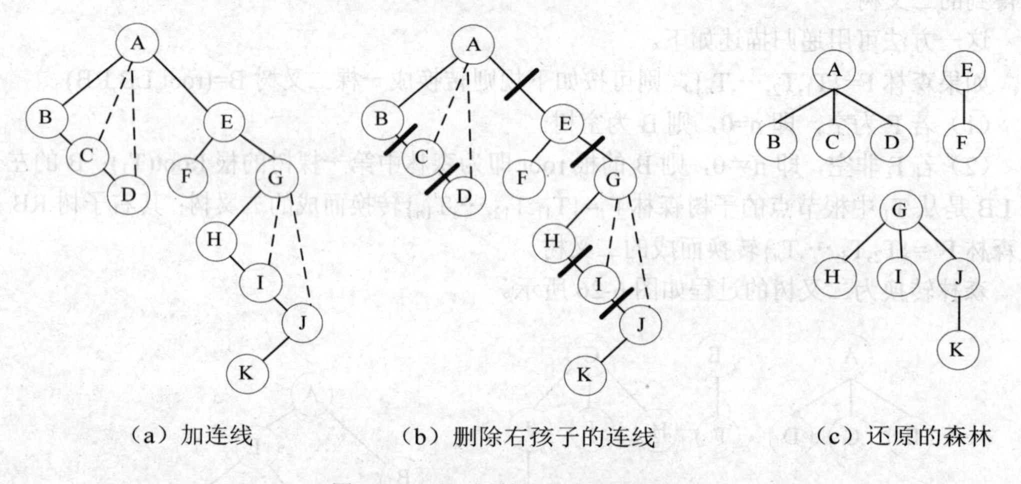

图 6-27　二叉树转换为森林的过程

6.5.3　树和森林的遍历

1.　树的遍历

树的遍历主要有两种方式。

（1）先根遍历。

先根遍历的定义：先访问树的根节点；然后，从左到右依次先根遍历根节点的每一棵子树。

按照树的先根遍历的定义，对图 6-24 所示的树进行先根遍历得到的结果序列为：

A B C E D F G H

（2）后根遍历。

后根遍历的定义：先从左到右依次后根遍历根节点的每一棵子树；然后，访问树的根节点。

按照树的后根遍历的定义，对图 6-24 所示的树进行后根遍历得到的结果序列为：

BECFGHDA

根据树与二叉树的转换关系可知，树的先根遍历与其转换的相应二叉树的先序遍历的结果序列相同；树的后根遍历与其转换的相应二叉树的中序遍历的结果序列相同。因此树的遍历算法可以采用相应二叉树的遍历算法来实现。

2. 森林的遍历

森林的遍历有两种方式。

（1）先序遍历森林。

若森林非空，则遍历方法为：

① 访问森林中第一棵树的根节点；

② 先序遍历第一棵树的根节点的子树森林；

③ 先序遍历去掉第一棵树后的子森林。

对图6-26（a）所示的森林进行先序遍历，得到的结果序列为：

ABCDEFGHIJK

（2）中序遍历森林。

若森林非空，则遍历方法为：

①中序遍历森林中第一棵树的根节点的子树森林；

②访问森林中第一棵树的根节点；

③中序遍历去掉第一棵树后的子森林。

对图6-26（a）所示的森林进行中序遍历，得到的结果序列为：

BCDAFEHIKJG

根据森林与二叉树的转换关系及森林和二叉树的遍历定义可知，森林的先序遍历和中序遍历与所转换的相应二叉树的先序遍历和中序遍历的结果序列相同。

6.6 哈夫曼树及其应用

树结构是一种应用非常广泛的结构，在一些特定的应用中，树具有一些特殊特点，利用这些特点可以解决很多工程问题。本节介绍的哈夫曼树可用来构造最优编码，用于信息传输、数据压缩等方面，哈夫曼树是一种应用广泛的二叉树。

6.6.1 哈夫曼树的基本概念

哈夫曼树也称最优二叉树，是指具有最小带权路径长度的二叉树。为了定义哈夫曼树，先要了解几个术语。

（1）节点的路径和路径长度。

路径是指树中一个节点到另一个节点之间的分支构成这两个节点之间的路径。路径长度是指路径上的分支数目。

（2）树的路径长度。

从树的根节点到每一个节点的路径长度之和，称为树的路径长度。

（3）节点的权值和带权路径长度。

在实际应用中，常常给树的每一个节点赋予一个具有某种实际意义的实数，称该实数为这个节点的权值。在树结构中，把从该节点到树的根节点之间的路径长度与该节点的权值相乘，称为该节点的带权路径长度。

（4）树的带权路径长度。

树的带权路径长度为树中所有叶子节点的带权路径长度之和，通常记作

$$WPL = \sum_{i=1}^{n} w_i \times l_i$$

其中，n 为叶子节点的个数，w_i 为第 i 个叶子节点的权值，l_i 为第 i 个叶子节点的路径长度。

（5）哈夫曼树。

假设有 m 个权值 $\{w_1,w_2,\cdots,w_m\}$，可以构造一棵含 n 个叶子节点的二叉树，每个叶子节点的权值为 w_i，则其中带权路径长度 WPL 最小的二叉树称为最优二叉树或哈夫曼树。

例如，给出 4 个叶子节点，设其权值分别为 1、3、5、7，则可以构造出形状不同的多个二叉树。这些形状不同的二叉树的带权路径长度各不相同。如图 6-28 所示给出了其中 5 个不同带权路径长度的二叉树。

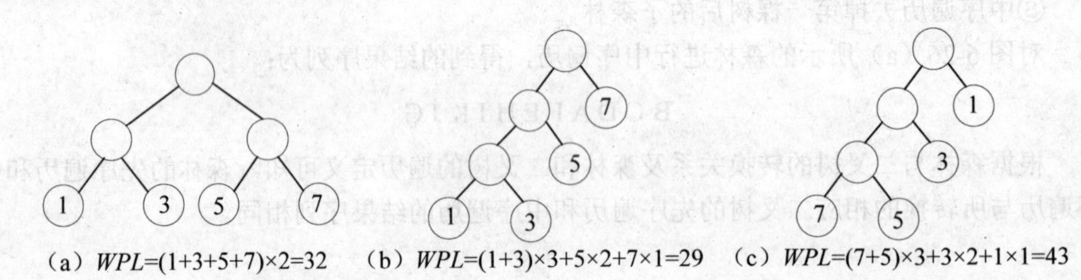

（a）WPL=(1+3+5+7)×2=32　（b）WPL=(1+3)×3+5×2+7×1=29　（c）WPL=(7+5)×3+3×2+1×1=43

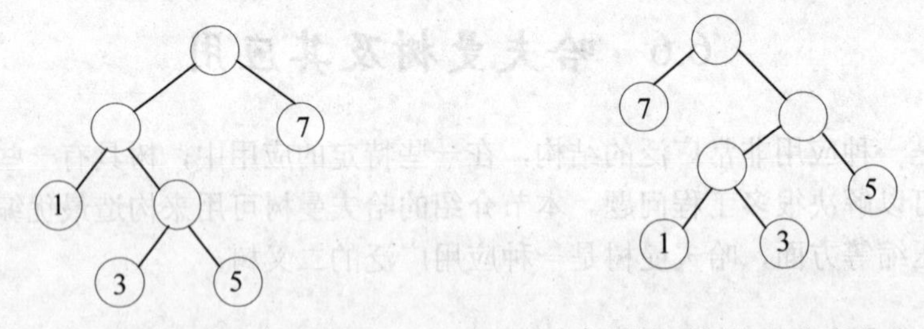

（d）WPL=(3+5)×3+1×2+7×1=33　　（e）WPL=(3+1)×3+5×2+7×1=29

图 6-28　具有不同带权路径长度的二叉树

哈夫曼树中具有不同权值的叶子节点的分布有什么特点呢？如图 6-28 所示，可以发现，在哈夫曼树中，权值越大的节点离根节点越近。

6.6.2　构造哈夫曼树

根据哈夫曼树的定义，一棵二叉树要使其 *WPL* 值最小，必须使权值越大的叶子节点越靠近根节点，而权值越小的叶子节点越远离根节点。

1. 哈夫曼树的构造过程

构造哈夫曼树的算法步骤如下。

（1）根据给定的 n 个权值$\{w_1,w_2,\cdots,w_n\}$，构造 n 棵只有根节点的二叉树，这 n 棵二叉树构成一个森林 F。

（2）在 F 中选取根节点的权值最小和次小的两棵二叉树作为左、右子树，构造一棵新的二叉树，这棵新的二叉树根节点的权值为其左、右子树根节点的权值之和。

（3）在森林 F 中删除作为左、右子树的两棵二叉树，并将新建立的二叉树加入到 F 中。

（4）依次重复第 2、3 步，当 F 中只剩下一棵二叉树时，这棵二叉树便是所要建立的哈夫曼树。

在构造哈夫曼树时，首先选择权值小的节点，这样能保证权值大的节点离根节点较近。在计算树的带权路径长度时，这种生成算法就是一种典型的贪心法。

由叶子节点权值集合 $W=\{1,3,5,7\}$构造哈夫曼树的过程如图 6-29 所示。

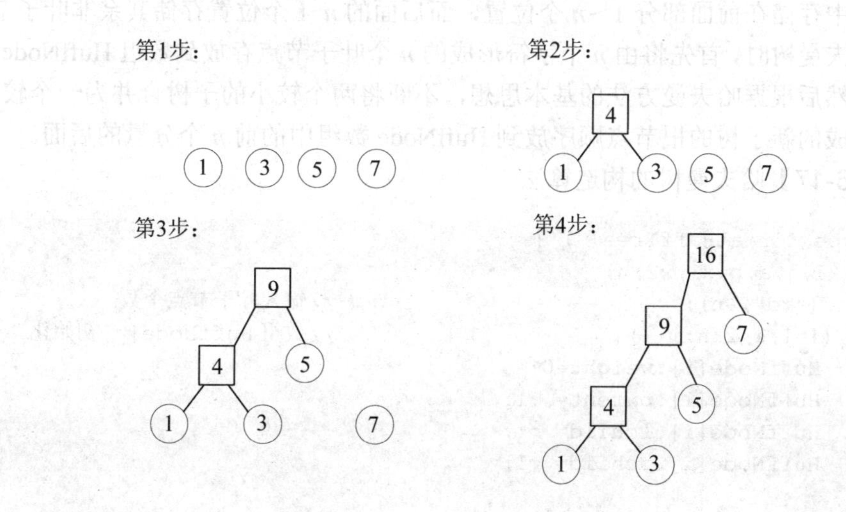

图 6-29　哈夫曼树的建立过程

可以计算出其 *WPL*=29，由此可见，对于同一组给定叶子节点所构造的哈夫曼树，树的形状可能不同，但带权路径长度值是相同的，一定是最小的。

2. 哈夫曼算法的实现

为了方便操作，用静态链表作为哈夫曼树的存储结构。

在构造哈夫曼树时，由于哈夫曼树中没有度为 1 的节点，根据二叉树的性质可知，具有 n 个叶子节点的哈夫曼树共有 $2n-1$ 个节点，设置一个大小为 $2n-1$ 的结构数组 HuffNode 保存哈夫曼树中各节点的信息。节点的结构形式如图 6-30 所示。

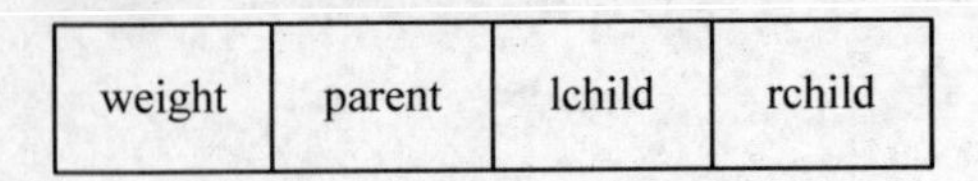

图 6-30　哈夫曼树节点的形式

图 6-30 中，weight 域保存节点的权值，lchild 和 rchild 域分别保存该节点的左、右孩子节点在数组 HuffNode 中的序号，从而建立起节点之间的关系。为了判定一个节点是否已加入到要建立的哈夫曼树中，可通过 parent 域的值来确定。初始时 parent 域的值为-1，当节点加入到树中时，该节点 parent 域的值为其双亲节点在数组 HuffNode 中的序号。

用静态三叉链表实现哈夫曼树类型定义如下。

```
#define MAXLEAF  10
#define MAXNODE  MAXLEAF*2-1
typedef  struct {
    int weight;                                    //权值
    int parent,lchild, rchild;
}HNodeType;
HNodeType  HuffNode[MAXNODE+1];
```

为了实现方便，数组的 0 号位置不使用，从 1 号位置开始，所以数组的大小为 2*n*。将叶子节点集中存储在前面部分 1～*n* 个位置，而后面的 *n*-1 个位置存储其余非叶子节点。

构造哈夫曼树时，首先将由 *n* 个字符形成的 *n* 个叶子节点存放到数组 HuffNode 的前 *n* 个分量中，然后根据哈夫曼方法的基本思想，不断将两个较小的子树合并为一个较大的子树，每次构成的新子树的根节点顺序放到 HuffNode 数组中的前 *n* 个分量的后面。

【算法 6-17】哈夫曼树的构造算法

```
HNodeType *CreatHaffTree( ) {
    int  i,j,a,b,x1,x2,n;
    scanf("%d",&n);                              //输入叶子节点个数
    for (i=1;i<2*n;i++){                         //数组 HuffNode[ ]初始化
        HuffNode[i].weight=0;
        HuffNode[i].parent= -1;
        HuffNode[i].lchild= -1;
        HuffNode[i].rchild= -1;
    }
   printf("请按顺序输入叶子节点的权值:\n");
   for(i=1;i<=n;i++){
     printf("第%d 个叶子节点的权值是:",i);
     scanf("%d",& HuffNode[i].weight );           //输入 n 个叶子节点的权值
     }
   for(i=n+1;i<2*n;i++){                          //构造哈夫曼树
     a= b=MAXVALUE;
     x1=x2=0;
     for(j=1;j<=i-1;j++){                         //选取最小和次小两个权值
        if(HuffNode[j].parent==-1&&HuffNode[j].weight<a){
        b=a;
        x2=x1;
```

```
            a=HuffNode[j].weight;
            x1=j;
            }
        else
            if(HuffNode[j].parent==-1&&HuffNode[j].weight<b){
                b=HuffNode[j].weight;
                x2=j;
            }
        }
      HuffNode[x1].parent=i;                    //将找出的两棵子树合并
      HuffNode[x2].parent=i;
      HuffNode[i].weight=HuffNode[x1].weight+HuffNode[x2].weight;
      HuffNode[i].lchild=x1;
      HuffNode[i].rchild=x2;
      }
   return HuffNode;
   }
```

图 6-29 所示的哈夫曼树的 HuffNode 终结状态如表 6-2 所示。

表 6-2 哈夫曼树的 HuffNode 终结状态

节点 i	weight	parent	lchild	rchild
1	7	7	-1	-1
2	5	6	-1	-1
3	3	5	-1	-1
4	1	5	-1	-1
5	4	6	4	3
6	9	7	5	2
7	16	-1	1	6

6.6.3 哈夫曼编码

哈夫曼树在通信、编码和数据压缩等技术领域有着广泛的应用。

1. 哈夫曼编码的主要思想

在数据通信中，经常需要将传送的文字转换成由二进制数 0、1 组成的二进制串，称为编码。

例如，假设要传送的电文为 ABACCDA，电文中只含有 A、B、C、D 字符，只需要用两位二进制数进行编码即可识别。如给每个字符设计等长的两位二进制编码：

A: 00　　B: 01　　C: 10　　D: 11

用此编码对上述电文进行编码所建立的代码为 00010010101100，长度为 14。对方接收时，可按两位一分进行译码。

如果在编码时考虑字符出现的频率，让出现频率高的字符采用尽可能短的编码，出现频率低的字符采用稍长的编码，构造一种不等长编码，则电文的代码就可能更短。

如给每个字符设计不等长编码：

A：0　　　B：00　　　C：1　　　D：01

用此编码对上述电文进行编码所建立的代码为 000011010，但是这样的报文却无法翻译，因为传送过去的代码的前 4 位“0000”就有多种译法，或是“AAAA”，也可是“BB”，或是“ABA”等。这样的编码不能保证译码的唯一性，称为具有二义性的译码。

因此，若要设计不等长编码，必须满足一个条件：任何一个字符的编码都不是另一个字符的编码的前缀，称为前缀编码。

哈夫曼编码就是前缀编码，因为在哈夫曼树中，每个字符节点都是叶节点，它们不可能在根节点到其他字符节点的路径上，所以一个字符的哈夫曼编码不可能是另一个字符的哈夫曼编码的前缀，从而保证了译码的非二义性。

哈夫曼树可用于构造使电文的编码总长最短的编码方案。

具体做法如下：设需要编码的字符集合为$\{d_1,d_2,\cdots,d_n\}$，其在电文中出现的次数或频率集合为$\{w_1,w_2,\cdots,w_n\}$，以 d_1，d_2，…，d_n 作为叶子节点，w_1，w_2，…，w_n 作为它们的权值，构造一棵哈夫曼树，规定哈夫曼树中的左分支代表 0，右分支代表 1，则从根节点到每个叶子节点所经过的路径分支组成的 0 和 1 的序列为该节点对应字符的编码，称为哈夫曼编码。

例如，对图 6-29 所得到的哈夫曼树进行编码的过程如图 6-31 所示。其中权值为 7 的字符编码为 1，权值为 5 的字符编码为 01，权值为 3 的字符编码为 001，权值为 1 的字符编码为 000。可看出，权值越大编码长度越短，权值越小编码长度越长。

2. 哈夫曼编码的算法实现

实现哈夫曼编码的算法可分为两大部分。第一部分，构造哈夫曼树；第二部分，在哈夫曼树上求叶节点的编码。

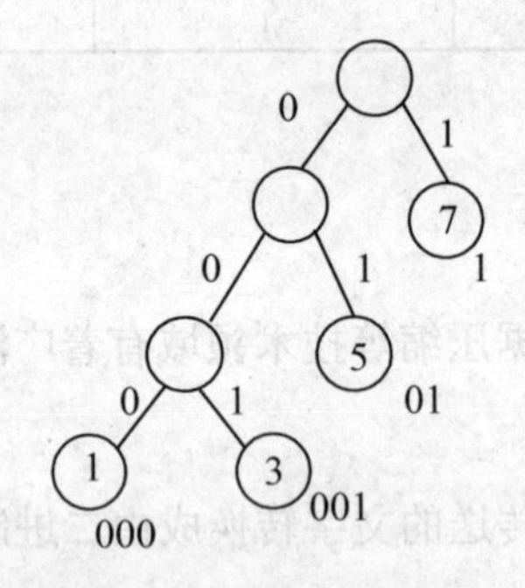

图 6-31　哈夫曼编码示例

求哈夫曼编码，实质上就是在已建立的哈夫曼树中，从叶子节点开始，沿节点的双亲链域退回到根节点，每退回一步，就走过了哈夫曼树的一个分支，从而得到一位哈夫曼码值。

由于一个字符的哈夫曼编码是从根节点到相应叶子节点所经过的路径上各分支所组成的 0、1 序列，因此先得到的分支代码为所求编码的低位码，后得到的分支代码为所求编码的高位码，即生成的编码与要求的编码反序。

【算法 6-18】哈夫曼编码算法

```
#define  MAXBIT  8                          //定义哈夫曼编码的最大长度
typedef  struct{
    int bit[MAXBIT];                        //存放当前节点的哈夫曼编码
    int start;
}HCodeType;
HCodeType HuffCode[MAXBIT];                 //存放哈夫曼编码
HNodeType HuffNode[MAXNODE+1];
void HaffmanCode( ){                        //构造哈夫曼编码
    HCodeType cd;
    int  i,j,c,p;
    HuffNode=HuffmanTree();                 //建立哈夫曼树
        for(i=1;i<=n;i++){                  //求每个叶子节点的哈夫曼编码
            cd.start=n;
            c=i;
            p=HuffNode[c].parent;
            while (p!=-1){                  //由叶子节点向上直到树根
                if(HuffNode[p].lchild==c)   //处理左孩子
                    cd.bit[cd.start]=0;
                else
                    cd.bit[cd.start]=1;
                cd.start--;
                c=p;
                p=HuffNode[c].parent;
            }
            for(j=cd.start+1;j<=n;j++)  //存求出的叶子节点的哈夫曼编码和编码的
                                        起始
                HuffCode[i].bit[j]=cd.bit[j];
            HuffCode[i].start=cd.start+1;
        }
        for(i=1;i<=n;i++)                   //输出每个叶子节点的哈夫曼编码
            for (j=HuffCode[i].start;j<=n;j++)
                printf("%d",HuffCode[i].bit[j]) ;
            printf("\n");
    }
```

6.7 本章小结

本章介绍树结构，树结构是最重要的非线性结构，注意树结构与线性结构的差别。通过本章内容的学习，要求掌握二叉树的性质和存储结构，熟练掌握二叉树的先序、中序、后序遍历算法，理解线索二叉树的基本概念和构造方法。熟练掌握哈夫曼树和哈夫曼编码的构造方法。掌握森林与二叉树之间的相互转换方法。

1. 树的逻辑结构

树中每个节点有且仅有一个直接前驱（除了根节点无前驱）和多个直接后继，其中二叉树是直接后继个数最多为2的树。

2. 树的存储结构

二叉树有顺序存储与链式存储两种存储结构。顺序存储就是把二叉树的所有节点按层次顺序存储到连续的存储单元中，这种存储结构更适用于完全二叉树。链式存储又称二叉链表，每个节点包括两个指针，分别指向其左孩子和右孩子。链式存储是二叉树常用的存储结构。

树的存储结构有三种方式：双亲表示法、孩子表示法和孩子兄弟表示法。孩子兄弟表示法是常用的表示法，任意一棵树都能通过孩子兄弟表示法转换为二叉树进行存储。森林与二叉树之间也存在相应的转换方法。

3. 树的运算

二叉树的遍历算法是其他运算的基础，通过遍历得到二叉树中节点访问的线性序列，实现了非线性结构的线性化。根据访问节点的次序不同可得三种遍历：先序遍历、中序遍历、后序遍历，时间复杂度均为$O(n)$。

学习递归实现在二叉树遍历中的重要作用，明确递归到非递归的转换，注意理解遍历应用。

掌握哈夫曼树的概念，应用哈夫曼树构造哈夫曼编码。

习　题

1. 分析树结构的特征，并举例说明其实际的应用。
2. 试分别画出具有3个节点的树和3个节点的二叉树的所有不同形态。
3. 一棵度为2的树与一棵二叉树有何区别？
4. 选择题。

（1）树中所有节点的度等于所有节点数加（　　）。

A. 0　　B. 1

C. −1　　D. 2

（2）在一棵树中，（　　）没有前驱节点。

A. 树枝节点　　B. 叶子节点

C. 树根节点　　D. 空节点

（3）在一棵树中，每个节点最多有（　　）个前驱节点。

A. 0　　B. 1

C. 2　　D. 任意多个

（4）在一个二叉链表中，空指针域数等于非空指针域数加（　　）。

A. 2　　B. 1

C. 0　　D. −1

（5）在一棵具有n个节点的二叉树中，所有节点的空子树个数等于（　　）。

A．n　　B．$n-1$
C．$n+1$　　D．$2n$

（6）在一棵具有 n 个节点的二叉树的第 i 层上，最多具有（　　）个节点。
A．2^i　　B．2^{i+1}
C．2^{i-1}　　D．2^n

（7）在一棵具有 35 个节点的完全二叉树中，该树的深度为（　　）。
A．6　　B．7
C．5　　D．8

（8）利用 n 个值造成的哈夫曼树中共有（　　）个节点。
A．n　　B．$n+1$
C．$2n$　　D．$2n-1$

（9）把一棵树转换为二叉树后，这棵二叉树的形态是（　　）。
A．唯一的　　B．有多种，但根节点都没有左孩子
C．有多种　　D．有多种，但根节点都没有右孩子

（10）引入二叉线索树的目的是（　　）。
A．为了能方便地找到双亲　　B．加快查找节点的前驱或后继的速度
C．使二叉树的遍历结果唯一　　D．为了能在二叉树中方便地进行插入与删除

5. 填空题。

（1）在一棵树中，__________节点没有前驱节点，其余每个节点有且只有一个__________，可以有任意多个__________节点。

（2）对于一棵具有 n 个节点的树，该树中所有节点的度数之和为__________。

（3）一棵深度为 5 的完全二叉树中的节点数最少为__________个，最多为__________个。

（4）一棵完全二叉树上有 1001 个节点，其中叶子节点的个数是__________。

（5）利用二叉链表存储一般树，则根节点的右指针是__________。

（6）用 4 个权值{3,2,4,1}构造的哈夫曼（Huffman）树的带权路径长度是__________。

6. 画出和下列已知序列对应的二叉树。

（1）二叉树的先序访问序列为：GFKDAIEBCHJ。

（2）二叉树的中序访问序列为：DIAEKFCJHBG。

7. 画出和下列已知序列对应的二叉树。

（1）二叉树的后序访问序列为：CFEGDBJLKIHA。

（2）二叉树的中序访问序列为：CBEFDGAJIKLH。

8. 画出和下列已知序列对应的二叉树。

（1）二叉树的层次访问序列为：ABCDEFGHIJ。

（2）二叉树的中序访问序列为：DBGEHJACIF。

9. 给定一棵用二叉链表表示的二叉树，其根指针为 root。试写出求二叉树节点的数目的算法（递归算法或非递归算法）。

10. 设计一个算法，要求该算法把二叉树的叶子按从左至右的顺序链成一个单链表。二叉树按二叉链表方式存储，链接时用叶子的 rchild 域存放链指针。

11. 给定一棵用二叉链表表示的二叉树，其根指针为 root。试写出求二叉树的深度的算法。

12. 给定一棵用二叉链表表示的二叉树，其根指针为 root。试写出求二叉树各节点的层数的算法。

13. 给定一棵用二叉链表表示的二叉树，其根指针为 root。试写出将二叉树中所有节点的左、右子树相互交换的算法。

14. 假设用于通信的电文仅由 8 个字母组成，字母在电文中出现的频率分别为 0.07，0.19，0.02，0.06，0.32，0.03，0.21，0.10。

（1）试为这 8 个字母设计哈夫曼编码。

（2）使用 0~7 的二进制表示的等长编码方案。

（3）对于上述实例，比较两种方案的优缺点。

15. 画出和下列二叉树相应的森林。

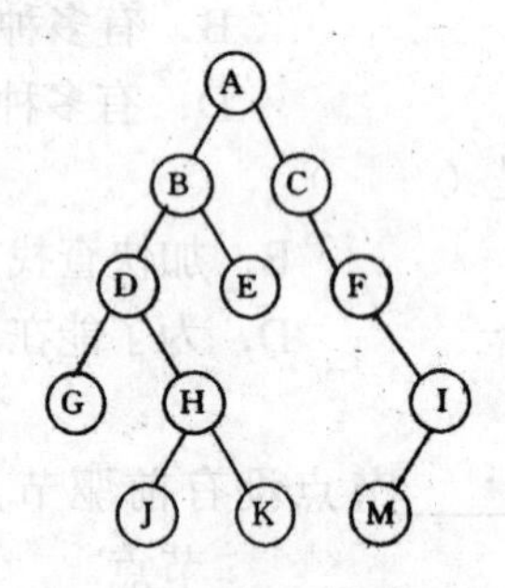

编 程 实 例

二叉树的应用实现。

编程目的：掌握二叉树的逻辑结构和存储结构，熟练掌握二叉树的相关运算。

问题描述：采用二叉链表存储二叉树，并对二叉树进行如下操作。建立一棵二叉树；遍历二叉树；求二叉树的深度（高度）；输出二叉树的所有节点及个数；输出二叉树的所有叶子节点及个数；输出二叉树等。

源程序代码如下：

```
#include <stdio.h>
#include <stdlib.h>
typedef struct BTNode   {                        //二叉链表的存储结构
      char data;                                 //二叉树节点中的数据域
      struct BTNode *lchild , *rchild;           //二叉树节点的左孩子和右孩子
}BTNode ,*BiTree;
void CreateBitree (BiTree &T) {                  //先序建立二叉树
     char ch;
      scanf("%c",&ch);
      if(ch=='#')
         T=NULL;
```

```
        else    {
                T = (BTNode *)malloc (sizeof(BTNode));
                T->data=ch;
                CreateBitree(T->lchild);
                CreateBitree(T->rchild);
        }
}
void PreOrder(BiTree T) {                          //先序遍历二叉树
        if(T) {
                printf("%c",T->data);
                PreOrder(T->lchild);
                PreOrder(T->rchild);
        }
}
void MidOrder(BiTree T) {                          //中序遍历二叉树
        if(T) {
                MidOrder(T->lchild);
                printf("%c",T->data);
                MidOrder(T->rchild);
        }
}
void PostOrder(BiTree T){                          //后序遍历二叉树
       if(T) {
                PostOrder(T->lchild);
                PostOrder(T->rchild);
                printf("%c",T->data);
        }
}
int Count(BTNode *p) {                             //求二叉树中所有节点的个数
        int m,n;
        if(!p)
                return 0;
        if(!p->lchild && !p->rchild)
                return 1;
        else {
                m=Count(p->lchild);
                n=Count(p->rchild);
                return m+n+1;
        }
}
int CountLeaf(BTNode *p){                          //二叉树中所有叶子节点的个数
        int m;
        if(p==NULL)
                m=0;
        else
                if(p->lchild==NULL && p->lchild==NULL)
                        m=1;
                else
                        m=CountLeaf(p->lchild)+CountLeaf(p->rchild);
        return m;
```

```
}
int BiTreeDepth(BTNode *p) {
        int ldep,rdep;
        if(p==NULL)
               return 0;                    //空树的高度为0
        else  {
               ldep=BiTreeDepth(p->lchild);  //求左子树的高度为ldep
               rdep=BiTreeDepth(p->rchild);  //求右子树的高度为rdep
               if(ldep>rdep)
                       return ldep+1;
               else
                       return rdep+1;
        }
}
void Searchlev(BTNode *T,int p) {
        if(T!=NULL) {
               p=p+1;
               printf("%c节点层次为:%d\n",T->data,p);
               Searchlev(T->lchild,p);
               Searchlev(T->rchild,p);
        }
}
void index()  {                                //子菜单
        printf("功能如下:\n");
        printf("\t1.先序创建二叉树\n");
        printf("\t2.求二叉树节点总数\n");
        printf("\t3.求二叉树叶子总数\n");
        printf("\t4.求二叉树树的高度\n");
        printf("\t5.求二叉树节点所在层次\n");
        printf("\t6.先序遍历\n");
        printf("\t7.中序遍历\n");
        printf("\t8.后序遍历\n");
        printf("\t0.退出系统\n");
}
int main( ){
        BiTree Tree;
        int p=0,x;
        int lev=0,count=0,lcount=0,depth=0;
        while(1) {
               system("cls");
               index();
               printf("请输入你需要的功能:");
               scanf("%d",&x);
               switch(x) {
               case 1:printf("\n输入字符，先序建立二叉树：\n(空节点用'#'代替)");
                       CreateBitree(Tree);
                       break;
                case 2:count=Count(Tree);
                       printf("\n二叉树节点总数:%d\n",count);
                       break;
```

```
            case 3:lcount=CountLeaf(Tree);
                   printf("\n二叉树叶子总数:%d\n",lcount);system("pause");
                   break;
            case 4:depth=BiTreeDepth(Tree);
                   printf("\n二叉树树的高度:%d\n",depth);
                   break;
            case 5:printf("\n所有数据的层次:\n");
                   Searchlev(Tree,p);
                   break;
            case 6:printf("\n二叉树的先序遍历为：\n");
                   PreOrder(Tree);printf("\n");
                    break;
            case 7:printf("\n二叉树的中序遍历为：\n");
                   MidOrder(Tree);printf("\n");
                   break;
            case 8:printf("\n二叉树的后序遍历为：\n");
                   PostOrder(Tree);printf("\n");
                   break;
         default : return 0;                    //退出系统
          }
    }
```

第 7 章

图

一切尽在图结构

图的应用非常广泛，可以用图来表示物体的外形、城市的布局、经济的增长、程序的流程，甚至心情的好坏。自然界的很多现象都可以抽象成一个图结构，计算机网络可以抽象成一张网络图，设计程序时会画一张流程图，航空公司的航班线路也是一张图，旅游公司的行程线路也是一张图，有机化学的分子式也可用图来表示，图无处不在。图是一种比线性表和树更为复杂的数据结构，在图结构中，节点之间的关系可以是任意的，任意两个数据元素之间都可能相关，所以图结构被用于描述各种复杂的数据对象。

本章知识要点：

- 图的定义
- 图的存储结构
- 图的遍历
- 图的应用

7.1 图的定义与基本术语

7.1.1 图的定义

图 G 是由两个集合 V 和 E 组成的，记为 $G=(V,E)$，其中 V 是顶点的非空有穷集合，E 是 V 中顶点的偶对有穷集合，这些顶点偶对称为边。V 和 E 分别表示图 G 的顶点集合和边集合，E 可为空集。若 E 为空集，则图 G 只有顶点而没有边。

其形式化定义为：

$$G=(V,E)$$

$$V=\{v_i \mid v_i \in \text{dataObject}\}$$

$$E=\{(v_i,v_j) \mid v_i,v_j \in V \wedge P(v_i,v_j)\}(i=1,2,3,\cdots,n)(j=1,2,3,\cdots,n)$$

其中 dataObject 为一个集合，该集合中的所有元素具有相同的特性。V 是图 G 中顶点的集合，E 是图 G 中边的集合，集合 E 中 $P(v_i,v_j)$ 表示顶点 v_i 和顶点 v_j 之间有一条直接连线。

对于图 G，若边的集合 E 为有向边的集合，则称该图为有向图；若边的集合 E 为无向边的集合，则称该图为无向图。

在有向图中，顶点对用一对尖括号括起来，即 $\langle x,y\rangle$，是有序的，x 是有向边的始点，y 是有向边的终点 $\langle x,y\rangle$ 称为从顶点 x 到顶点 y 的一条有向边。$\langle x,y\rangle$ 和 $\langle y,x\rangle$ 是不同的两条边。$\langle x,y\rangle$ 称为一条弧，x 为弧尾，y 为弧头。

有无向图中，顶点对 (x,y) 用一对圆括号括起来是无序的，称为与顶点 x 和顶点 y 相关联的一条边。这条边没有特定的方向，(x,y) 与 (y,x) 是同一条边。

一个有向图和一个无向图的示例如图 7-1 所示。

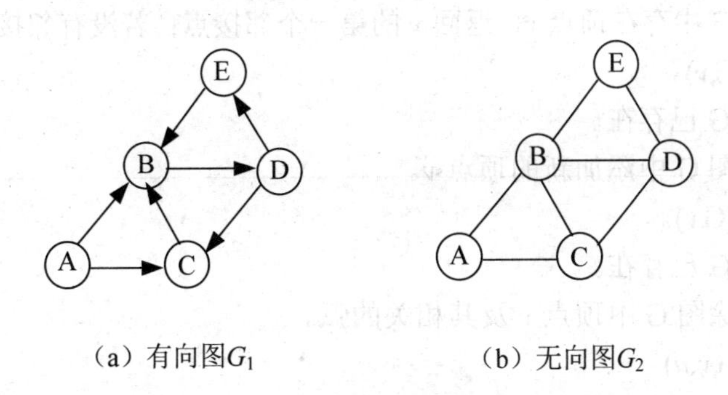

(a) 有向图 G_1　　(b) 无向图 G_2

图 7-1 图的示例

图是一种数据结构，图的基本操作主要有创建、插入、删除、查找等。从图的逻辑结构定义可知，无法将图中的顶点排列成一个唯一的线性序列。在图中，可将任一个顶点看成是图的第一个顶点，同理，对于任一个顶点而言，其邻接点之间也不存在顺序关系。但为了便于对图进行操作，需要将图中的顶点按任意序列排列起来。

下面给出图的抽象数据类型定义。

ADT Graph{

数据元素：V是具有相同特性的数据元素的集合，称为顶点集。

数据关系：R={V_R}

$$V_R=\{<x,y>|P(x,y)\Lambda(x,y\in \mathrm{V})\}$$

基本操作：

（1）CreateGraph(G)。

初始条件：已知图G不存在。

操作结果：创建图G。

（2）DestroyGraph(G)。

初始条件：图G已存在。

操作结果：销毁图G。

（3）LocateVex(G,*v*)。

初始条件：图G已存在。

操作结果：若G中存在顶点*v*，则返回该顶点在图中的位置；否则返回其他信息。

（4）GetVex(G,*v*)。

初始条件：图G已存在。

操作结果：若G中存在顶点*v*，则返回*v*的值。

（5）PutVex(G,*v*,value)。

初始条件：图G已存在。

操作结果：若G中存在顶点*v*，对*v*赋值value。

（6）FirstAdjVex(G,*v*)。

初始条件：图G已存在。

操作结果：若G中存在顶点*v*，返回*v*的第一个邻接点；若没有邻接点，则返回“空”。

（7）InsertVex(G,*v*)。

初始条件：图G已存在。

操作结果：在图G中添加新的顶点*v*。

（8）DeleteVex(G,*v*)。

初始条件：图G已存在。

操作结果：删除图G中顶点*v*及其相关的弧。

（9）InsertArc(G,*v*,*u*)。

初始条件：图G已存在。

操作结果：在图G中增加一条从顶点*v*到顶点*u*的边或弧。

（10）DeleteVex(G,*v*,*u*)。

初始条件：图G已存在。

操作结果：删除图G中从顶点*v*到顶点*u*的边或弧。

（11）DFSTraverse(G)。

初始条件：图 G 已存在。

操作结果：对图进行深度优先搜索，在遍历过程中对每个顶点访问一次。

（12）BFSTraverse(G)。

初始条件：图 G 已存在。

操作结果：对图进行广度优先搜索，在遍历过程中对每个顶点访问一次。

} ADT　Graph；

7.1.2　基本术语

用 n 表示图中的顶点个数，用 e 表示图中边的数目，下面讨论图结构中的一些基本术语。

1.　完全图、稀疏图与稠密图

对于无向图，如果任意两顶点都有一条边直接连接，则称该图为无向完全图。可以证明，在一个含有 n 个顶点的无向完全图中，有 $n(n-1)/2$ 条边。

对于有向图，如果任意两顶点之间都有方向互为相反的两条弧相连接，则称该图为有向完全图。在一个含有 n 个顶点的有向完全图中，有 $n(n-1)$条弧。

若一个图接近完全图，则称为稠密图；边数很少的图称为稀疏图。

2.　子图

设有两个图 $G=(V, E)$ 和 $G_1=(V', E')$，如果 $V'\subseteq V$，$E'\subseteq E$，则称图 G_1 是 G 的一个子图。图 7-1 中 G_1 和 G_2 的子图如图 7-2 所示。

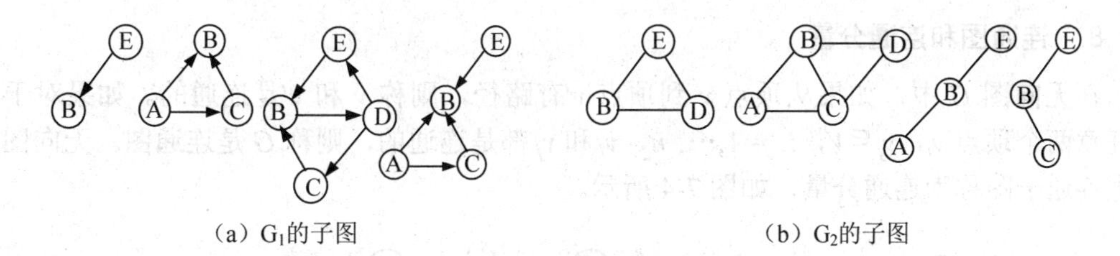

（a）G_1的子图　　（b）G_2的子图

图 7-2　子图示例

3.　权和网

在实际应用中，图的边或弧往往与具有一定意义的数值有关，即每一条边都有与它相关的数，称为权，这些权可以表示从一个顶点到另一个顶点的距离或耗费等信息。例如，在一个反映城市交通线路的图中，边上的权值可以表示该条线路的长度或者等级；对于一张电子线路图，边上的权值可以表示两个端点之间的电阻、电流或电压值。这种带权的图通常称为网，如图 7-3 所示。

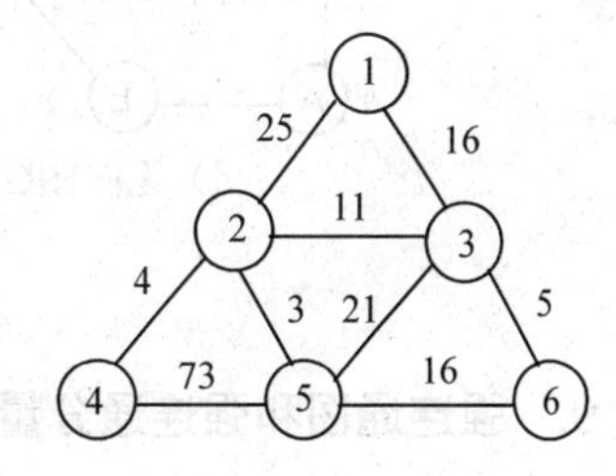

图 7-3　带权图示例

4. 邻接点

对于无向图 $G=(V, E)$，如果边 $(v,v')\in E$，则称顶点 v 和 v' 互为邻接点，即 v 和 v' 相邻接。边 (v, v') 依附于顶点 v 和 v'，或者说边 (v, v') 与顶点 v 和 v' 相关联。

5. 度、入度和出度

顶点的度是指依附于某顶点 v 的边数，通常记为 TD(v)。在有向图中，要区别顶点的入度与出度的概念。顶点 v 的入度是指以顶点 v 为终点的弧的数目，记为 ID(v)；顶点 v 的出度是指以顶点 v 为始点的弧的数目，记为 OD(v)。顶点 v 的度为 TD(v)=ID(v)+OD(v)。

可以证明，对于具有 n 个顶点，e 条边的图，顶点 v_i 的度 TD(v_i)与顶点的个数及边的数目满足如下关系：

$$e=\frac{1}{2}(\sum_{i=1}^{n}\mathrm{TD}(v_i)) \quad i=1,\cdots,n$$

6. 路径和路径长度

在无向图 G 中，从顶点 v 到顶点 v' 的路径是一个顶点序列（$v=v_{i,0},v_{i,1},\cdots,v_{i,m}=v'$）$i=1,\cdots,n$，其中 $(v_{i,j-1},v_{i,j})\in E$，$1\leqslant j\leqslant m$。在有向图 G 中，其路径也是有向的，顶点序列应满足 $<v_{i,j-1}, v_{i,j}>\in E$，$1\leqslant j\leqslant m$。路径长度是一条路径上经过的边或弧的数目。

7. 回路、简单路径和简单回路

若一条路径的始点和终点是同一个点，则该路径为回路或者环；若路径中的顶点不重复出现，则该路径称为简单路径；除第一个顶点与最后一个顶点之外，其他顶点不重复出现的回路称为简单回路，或者简单环。

8. 连通图和连通分量

在无向图 G 中，如果从顶点 v 到顶点 v' 有路径，则称 v 和 v' 是连通的。如果对于图中任意两个顶点 v_i，$v_j\in V$，$i, j=1,\cdots, n$，v_i 和 v_j 都是连通的，则称 G 是连通图。无向图的极大连通子图称为连通分量，如图 7-4 所示。

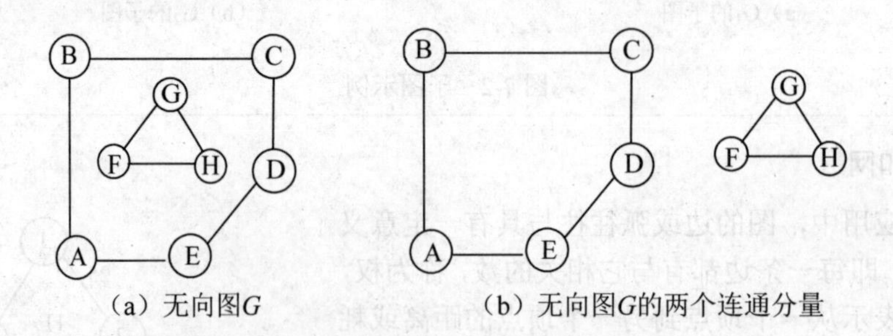

图 7-4 无向图及其连通分量

9. 强连通图和强连通分量

在有向图 G 中，若图中任意一对顶点 v_i，v_j $i, j=1,\cdots, n$，$\in V$，$v_i\neq v_j$，从 v_i 到 v_j 和从 v_j 到 v_i 都存在路径，则称 G 是强连通图。有向图的极大强连通子图称为强连通分量，如图 7-5 所示。

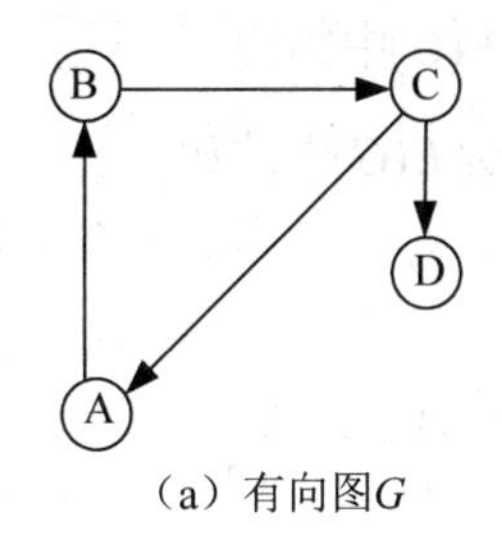

（a）有向图G

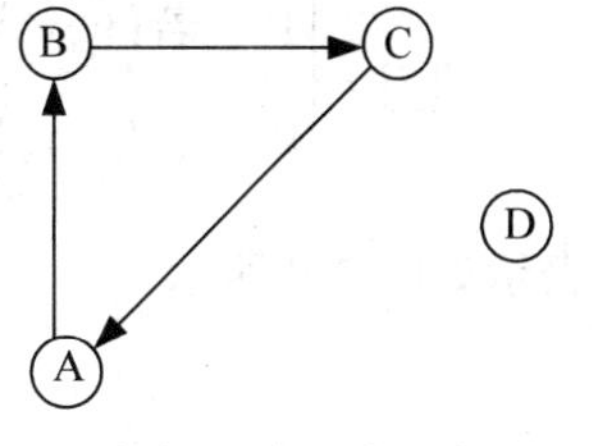

（b）有向图G的两个强连通分量

图 7-5　有向图及其强连通分量

10. 生成树和生成森林

所谓连通图 G 的生成树，是 G 中包含其全部 n 个顶点的一个极小连通子图。它必定包含且仅包含 G 的 $n-1$ 条边。如图 7-6 所示为连通图的生成树。如果在一棵生成树上添加一条边，必定构成一个环，因为新添加的边使其所依附的两个顶点之间有了第 2 条路径。若生成树中减少任意一条边，则必然成为非连通的。

在非连通图中，由每个连通分量都可得到一个极小的连通子图，即一棵生成树。这些连通分量的生成树就组成了一个非连通图的生成森林。

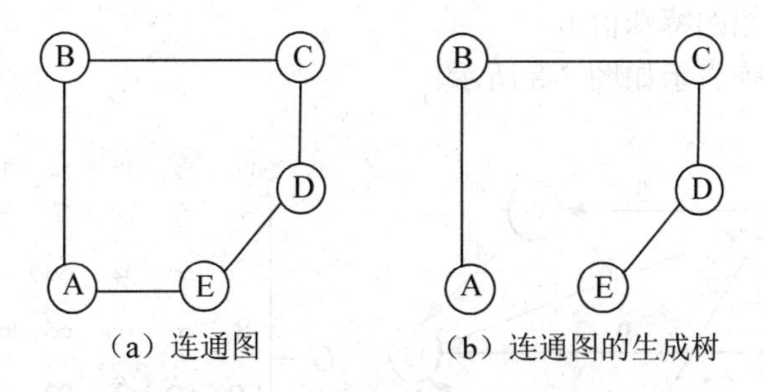

（a）连通图　　（b）连通图的生成树

图 7-6　连通图及其生成树

7.2　图的存储结构

图的结构比较复杂，表现在不仅各个顶点的度可以千差万别，而且顶点之间的逻辑关系也错综复杂。由图的定义可知，一个图的信息包括两部分：图中顶点的信息和图中边或者弧的信息。无论采用何种方法建立图的存储结构，都要完整、准确地反映这两方面的信息。

7.2.1　邻接矩阵

1. 邻接矩阵表示法

邻接矩阵是表示顶点之间相邻关系的矩阵，用一维数组存储图中顶点的信息，用矩阵表示图中各顶点之间的邻接关系。假设图 $G=(V,E)$有 n 个确定的顶点，即 $V=\{v_0,v_1,\cdots,v_{n-1}\}$，则用一个 $n\times n$ 的矩阵 $\boldsymbol{A}$ 表示 G 中各顶点相邻关系，矩阵的元素为：

$$A[i][j]=\begin{cases}1 & 若(v_i,v_j)或\langle v_i,v_j\rangle是E(G)中的边\\0 & 若(v_i,v_j)或\langle v_i,v_j\rangle不是E(G)中的边\end{cases}$$

图的邻接矩阵表示如图 7-7 所示。

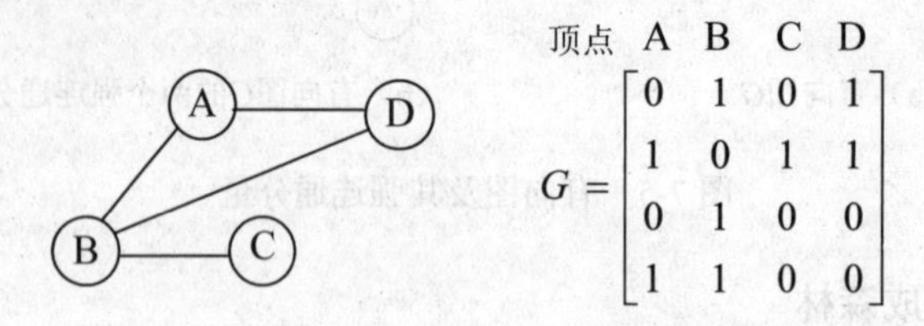

图 7-7　无向图的邻接矩阵表示

若 G 是网，则邻接矩阵 $\boldsymbol{A}$ 可以定义为

$$A[i][j]=\begin{cases}w_{ij} & 若(v_i,v_j)或\langle v_i,v_j\rangle是E(G)中的边\\0或\infty & 若(v_i,v_j)或\langle v_i,v_j\rangle不是E(G)中的边\end{cases}$$

其中，w_{ij} 表示边（v_i,v_j）或 $<v_i,v_j>$ 上的权值；∞表示一个计算机允许的、大于所有边上权值的数（或者是一个其他的特殊值）。

有向网的邻接矩阵表示如图 7-8 所示。

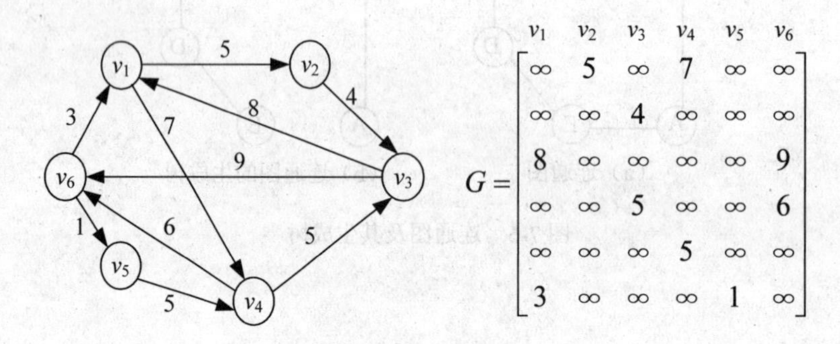

图 7-8　有向网的邻接矩阵表示

2. 邻接矩阵表示法的特点

优点：

（1）用邻接矩阵存储，很容易确定图中任意两个顶点之间是否有边相连。

（2）对于无向图，邻接矩阵的第 i 行（或第 i 列）非零元素（或非∞元素）的个数正好是第 i 个顶点的度 TD(v_i)。

（3）对于有向图，邻接矩阵的第 i 行（或第 i 列）非零元素（或非∞元素）的个数正好是第 i 个顶点的出度 OD(v_i)，或入度 ID(v_i)。

缺点：

（1）不便添加和删除顶点。

（2）不便统计边的数目，要确定图中有多少条边，必须按行和列对每个元素进行扫描，

时间复杂度为 $O(n^2)$。

（3）空间复杂度高。如果是有向图，n 个顶点则需要 n^2 个单元存储边。无向图的邻接矩阵一定是一个对称矩阵。因此，在具体存放邻接矩阵时只需存放上（或下）三角矩阵的元素即可。这样需要 $n(n-1)/2$ 个单元即可，其空间复杂度为 $O(n^2)$。对于稀疏图而言，采用邻接矩阵尤其浪费空间。

3. 创建有向图的邻接矩阵存储

在用邻接矩阵存储有向图时，除了一个用于存储邻接矩阵的二维数组，还需用一个一维数组来存储顶点信息，以及图的顶点数和边数。其形式描述如下。

```
#define MaxVerNum 1000                              //根据实际需要设定的最大顶点数
typedef char VerType;                               //顶点类型设为字符型
typedef int EdgeType;                               //边的权值设为整型
typedef struct{
    VerType vexs[MaxVerNum];                        //顶点表
    EdgeType edges[MaxVerNum][MaxVerNum];           //邻接矩阵，即边表
    int vnum,enum;                                  //顶点数和边数
  }MGragh;                                          //邻接矩阵存储的图类型
```

已知一个有向图的点和边，下面使用邻接矩阵表示法来创建此图的存储结构。

【算法 7-1】 创建一个有向图的邻接矩阵存储的算法

```
void CreateGraph(MGraph *G) {                       //创建有向图 G 的邻接矩阵存储
  int i,j,k;
  char ch;
  printf("请输入顶点数和弧数(输入格式为：顶点数,弧数)：");
  scanf("%d,%d",&G->vnum,&G->enum);                 //输入顶点数和弧数
  printf("请输入顶点信息(输入格式为：顶点号<CR>) ：");
  for(i=0;i<G->vnum;i++)
    scanf("%c",&G-> vexs[i]);                       //输入顶点信息，建立顶点表
  for(i=0;i<G->vnum;i++)
    for(j=0;j<G->vnum;j++)
        G->edges[i][j]=0;                           //初始化邻接矩阵
  printf("请输入每条弧对应的两个顶点的序号(输入格式为：i,j)：");
  for(k=0;k<G->enum;k++) {
    scanf("%d,%d",&i,&j);                           //创建邻接矩阵
    G->edges[i][j]=1;
    }
}
```

该算法的时间复杂度是 $O(n^2)$。将该算法稍做修改即可创建一个有向图或无向图。

7.2.2 邻接链表

1. 邻接表表示法

邻接表是图的一种链式存储结构。在邻接表中，对图中每个顶点 v_i 建立一个单链表，把与 v_i 相邻接的顶点放在这个链表中。邻接表中每个单链表的第一个节点存放有关顶点的

信息，把这个节点看为链表的表头，其余节点存放有关边的信息，因此邻接表由两部分组成：表头节点表和边表。

（1）表头节点表：由所有表头节点以顺序结构的形式存储，方便随机访问任一顶点的边链表。表头节点包括数据域和链域两部分，如图 7-9（a）所示。其中，数据域存储顶点 v_i 的名或其他有关信息；链域用于指向链表中第一个节点（与顶点 v_i 邻接的第一个邻接点）。

（2）边表：由表示图中顶点间关系的边的链表组成。其中边节点包括邻接点域、权值域和链域三部分，如图 7-9（b）所示。

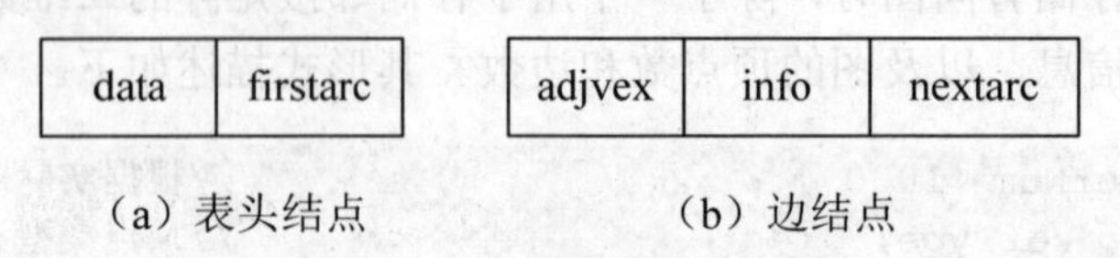

图 7-9　表头节点和边节点

无向图的邻接表表示如图 7-10 所示。

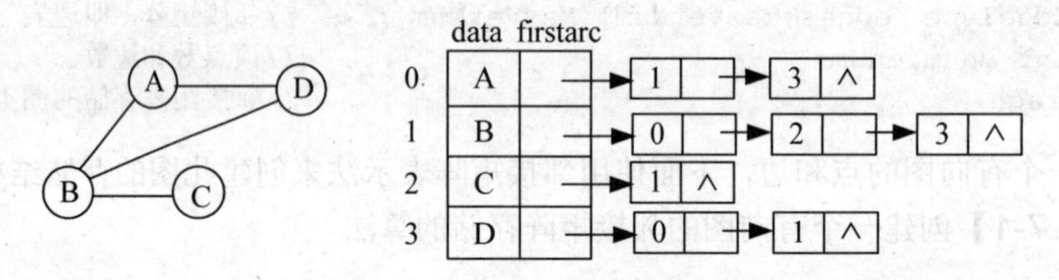

图 7-10　无向图的邻接表表示

在无向图的邻接表中，顶点 v_i 的度恰为第 i 个链表中的节点数；而在有向图中，第 i 个链表中的节点个数只是顶点 v_i 的出度，为求入度，必须遍历整个邻接表，在所有链表中其邻接点域的值为 i 的节点的个数是顶点 v_i 的入度。有时，为了便于确定顶点的入度，可以建立一个有向图的逆邻接表，即对每个顶点 v_i 建立一个以 v_i 为头的弧的链表。有向图的邻接表和逆邻接表表示如图 7-11 所示。

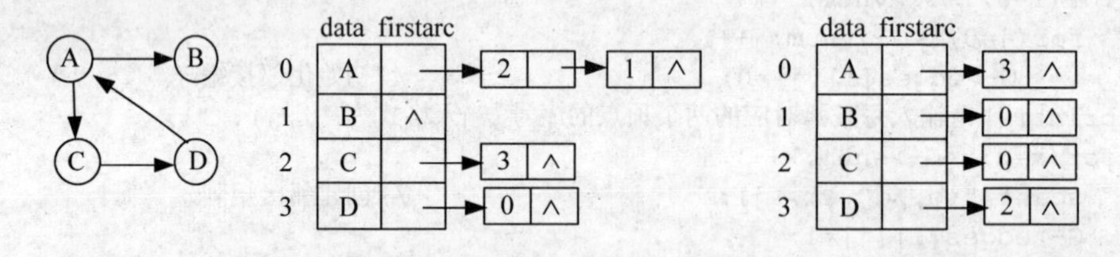

图 7-11　有向图的邻接表和逆邻接表表示

2.　邻接表表示法的特点

优点：

（1）方便增加和删除顶点。

（2）易于统计边的数目，由顶点表顺序扫描边表可得到边数，时间复杂度为 $O(n+e)$。

（3）空间效率高。对于一个具有 n 个顶点 e 条边的图 G，若 G 是无向图，则在其邻接表表示中有 n 个顶点表节点和 $2e$ 个边表节点；若 G 是有向图，则在其邻接表表示或逆邻

接表表示中均有 n 个顶点表节点和 e 个边表节点。因此其空间复杂度为 $O(n+e)$，适合表示稀疏图。

缺点：

（1）不便于判断顶点间是否有边。若要判断，则需要扫描第 i 个边表，最坏情况下时间效率为 $O(n)$。

（2）不便于计算有向图中各个顶点的度。对于无向图，邻接表表示中顶点 v_i 的度是第 i 个边表中的节点个数。在有向图的邻接表中，第 i 个边表中的节点个数是顶点 v_i 的出度，但求入度较困难，需遍历各顶点的边表。

3. 创建有向图的邻接表存储

定义邻接表存储图时，需要先定义其存放顶点的头节点和表示边的边节点。其形式描述如下。

```
#define  MaxVerNum  1000                //根据需要的最大顶点数
typedef  char  VerType;
typedef  struct  ArcNode {              //边节点
   int adjvex;                          //邻接点域
   struct ArcNode *nextarc;             //指向下一个邻接点的指针域
   ElemType  info;                      //权值域
}ArcNode;
typedef  struct {
   VerType data;                        //顶点值
   ArcNode  *firstarc;                  //边表头指针
}VNode,AdjList[MaxVerNum];
typedef VertexNode
typedef  struct {
   AdjList  verlist;                    //邻接表
   int vexnum,arcnum;                   //图的顶点数和边数
}ALGraph;
```

要创建一个图的邻接表的存储结构则需要创建其相应的顶点表和边表，下面以一个有向图为例来说明。

【算法 7-2】 建立一个有向图的邻接表存储的算法

```
void  CreateALGraph(ALGraph *G) {                          //建立有向图的邻接表存储
    int  i,j,k;
    ArcNode  *s;
    prinf("请输入顶点数和弧数(输入格式为: 顶点数,弧数): \n");
    scanf("%d,%d",&G->vexnum,&G->arcnum);             //输入顶点数和弧数
    printf("请输入顶点信息(输入格式为: 顶点号<CR>) : \n");
    for(i=0;i<G->vexnum;i++)  {                        //建立有 n 个顶点的顶点表
        scanf("%c",&G-> AdjList[i].data);              //读入顶点信息
        G->AdjList[i].firstarc=NULL;                   //顶点的边表头指针设为空
        }
    printf("请输入每条弧对应的两个顶点的序号(输入格式为: i,j): ");
    for(k=0;k<G->arcnum;k++)  {                        //建立边表
        scanf("%d,%d",&i,&j);
```

```
        s=new ArcNode;                              //生成新边表节点 s
        s->adjvex=j;
        s->nextarc= G->AdjList[i].firstarc;     //将节点 s 插入到顶点 v_i 的头部
        G->AdjList[i].firstarc=s;
        }
    }
```

该算法的时间复杂度是 $O(n+e)$。将该算法稍做修改即可建立一个有向图或无向图。

需要注意的是，一个图的邻接矩阵表示是唯一的，但其邻接表表示不是唯一的，因为邻接表表示中，各边表节点的链接次序取决于建立邻接表的算法，以及边的输入顺序。

7.2.3 十字链表

十字链表是有向图的另一种链式存储结构，可以看成是邻接表与逆邻接表的结合，即有向图中的每一条弧对应十字链表中的一个弧节点，每个顶点在十字链表中对应顶点节点。这两类节点结构如图 7-12 所示。

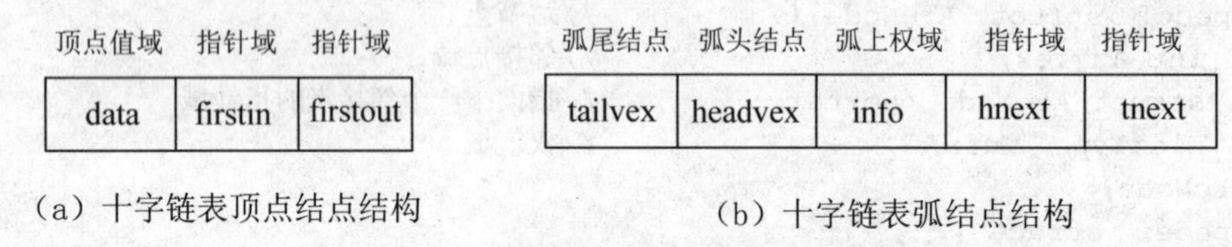

图 7-12 十字链表弧节点、顶点节点结构图

在弧节点中有 5 个域：其中尾域（tailvex）和头域（headvex）分别指示弧尾和弧头这两个顶点在图中的位置，链域 hnext 指向弧头相同的下一条弧，链域 tnext 指向弧尾相同的下一条弧，info 域指向该弧的相关信息。弧头相同的弧在同一链表上，弧尾相同的弧也在同一链表上。它们的头节点即为顶点节点，它由 3 个域组成：data 域存储和顶点相关的信息，如顶点名等；firstin 和 firstout 为两个链域，分别指向以该顶点为弧头或弧尾的第一个弧节点。在十字链表中，弧节点所在的链表非循环链表，节点之间相对位置自然形成，不一定按顶点序号排序；表头节点即顶点节点，才是顺序存储。

若有向图是稀疏图，则其邻接矩阵一定是稀疏矩阵，则十字链表也可以看成是邻接矩阵的链表存储结构。有向图的十字链表如图 7-13 所示。

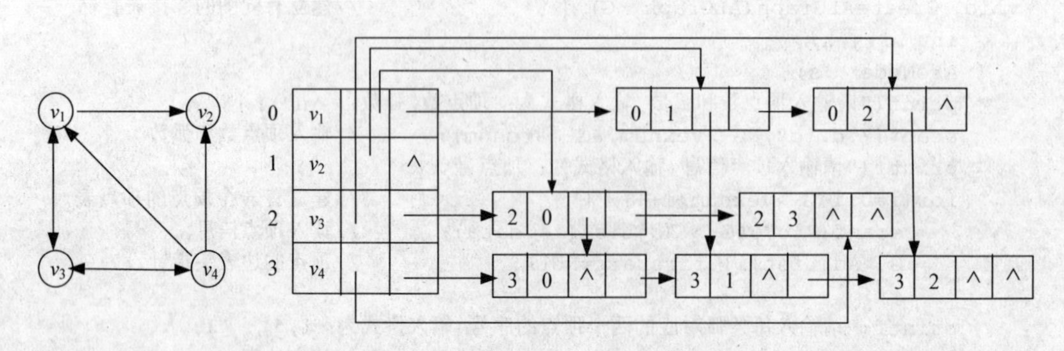

图 7-13 有向图的十字链表示意图

有向图的十字链表结构的形式描述如下。

```
#define  MAX_VER_NUM  100                     //根据需要最大顶点数
typedef  struct  ArcBox  {
     int tailvex,headvex;                     //该弧的尾和头顶点的位置
     struct ArcBox *hnext,*tnext;             //分别为弧头相同和弧尾相同的弧的链域
     InfoType *info;
}ArcBox;
typedef  struct VexNode  {
     VertexType data;
     ArcBox *fisrin,*firstout;                //分别指向该顶点第一条入弧和出弧
}VexNode;
typedef  struct{
     VexNode xlist[MAX_VER_NUM];              //表头向量
     int vexnum,arcnum;                       //有向图的顶点数和弧数
}OLGraph;
```

在十字链表中既容易找到以 v_i 为尾的弧，也容易找到以 v_i 为头的弧，因而容易求得顶点的出度和入度。在某些有向图的应用中，十字链表是很有用的工具。

7.2.4　邻接多重表

邻接多重表是无向图的另一种存储结构。因为，如果用邻接表存储无向图，每条边的两个边节点分别在以该边所依附的两个顶点为头节点的链表中，这给图的某些操作带来不便。比如对已访问过的边做标记，或者要删除图中某一条边，都需要找到表示同一条边的两个节点。因此，在进行这一类操作的无向图的问题中，采用邻接多重表作为存储结构更为适宜。

邻接多重表的存储结构和十字链表类似，也是由顶点表和边表组成的，每一条边用一个节点表示，其顶点表节点结构和边表节点结构如图 7-14 所示。

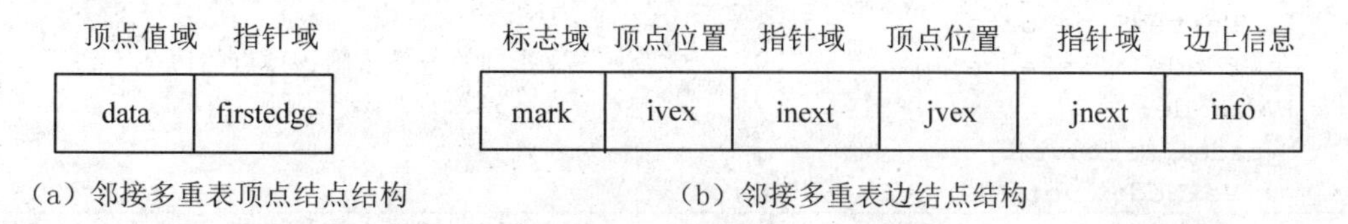

（a）邻接多重表顶点结点结构　　（b）邻接多重表边结点结构

图 7-14　邻接多重表的节点结构

其中，顶点表由两个域组成，data 域存储与该顶点相关的信息，firstedge 域指示第一条依附于该顶点的边。边表节点由 6 个域组成：mark 为标记域，可用以标记该条边是否被搜索过；ivex 和 jvex 为该边依附的两个顶点在图中的位置；inext 指向下一条依附于顶点 ivex 的边；jnext 指向下一条依附于顶点 jvex 的边；info 为指向与边相关的各种信息的指针域。

无向图的邻接多重表如图 7-15 所示。

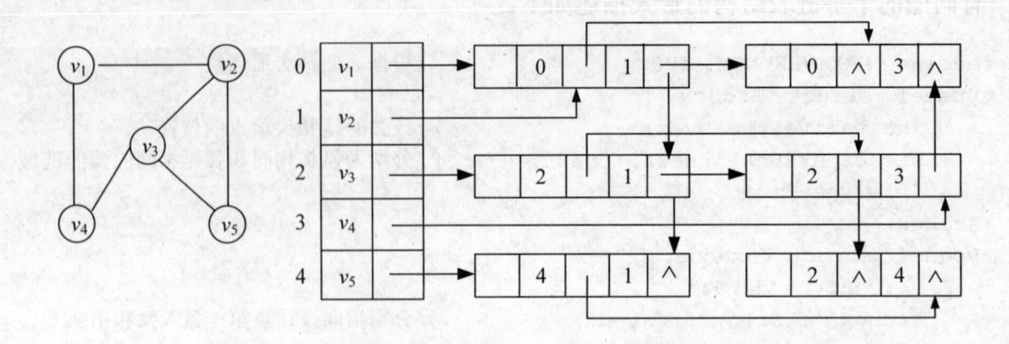

图 7-15　无向图的邻接多重表示意图

邻接多重表中所有依附于同一顶点的边串联在同一链表中，由于每条边依附于两个顶点，则每个边节点同时链接在两个链表中。可见，对无向图而言，其邻接多重表和邻接表的差别，仅仅在于同一条边在邻接表中用两个节点表示，而在邻接多重表中只用一个节点。

因此，除了在边节点中增加一个标志域外，邻接多重表所需的存储大小和邻接表相同。在邻接多重表上，各种基本操作的实现亦和邻接表相似。邻接多重表结构的形式描述如下。

```
#define  MAX_VER_NUM  100                    //根据需要设定的最大顶点数
typedef  emnu{
    unvisited,visited;
}VisitIf;
typedef  struct  ENode{
   VisitIf mark;                            //访问标记
   int ivex,jvex;                           //该边依附的两个顶点的位置
   struct ENode *inext,*jnext;              //分别指向依附这两个顶点的下一条边
   InfoType info;                           //该边信息指针
}ENode;
typedef  struct  {
   VertexType data;
   ENode *fistedge;                         //指向第一条依附该顶点的边
}VexNode;
typedef  struct{
   VexNode  ver[MAX_ VER_ NUM];
   int vexnum,edgenum;                      //无向图的顶点数和边数
}AMLGraph;
```

7.3　图的遍历

图的遍历是指从图中的任一顶点出发，对图中的所有顶点访问且仅访问一次。图的遍历操作和树的遍历操作功能相似。图的遍历操作是图的一种基本操作，是求解图的连通性问题、拓扑排序和关键路径等算法的基础。

由于图结构本身比较复杂，图的遍历操作也较复杂，主要表现在：图中顶点关系是任

意的，即图中顶点之间是多对多的关系，图可能是非连通图，图中还可能存在回路，因此在访问了某个顶点后，可能沿着某条路径搜索后又回到该顶点上。

为了保证图中的各顶点在遍历过程中被访问且仅被访问一次，需要为每个顶点设一个访问标志，因此要为图设置一个访问标志数组 visited[n]，用于标示图中每个顶点是否被访问过，其初值为 0，一旦顶点 v_i 被访问过，则置 visited[i]为 1，以表示该顶点已被访问。

根据搜索路径的方向，图的遍历通常有深度优先搜索和广度优先搜索两种方式，这两种方式对无向图和有向图都适用。

7.3.1 深度优先搜索

1. 深度优先搜索遍历的过程

深度优先搜索遍历类似于树的先根遍历，是树的先根遍历的推广。

对于一个连通图，深度优先搜索遍历的过程如下。

（1）从图中某个顶点 v 出发，访问 v。

（2）找出刚访问过的顶点的第一个未被访问的邻接点，访问该顶点。以该顶点为新顶点，重复此步骤，直至刚访问过的顶点没有未被访问的邻接点为止。

（3）返回前一个访问过的且仍有未被访问的邻接点的顶点，找出该顶点的下一个未被访问的邻接点，访问该顶点。

（4）重复步骤（2）和（3），直至图中所有顶点都被访问过，搜索结束。

以图 7-16 所示的无向图为例，进行图的深度优先搜索，假设从顶点 v_1 出发进行搜索，在访问了顶点 v_1 之后，选择邻接点 v_2。因为 v_2 未曾访问，则从 v_2 出发进行搜索。依此类推，接着从 v_4，v_8，v_5 出发进行搜索。在访问了 v_5 之后，由于 v_5 的邻接点都已被访问，则搜索回到 v_8。由于同样的理由，搜索继续回到 v_4，v_2 直至 v_1，此时由于 v_1 的另一个邻接点 v_3 未被访问，则搜索又从 v_1 到 v_3，再继续进行下去。由此得到的顶点访问序列如下所示。

$$v_1 \to v_2 \to v_4 \to v_8 \to v_5 \to v_3 \to v_6 \to v_7$$

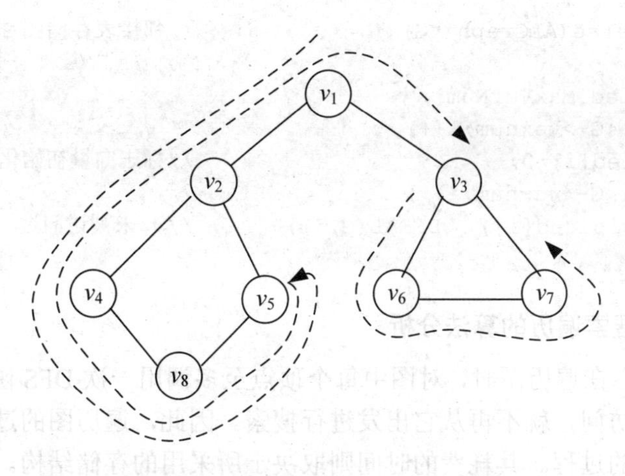

图 7-16 无向图的深度优先搜索遍历

2. 深度优先搜索遍历的算法实现

显然，深度优先搜索遍历是一个递归的过程。为了在遍历过程中便于区分顶点是否已被访问，需附设访问标志数组 visited[0⋯n−1]，其初值为 0，一旦某个顶点被访问，则其相应的分量置为 1。

【算法 7-3】深度优先搜索遍历的算法

```
void  DFS(Graph G,int v){         //从第 v 个顶点出发递归深度优先遍历图 G
    int w;
    visited[v]=1;
    visited (v);                   //访问第 v 个顶点
    for(w=FirstAdjVex(G,v);w;w=NextAdjVex (G, v, w))
        if(!visited[w])
            DFS(G,w);              //对 v 的尚未访问的邻接顶点 w 递归调用 DFS
}
```

上述算法中的 Graph 泛指任意一种图类型，由于不确定，所以对于 FirstAdjVex(G,v)以及 NextAdjVex (G, v, w)并没有具体实现。图的存储结构不同，对应操作的实现方法不同，时间耗费也不同。

【算法 7-4】采用邻接表为存储结构的深度优先搜索遍历的算法

```
void  DFSAL(ALGraph *G,int i) {      //从 vi 出发对邻接表存储的图 G 深度优先搜索
    ArcNode *p;
    printf("visit vertex:V%d\n", G->AdjList[i].data);  //访问顶点 vi
    visited[i]=1;                                 //标记 vi 已被访问
    p=G->AdjList[i].firstarc;                     //取 vi 边表的头指针
    while (p){                                    //依次搜索 vi 的邻接点
        if(!visited[p->adjvex])
           DFSAL(G,p->adjvex);
        p=p->next;                                //找 vi 的下一个邻接点
        }
}
void  DFSTraverse(ALGraph *G) {                   //邻接表存储图 G 的深度优先遍历
    int i;
    int visited[MaxVerNum];
    for(i=0;i<G->vexnum;i++)
        visited[i]=0;                             //标志向量初始化
    for(i=0;i<G->vexnum;i++)
        if(!visited[i])   DFSAL(G,i);             //vi 未被访问过，从 vi 开始 DFS 搜索
}
```

3. 深度优先搜索遍历的算法分析

分析上述算法，在遍历图时，对图中每个顶点至多调用一次 DFS 函数，因为一旦某个顶点被标志成已被访问，就不再从它出发进行搜索。因此，遍历图的过程实质上是对每个顶点查找其邻接点的过程。其耗费的时间则取决于所采用的存储结构。

当用邻接矩阵表示图的存储结构时，查找每个顶点的邻接点所需时间为 $O(n^2)$，其中 n 为图中顶点数；而当以邻接表做图的存储结构时，找邻接点所需时间为 $O(e)$，其中 e 为无

向图中边的数或有向图中弧的数。因此，当以邻接表为存储结构时，深度优先搜索遍历图的时间复杂度为 $O(n+e)$。

7.3.2 广度优先搜索

1. 广度优先搜索遍历的过程

广度优先搜索遍历类似于树的按层次遍历的过程。

广度优先搜索遍历的过程如下：

（1）从图中某个顶点 v 出发，访问 v 的邻接点。

（2）依次访问 v 的各个未曾访问过的邻接点。

（3）分别从这些邻接点出发依次访问它们的邻接点，并使“先被访问的顶点的邻接点”先于“后被访问的顶点的邻接点”被访问。

（4）重复步骤（3），直至图中所有已被访问的顶点的邻接点都被访问，搜索结束。

以图 7-17 所示的无向图为例，进行广度优先搜索遍历，首先访问 v_1 和 v_1 的邻接点 v_2 和 v_3，然后依次访问 v_2 的邻接点 v_4 和 v_5 及 v_3 的邻接点 v_6 和 v_7，最后访问 v_4 的邻接点 v_8。由于这些顶点的邻接点均已被访问，并且图中所有顶点都被访问，因此完成了图的遍历，得到的顶点访问序列如下所示。

$$v_1 \to v_2 \to v_3 \to v_4 \to v_5 \to v_6 \to v_7 \to v_8$$

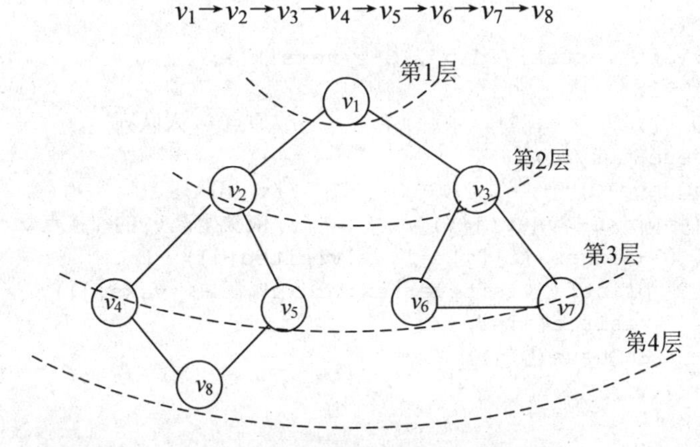

图 7-17 无向图的广度优先搜索遍历

2. 广度优先搜索遍历的算法实现

广度优先搜索遍历的特点是：遍历过程实际上是以 v 为起始点，由近至远，依次访问和 v 有路径相通且路径长度为 1，2……的顶点。为此，算法实现时需引进队列保存已被访问过的顶点。

和深度优先搜索类似，在遍历的过程中也需要一个访问标志数组。并且，为了顺次访问路径长度为 2, 3……的顶点，需附设队列以存储已被访问的路径长度为 1, 2……的顶点。

【算法 7-5】广度优先搜索遍历的算法

```
void BFSTraverse(Graph G) {            //按广度优先遍历图 G
   Queue Q;
```

```
    int visited[MaxVerNum];
    int v, u, w;
    for (v=0;v<G .vexnum;++v)
       visited[v]=0;
    InitQueue(Q);                          //置空的队列Q
    if(!visited[v])  {
visited[v]=1;
while(!QueueEmpty(Q)){
          DeQueue(Q,u);                    //队首元素出队并置为u
          visit (u);                       //访问u
          EnQueue(Q,v);                    //v入队列
          for(w=FirstAdjVex(G,u);w;w=NextAdjVex(G,u,w))
              if(!visited[w])
                  EnQueue(Q,w);            //u尚未访问的邻接点w入队
              }
          }
}
```

【算法 7-6】采用邻接矩阵为存储结构的广度优先搜索遍历的算法

```
void  BFSM(MGraph *G, int k)  {             //邻接矩阵存储的图进行广度优先搜索
    int i,j;
    Queue Q;
    InitQueue(Q);
    printf("visit vertex:V%d\n", G-> vexs[k]);
    visited[k]=1;
    EnQueue(Q,k);                               //原点vk入队列
    while(!QueueEmpty(Q)){
         i=DeQueue(Q);                          //vi出队列
         for(j=0;j<G->vnum;j++)                 //依次搜索vi的邻接点vj
           if (G->edges [i][j]==1&& !visited[j])  {
                printf("visit vertex:V%d\n", G-> vexs[j]);
                visited[j]=1;
                EnQueue(Q,j);
              }
            }
}
void  BFSTraverseAL(MGraph *G) {                //广度优先遍历邻接矩阵存储图
     int  i;
     int  visited[MaxVerNum];
     for(i=0;i<G->vnum;i++)
         visited[i]=0;                          //标志向量初始化
     for(i=0;i<G->vnum;i++)
         if(!visited[i])
             BFSM (G, i);                       //vi未被访问过，从vi开始BFS搜索
}
```

3. 广度优先搜索遍历的算法分析

分析上述算法，每个顶点至多进一次队列。遍历图的过程实质上是通过边或弧找邻接点的过程，因此广度优先搜索遍历图的时间复杂度和深度优先搜索遍历图的时间复杂度相

同，两者的不同之处仅仅在于对顶点访问的顺序。

当图采用邻接矩阵表示的存储结构时，由于找每个顶点的邻接点时，内循环次数等于 n，因此广度优先搜索算法所需时间为 $O(n^2)$，其中 n 为图中顶点数；而采用以邻接表表示的存储结构时，广度优先搜索遍历图的时间复杂度为 $O(n+e)$。

7.4　图的应用

现实生活中的许多问题都可以转化为图来解决。比如，如何以最小成本构建一个通信网络，如何计算地图中两地之间的最短路径，如何为复杂活动中各子任务的完成寻找一个较优的顺序等。

7.4.1　最小生成树

1. 最小生成树的概念

对图进行遍历时，若是连通图，无论是广度优先搜索还是深度优先搜索，仅需要调用一次搜索过程，即从任一顶点出发，便可遍历图中的所有顶点；若是非连通图，则需要多次调用搜索过程，而每次调用得到的顶点访问序列恰为各连通分量中的顶点集。如图 7-18 所示为一非连通图，按照它的邻接表进行深度优先搜索遍历，三次调用搜索过程后得到的访问顶点序列为：

1，2，4，3，9

5，6，7

8，10

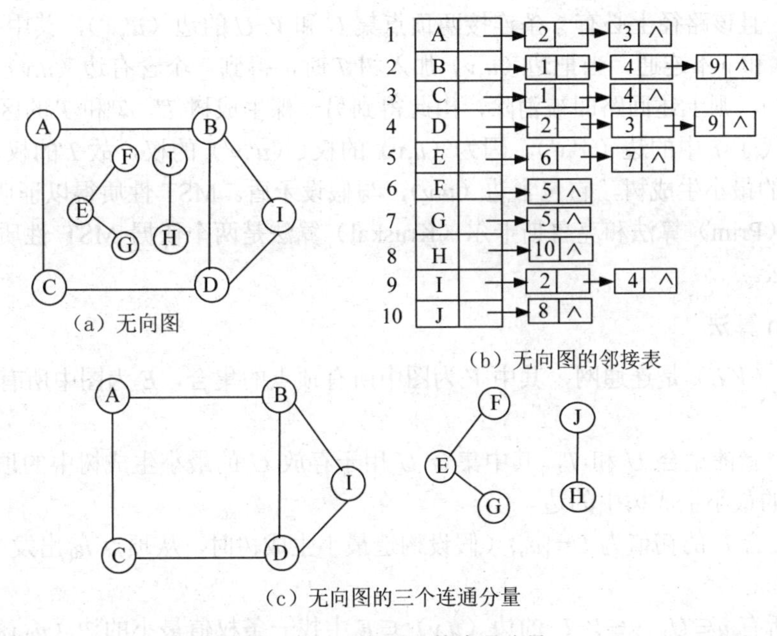

图 7-18　无向图及其连通分量

一个连通图的生成树是指一个极小连通子图，它含有图中的全部顶点，但只能构成一棵树的 $n-1$ 条边。如果在一棵生成树上添加一条边，必定构成一个环，这是因为该条边使得它依附的两个顶点之间有了第二条路径。一棵有 n 个顶点的生成树有且仅有 $n-1$ 条边，如果它多于 $n-1$ 条边，则一定有回路。

连通图的一次遍历所经过的边的集合及图中所有顶点的集合就构成了该图的一棵生成树，对连通图的不同遍历，如遍历出发点不同或存储点的顺序不同，就可能得到不同的生成树。

如果无向连通图是一个网，那么，它的所有生成树中必有一棵边的权值总和最小的生成树，称这棵生成树为最小生成树。

最小生成树可以应用到许多实际问题中。假设要在 n 个城市间建设通信网，则连通 n 个城市只需要 $n-1$ 线路，那么，如何用最低的造价建设此通信网？

任意两个城市之间都可以建造一条通信线路，通信线路的造价依据城市间的距离不同而不同。n 个城市之间，最多可设置 $n(n-1)/2$ 条线路，因此需要在这些线路中选择 $n-1$ 条，使总的造价为最低。

可用连通网表示，每个顶点表示城市，顶点之间的边表示城市之间可构造通信线路，每条边的权值表示该条通信线路的造价，要想使总的造价最低，实际上就是寻找该网络的最小生成树。

构造最小生成树有多种算法，其中多数算法利用了最小生成树的 MST 性质得到。

MST 性质：设 $G=(V,E)$ 是一个连通网，U 是顶点集 V 的一个非空子集。若 (u,v) 是一条具有最小权值（代价）的边，其中 $u\in U$，$v\in V-U$，则必存在一棵包含边 (u,v) 的最小生成树。

可以用反证法来证明 MST 性质。假设 G 的任何一棵最小生成树中都不含边 (u,v)。设 T 是 G 的一棵最小生成树，但不包含边 (u,v)。由于 T 是树且是连通的，因此有一条从 u 到 v 的路径；且该路径上必有一条连接两顶点集 U 和 $V-U$ 的边 (u',v')，其中 $u'\in U$，$v'\in V-U$，否则 u 和 v 不连通。当把边 (u,v) 加入树 T 时，得到一个含有边 (u,v) 的回路。若删除边 (u',v')，则上述回路即被消除，由此得到另一棵生成树 T'，T' 和 T 的区别仅在于用边 (u,v) 取代了 T 中的边 (u',v')。因为 (u,v) 的权 $\leqslant$ (u',v') 的权，故 T' 的权 $\leqslant T$ 的权，因此 T' 也是 G 的最小生成树，它包含边 (u,v)，与假设矛盾。MST 性质得以证明。

普里姆（Prim）算法和克鲁斯卡尔（Kruskal）算法是两个依据 MST 性质构造的最小生成树的算法。

2. Prim 算法

假设 $G=(V,E)$ 是连通网，其中 V 为图中所有顶点的集合，E 为图中所有带权边的集合。

设置两个新的集合 U 和 T，其中集合 U 用于存放 G 的最小生成树中的顶点，集合 T 用于存放 G 的最小生成树中的边。

（1）令集合 U 的初值为 $U=\{u_0\}$（假设构造最小生成树时，从顶点 u_0 出发），集合 T 的初值为 $T=\{\}$。

（2）在所有 $u\in U$，$v\in V-U$ 的边 $(u,v)\in E$ 中找一条权值最小的边 (u_0,v_0) 并入集合

TE，同时 v_0 并入 *U*。

（3）重复（2），直至 *U*=*V* 为止。

此时 *TE* 中必有 $n-1$ 条边，则 *T*=（*V*,*TE*）为 *N* 的最小生成树。

按照 Prim 方法，从顶点 v_1 出发，构造最小生成树的过程如图 7-19 所示。可以看出，普里姆算法逐步增加 *U* 中的顶点，可称为"加点法"。

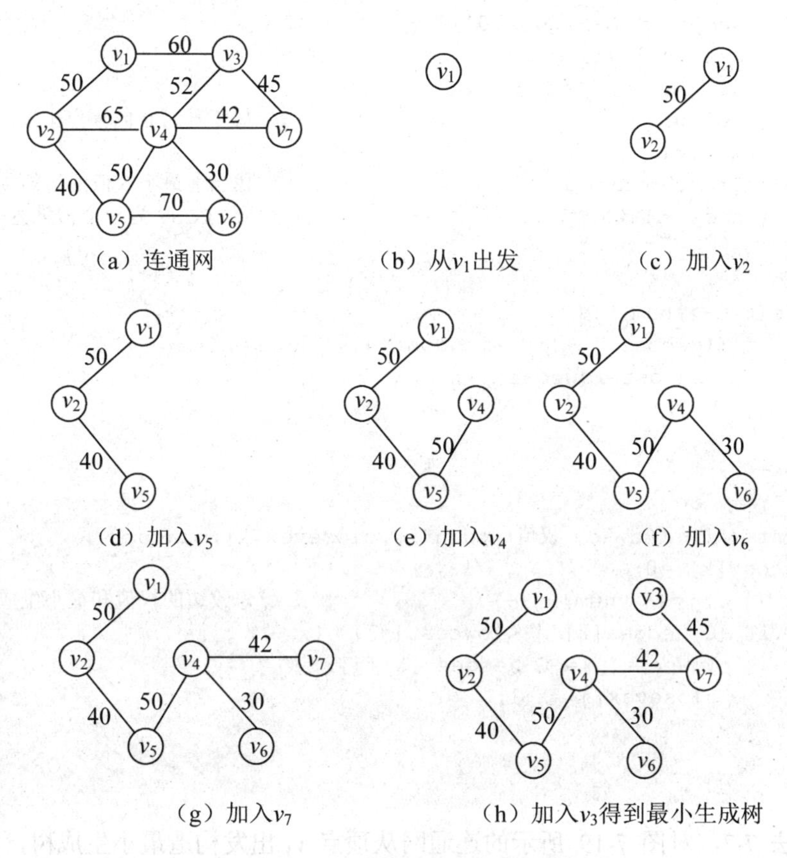

（a）连通网　（b）从v_1出发　（c）加入v_2

（d）加入v_5　（e）加入v_4　（f）加入v_6

（g）加入v_7　（h）加入v_3得到最小生成树

图 7-19　Prim 算法构造最小生成树的过程

注意：选择最小边时，条件是一个顶点属于 *U* 而另一顶点不属于 *U*，即保证加点不构成回路。当有多条同样权值的边可选时，可以任选其一。

为了实现 Prim 算法，需设置两个辅助一维数组 lowcost 和 closevex，其中 lowcost 用来保存集合 *V*−*U* 中各顶点与集合 *U* 中各顶点构成的边中具有最小权值的边的权值；数组 closevex 用来保存依附于该边的在集合 *U* 中的顶点。假设初始状态时，*U*={u_0}（u_0 为出发的顶点），这时有 lowcost[0]=0，表示顶点 u_0 已加入集合 *U* 中，数组 lowcost 的其他各分量的值是顶点 u_0 到其余各顶点所构成的直接边的权值。然后不断选取权值最小的边（u_i,u_k）（$u_i \in U$，$u_k \in V-U$），每选一条边，就将 lowcost[k]置为 0，表示顶点 u_k 已加入集合 *U* 中。由于顶点 u_k 从集合 *V*−*U* 进入集合 *U* 后，这两个集合的内容发生了变化，就需依据具体情况更新数组 lowcost 和 closevex 中部分分量的内容。最后 closevex 中即为所建立的最小生成树。

当连通网采用邻接矩阵存储结构时，Prim 算法描述如下。

【算法 7-7】采用邻接矩阵存储的 Prim 算法

```
void MiniSpanTree_Prim (Mgraph *G,int n,int closevex[])  {
    //从序号为 0 的顶点出发，G 是其邻接矩阵，最小生成树存于数组 closevex 中
    int lowcost[MaxVerNum],mincost;
    int i,j,k;
    for (i=1;i<G->vnum;i++)  {                        //初始化
         lowcost[i]=G->edges[0][i];
         closevex[i]=1;
    }
    lowcost[0]=0;                                       //从序号为 0 的顶点出发
    closevex[0]=1;
    for (i=1;i<G->vnum;i++)  {                        //找当前最小权值的边的顶点
         mincost=MAXCOST;                               //MAXCOST 为一个常量值
    j=1;
    k=1;
    while(j<G->vnum)  {
         if (lowcost [j]!=0&&lowcost[j]<mincost) {
              mincost=lowcost[j];
              k=j;
              }
         j++;
         }
     printf("边：(%d,%d) 权值：%d\n",k,closevex[k],mincost);
     lowcost[k] =0;
     for (j=1;j<G->vnum; j++)                          //修改边的权值和最小生成树顶点序号
         if (G->edges[k][j]<lowcost[j])  {
              lowcost[j]= G->edges [k][j];
              closevex[j]=k+1;
         }
     }
}
```

利用算法 7-7，对图 7-19 所示的连通网从顶点 v_1 出发构造最小生成树，对应过程中 closevex、lowcost 及集合 U、$V-U$ 等参数的变化情况如表 7-1 所示。

在 Prim 算法中，第一个 for 循环的执行次数为 $n-1$，第二个 for 循环中又包括了一个 while 循环和一个 for 循环，执行次数为 $2(n-1)^2$，所以 Prim 算法的时间复杂度为 $O(n^2)$，与网中的边数无关，因此适合于求稠密网的最小生成树。

表 7-1　用 Prim 算法构造最小生成树过程中各大参数的变化

i / closevex	v_1	v_2	v_3	v_4	v_5	v_6	v_7	U	T
lowcost closevex	0 1	50 1	60 1	∞ 1	∞ 1	∞ 1	∞ 1	$\{v_1\}$	{}
lowcost closevex	0 1	0 1	60 1	65 2	40 2	∞ 1	∞ 1	$\{v_1,v_2\}$	$\{(v_1,v_2)\}$
lowcost closevex	0 1	0 1	60 1	50 5	0 2	70 5	∞ 1	$\{v_1,v_2,v_5\}$	$\{(v_1,v_2),(v_2,v_5)\}$
lowcost closevex	0 1	0 1	52 4	0 5	0 2	30 4	42 4	$\{v_1,v_2,v_5,v_4\}$	$\{(v_1,v_2),(v_2,v_5),(v_4,v_5)\}$

（续表）

closevex \ i	v_1	v_2	v_3	v_4	v_5	v_6	v_7	U	T
lowcost closevex	0 1	0 1	52 4	0 5	0 2	0 4	42 4	$\{v_1,v_2,v_5,v_4,v_6\}$	$\{(v_1,v_2),(v_2,v_5),(v_4,v_5),(v_4,v_6)\}$
lowcost closevex	0 1	0 1	45 7	0 5	0 2	0 4	0 4	$\{v_1,v_2,v_5,v_4,v_6,v_7\}$	$\{(v_1,v_2),(v_2,v_5),(v_4,v_5),(v_4,v_6),(v_4,v_7)\}$
lowcost closevex	0 1	0 1	0 7	0 5	0 2	0 4	0 4	$\{v_1,v_2,v_5,v_4,v_6,v_7,v_3\}$	$\{(v_1,v_2),(v_2,v_5),(v_4,v_5),(v_4,v_6),(v_4,v_7),(v_3,v_7)\}$

3. Kruskal 算法

Kruskal 算法是一种按照网中边的权值递增的顺序构造最小生成树的方法。

假设 $G=(V,E)$ 是连通网，将 G 中的边按权值从小到大的顺序排列。

（1）令 G 的最小生成树为 T，其初态为 $T=(V,\{\})$，开始时，最小生成树 T 由图 G 中的 n 个顶点构成，顶点之间没有一条边，这样 T 中各顶点各自构成一个连通分量。

（2）在 E 中选择权值最小的边，若该边的两个顶点属于 T 的两个不同的连通分量，则将此边作为最小生成树的边加入到 T 中，同时把两个连通分量连接为一个连通分量；否则舍去此边，以免造成回路。

（3）重复（2），直至 T 中的连通分量个数为 1 时，此连通分量便为 G 的一棵最小生成树。

按照 Kruskal 方法，构造最小生成树的过程如图 7-20 所示。可以看出，Kruskal 算法逐步增加生成树的边，可称为“加边法”。与 Prim 算法一样，每次选择最小边时，可能有多条同样权值的边可选，可以任选其一。

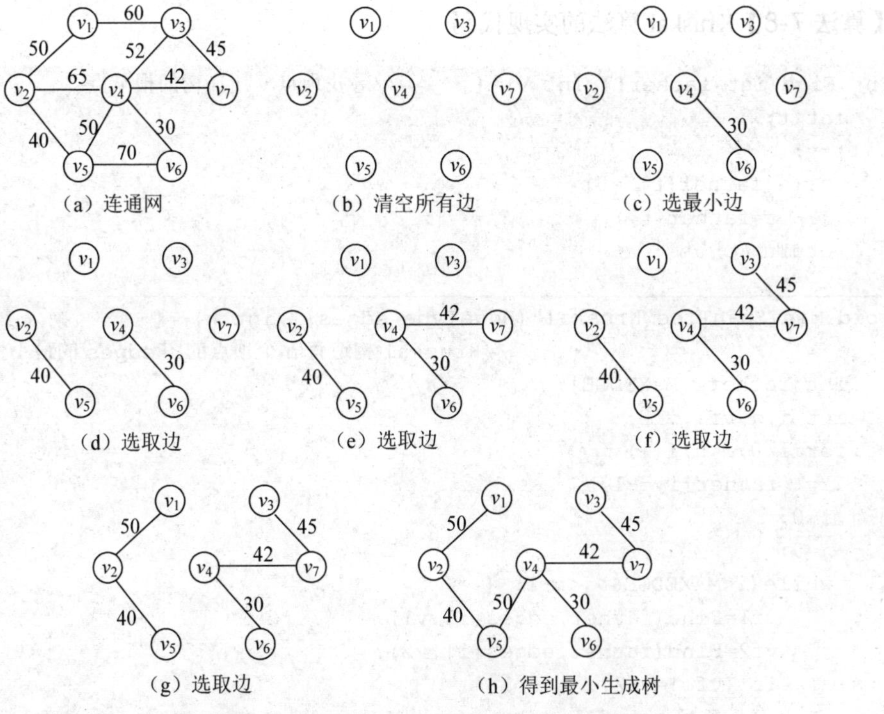

图 7-20　Kruskal 算法构造最小生成树的过程

Kruskal 算法实现的基本思想是：在构造过程中，按照网中边的权值由小到大的顺序，不断选取当前未被选取的且权值最小的边。反复上述过程，直到选取了 n-1 条边为止，就构成了一棵最小生成树。

Kruskal 算法的实现：设置一个结构体数组 edges 存储网中所有的边，边的结构类型包括构成的顶点信息和边权值，定义如下。

```
typedef   struct{
    verType  v1;
    verType  v2;
    int cost;
}EdgeType;
EdgeType edges[arcnum];
```

在结构数组 edges 中，每个分量 edges[i]代表网中的一条边，其中 edges[i].v_1 和 edges[i].v_2 表示该边的两个顶点，edges[i].cost 表示这条边的权值。为了便于选取当前权值最小的边，事先把数组 edges 中的各元素按照其 cost 域值按由小到大的顺序排列。对于有 n 个顶点的网，设置一个数组 father[n]，其初值为 father[i]=−1（i=0,l,…,n−1），表示各个顶点在不同的连通分量上，然后，依次取出 edges 数组中的每条边的两个顶点，查找它们所属的连通分量。假设 vf1 和 vf2 为两顶点所在的树的根节点在 father 数组中的序号，若 vf1 不等于 vf2，表明这条边的两个顶点不属于同一分量，则将这条边作为最小生成树的边输出，并合并它们所属的两个连通分量。

Kruskal 算法描述如下。其中函数 Find 的作用是寻找图中顶点所在树的根节点在数组 father 中的序号。

【算法 7-8】 Kruskal 算法的实现代码

```
int Find(int father[],int v) {        //寻找顶点 v 所在树的根节点
    int t;
    t=v;
    while(father[t]>=0)
        t=father[t];
    return  t;
}
void MiniSpanTree_Kruskal (EdgeType edges[],int n)  {
                              //Kruskal 构造有 n 个顶点的图 edges 的最小生成树
    int father [MAXEDGE];
    int i,j,vf1,vf2;
    for(i=0;i<n;i++)
        father[i]=-1;
     i=0;
     j=0;
     while(i<MAXEDGE&&j<n-1) {
        vf1=Find(father,edges[i].v1);
        vf2=Find(father,edges[i].v2);
        if (vf1!=vf2){
            father[vf2]=vf1;
```

```
                j++;
                printf("%d,%d\n",edges[i] .vl,edges [i] .v2);
                }
            i++;
        }
    }
```

在 Kruskal 算法中，只要采取合适的数据结构，可以证明其执行时间为 $O(\log e)$，由此，Kruskal 算法的时间复杂度为 $O(e\log e)$，与网中的边数有关，与 Prim 算法相比，Kruskal 算法更适合于求稀疏网的最小生成树。

7.4.2　最短路径问题

最短路径问题是图的又一个比较典型的应用问题。例如，城市之间的公路交通网，给定了该网内的 n 座城市及这些城市之间的相通公路的距离，能否找到城市 A 到城市 B 之间一条距离最近的通路呢？如果将城市用顶点来表示，城市间的公路用边来表示，公路的长度作为边的权值，那么，这个问题就可归结为在网图中求点 A 到点 B 的所有路径中边的权值之和最短的那一条路径。这条路径就是两点之间的最短路径，并称路径上的第一个顶点为源点，最后一个顶点为终点。

考虑到交通图的有向性，例如，汽车的上山和下山、轮船的顺水和逆水，所花费的时间或代价不相同，所以交通网一般用带权有向网表示。

在非网图中，最短路径是指两点之间经历的边数最少的路径。下面讨论两种最常见的最短路径问题。一种是求从某个源点到其余各顶点的最短路径，另一种是求每一对顶点之间的最短路径。

1.　从某个源点到其余各顶点的最短路径

先来讨论单源点的最短路径问题：给定带权有向图 $G=(V,E)$ 和源点 $v\in V$，求从 v 到 G 中其余各顶点的最短路径。以下设源点为 v。

迪杰斯特拉（Dijkstra）提出了一个按路径长度递增的次序产生最短路径的算法，称为迪杰斯特拉算法。该算法的基本思想是：设置两个顶点的集合 S 和 T（$T=V-S$），集合 S 存放已找到最短路径的顶点，集合 T 存放当前还未找到最短路径的顶点。初始状态时，集合 S 中只包含源点 v，然后不断从集合 T 中选取到顶点 v 路径长度最短的顶点 u 加入到集合 S 中，集合 S 每加入一个新的顶点 u，都要修改顶点 v 到集合 T 中剩余顶点的最短路径长度值，集合 T 中各顶点新的最短路径长度值为原来的最短路径长度值与顶点 u 的最短路径长度值加上 u 到该顶点的路径长度值中的较小值。此过程不断重复，直到集合 T 的顶点全部加入到 S 中为止。

Dijkstra 算法的正确性可以用反证法加以证明。假设下一条最短路径的终点为 x，那么，该路径必然或者是弧 $<v,x>$，或者是中间只经过集合 S 中的顶点而到达顶点 x 的路径。因为假若此路径上除 x 之外有一个或一个以上的顶点不在集合 S 中，那么必然存在另外的终点不在 S 中而路径长度比此路径还短的路径，这与按路径长度递增的顺序产生最短路径的前提相矛盾，所以此假设不成立。

带权有向图及其邻接矩阵如图 7-21 所示，从 v_0 到其余各顶点之间的最短路径如表 7-2 所示。

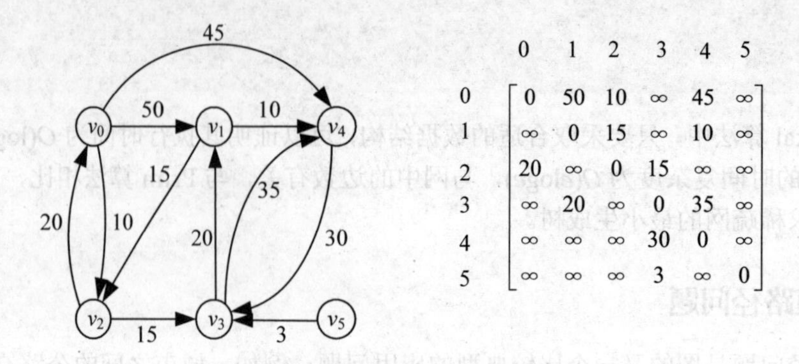

图 7-21 带权有向图及其邻接矩阵

表 7-2 v_0 到其他顶点的最短路径

源 点	终 点	最短路径	路径长度
v_0	v_2	v_0，v_2	10
	v_3	v_0，v_2，v_3	25
	v_1	v_0，v_2，v_3，v_1	45
	v_4	v_0，v_4	45
	v_5	无最短路径	∞

Dijkstra 算法的实现过程如下。

（1）假设用带权的邻接矩阵 edges 来表示带权有向图，edges[i][j]表示弧$<v_i,v_j>$上的权值。若$<v_i,v_j>$不存在，则置 edges[i][j]为∞（在计算机上可用的允许最大值代替）。S 为已找到的从 v 出发的最短路径的终点的集合，它的初始状态为空集。那么，从 v 出发到图上其余各顶点（终点）v_i 可能达到最短路径长度的初值为

$$D[i]=\text{edges}[\text{LocateVex}(G,v)][i] \quad v_i \in V$$

（2）选择 v_j，使得

$$D[j]=\text{Min}\ \{D[i] | v_i \in V-S\}$$

v_j 就是当前求得的一条从 v 出发的最短路径的终点。令

$$S=S \cup \{v_j\}$$

（3）修改从 v 出发到集合 $V-S$ 上任一顶点 v_k 可达的最短路径长度。如果

$$D[j]+\text{edges}[j][k]<D[k]$$

则修改 $D[k]$为

$$D[k]=D[j]+\text{edges}[j][k]$$

重复操作（2）和（3）共 n-1 次。由此求得从 v 到图上其余各顶点的最短路径是依路

径长度递增的序列。

用 Dijkstra 算法求有向网 G 的 v_0 顶点到其余顶点 v 的最短路径 $P[v]$及其路径长度 $D[v]$，$P[v]$存放从 v_0 到 v 的最短路径上 v 的前驱节点的序号。当 $v=v_0$ 时，$P[v]$的取值为-1；当 $v\neq v_0$，又无前驱节点时，$P[v]$的取值为-2；final[v]为 1 当且仅当 $v\in S$，即已经求得从 v_0～v 的最短路径，其中常量 INFINITY 为边上权值可能的最大值。

【算法 7-9】Dijkstra 算法

```
void  ShortestPath_DIJ1(Mgraph *G,int v0, PathMatrix *P,ShortTable *D){
     int i,v,v0,pre,w;
     int min;
     int final[MaxVerNum];
     for(v=0;v<G->vnum;++v)  {
         final[v]=0;
         D[v]=G->edges[v0][v];
         P[v0]=-1;                       //v0无前驱节点，将其前驱点的值置为-1
         if(D[v]<INFINITY&&v!=v0)
         P[v]=v0;
         if(D[v]==INFINITY)
         P[v]=-2;                        //当v距v0无限远时，将其前驱点的值置为-2
         }
     D[v0]=0;
     final[v0]=1;                        //初始化，v1顶点属于集合S
     for(i=1;i<G->vnum;++i){
         min=INFINITY;                   //min为离v0顶点的最近距离
         for (w=0;w<G->vnum;++w)
             if(!final[w])               //w顶点在V-S中
                 if (D[w]<min){
                     v=w ;
                     min=D[w];
             }
         final[v]=1;                     //离v0顶点最近的v加入S集合
         for(w=0;w<G->vnum;++w)          //更新当前最短路径
             if(!final[w]&&(min+G->edges[v][w]<D[w])){
                     D[w]=min+G->edges[v][w];
                     P[w]=v;             //将w的前驱节点改为v
                 }
   }
 for(i=1;i<G->vnum;i++)  {               //输出各最短路径
     if (P[i]==-2)
         printf("max:%d\n", i);
     else
         {
         printf("%d,%d\n",D[i], i);
         pre=P[i];
         while(pre>0){
             pre=P[pre];
```

```
            }
        printf("←0\n");
        }
    }
}
```

利用算法 7-9，对图 7-21 所示的有向带权网求解最短路径，算法中的初始化过程如表 7-3 所示。

表 7-3　Dijkstra 算法初始化过程

S 的初值	$\{v_0\}$				
	i=1	i=2	i=3	i=4	i=5
D	50	10	∞	45	∞
Path	v_0，v_1	v_0，v_2		v_0，v_4	

从 v_0 到各顶点的最短路径，求解过程中各参量的变化如表 7-4 所示。

表 7-4　Dijkstra 算法求解过程中各参量的变化

S 的初值		从 v_0 到各终点 v_i 的求解过程				
		i=1	i=2	i=3	i=4	i=5
终点	v_1	50 (v_0,v_1)	50 (v_0,v_1)	45 (v_0,v_2,v_3,v_1)		
	v_2	10 (v_0,v_2)				
	v_3	∞ (　)	25 (v_0,v_2,v_3)			
	v_4	45 (v_0,v_4)	45 (v_0,v_4)	45 (v_0,v_4)	45 (v_0,v_4)	
	v_5	∞ (　)	∞ (　)	∞ (　)	∞ (　)	∞ (　)
min		10	25	45	45	
S		(v_0,v_2)	(v_0,v_2,v_3)	(v_0,v_2,v_3,v_1)	(v_0,v_2,v_3,v_1,v_4)	(v_0,v_2,v_3,v_1,v_4)

Dijkstra 算法实现中第一个 for 循环的时间复杂度是 $O(n)$，第二个 for 循环共进行 n−1 次，每次执行的时间是 $O(n)$，所以总的时间复杂度是 $O(n^2)$。如果用带权的邻接表作为有向图的存储结构，则虽然修改 D 的时间可以减少，但由于在 D 数组中选择最小的分量的时间不变，所以总的时间仍为 $O(n^2)$。

2.　每一对顶点之间的最短路径

求解每对顶点之间的最短路径的方法有两种：一种是每次以一个顶点为源点，重复执行 Dijkstra 算法 n 次，便可求得每一对顶点的最短路径。总的执行时间为 $O(n^3)$；另一种是采用弗洛伊德（Floyd）提出的算法，这个算法的时间复杂度也是 $O(n^3)$，但形式上较简单。

Floyd 算法仍使用带权邻接矩阵 edges 来表示有向网，其基本思想如下。

假设求从顶点 v_i 到 v_j 的最短路径。如果从 v_i 到 v_j 有弧，则从 v_i 到 v_j 存在一条长度为 edges[i][j]的路径，该路径不一定是最短路径，尚需进行 n 次试探。首先考虑路径(v_i, v_0, v_j)是否存在（即判断弧$< v_i, v_0>$和$< v_0, v_j >$是否存在）。如果存在，则比较(v_i, v_j)和(v_i, v_0, v_j)的路径长度，取长度较短者为从 v_i 到 v_j 的中间顶点的序号不大于 0 的最短路径。假如在路径上再增加一个顶点 v_1，也就是说，如果$(v_i,\cdots, v_1)$和$(v_1,\cdots, v_j)$分别是当前找到的中间顶点的序号不大于 0 的最短路径，那么$(v_i,\cdots, v_1,\cdots, v_j)$就有可能是从 v_i 到 v_j 的中间顶点的序号不大于 1 的最短路径。将其与已经得到的从 v_i 到 v_j 中间顶点序号不大于 0 的最短路径相比较，从中选出中间顶点的序号不大于 1 的最短路径之后，再增加一个顶点 v_2，继续进行试探。依此类推。

在一般情况下，若$(v_i,\cdots, v_k)$和$(v_k,\cdots, v_j)$分别是从 v_i 到 v_k 和从 v_k 到 v_j 的中间顶点的序号不大于 k−1 的最短路径，则将$(v_i,\cdots, v_k,\cdots, v_j)$和已经得到的从 v_i 到 v_j 且中间顶点序号不大于 k−1 的最短路径相比较，其长度较短者便是从 v_i 到 v_j 的中间顶点的序号不大于 k 的最短路径。这样，在经过 n 次比较后，最后求得的必是从 v_i 到 v_j 的最短路径。按此方法，可以同时求得各对顶点间的最短路径。

根据上述求解过程，图中的所有顶点对 v_i 和 v_j 间的最短路径长度对应一个 n 阶方阵 D。在上述 n+1 步中，D 的值不断变化，对应一个 n 阶方阵序列。

n 阶方阵序列可定义为。

$$D^{(-1)},\ D^{(0)},\ D^{(1)},\ \cdots,\ D^{(k)}\ \cdots,\ D^{(n-1)}$$

其中：

$D^{(-1)}[i][j]=\text{edges}[i][j]$

$D^{(k)}[i][j]=\text{Min}\{D^{(k-1)}[i][j],\ D^{(k-1)}[i][k]+D^{(k-1)}[k][j] \quad 0\leqslant k\leqslant n-1$

从上述计算公式可见，$D^{(1)}[i][j]$是从 v_i 到 v_j 的中间顶点的序号不大于 1 的最短路径的长度；$D^{(k)}[i][j]$是从 v_i 到 v_j 的中间顶点的序号不大于 k 的最短路径的长度；$D^{(n-1)}[i][j]$就是从从 v_i 到 v_j 的最短路径的长度。

用 Floyd 算法求有向网中各对顶点 v 和 w 之间的最短路径 $P[v][w]$及其带权长度 $D[v][w]$，若 $P[v][w]$存放的是从 v 到 w 最短路径上 w 的前驱节点的序号，那么当 w=v 时，$P[v][w]$的取值为−1；当 $w\neq v$，又无前驱节点时，$P[v][w]$的取值为−2。

【算法 7-10】 Floyd 算法

```
void ShortestPath-Floyd (Mgraph *G,PathMatrix*P[],DistancMatrix *D) {
  int v, w, u;
  for(v=0;v<G->vnum;++v)                              //各对顶点之间初始化
    for(w=0;w<G->vnum;++w) {
        D[v] [w]=G->arcs [v] [w];
         if (D[v][w]<INFINITY)                        //从 v 到 w 有直接路径
            P[v] [w]=v;
         else
            if (v!=w)
               P [v] [w]=-2;
```

```
            else
                P [v]  [w]=-1;
        }
    for(u=0;u<G->n ; ++u )
      for(v=0;v<G->n;++v)
          for (w=0;w<G->n;++w )
              if (D[v]  [u]+D[u]  [w]<D[v]  [w])  {//从 v 经 u 到 w 的一条路径更短
                  D[v]  [w]=D[v]  [u]+D[u]  [w];
                  P[v][w]=u;
                  }
}
```

7.4.3 AOV 网与拓扑排序

一个无环的有向图称作有向无环图，简称 DAG 图。有向无环图是描述一项工程或系统的进行过程的有效工具。通常把计划、施工过程、生产流程、程序流程等都当成一个工程。除最小的工程外，几乎所有的工程都可分为若干个称作活动的子工程，而这些子工程之间，通常受一定条件的约束，例如，其中某些子工程必须在另一些子工程完成之后才能开始。

1. AOV 网

所有的工程或者某种流程可以分为若干个小的工程或阶段，这些小的工程或阶段就称为活动。若以图中的顶点来表示活动，有向边表示活动之间的优先关系，则这种活动在顶点上的有向图称为 AOV 网（Activity on Vertex Network）。在 AOV 网中，若从顶点 *i* 到顶点 *j* 之间存在一条有向路径，称顶点 *i* 是顶点 *j* 的前驱，或者称顶点 *j* 是顶点 *i* 的后继。若 <*i*,*j*>是图中的弧，则称顶点 *i* 是顶点 *j* 的直接前驱，或称顶点 *j* 是顶点 *i* 的直接后驱。

AOV 网中的弧表示活动之间存在的制约关系。例如，一个软件专业的学生必须完成一系列规定的基础课和专业课才能毕业。学生要按照怎样的顺序来学习这些课程呢？这个问题可以被看成是一个大的工程，其活动就是学习每一门课程。这些课程的名称与相应代号如表 7-5 所示。

表 7-5 软件专业的课程设置及其关系

课程代号	课程名	先行课程代号	课程代号	课程名	先行课程代号
C1	程序设计基础	无	C7	计算机组成原理	C5
C2	高等数学	无	C8	算法分析	C4，C6
C3	离散数学	C1	C9	高级语言程序设计	C1，C4
C4	数据结构	C1，C3	C10	编译技术	C4，C9
C5	大学物理	C2	C11	操作系统	C4，C7
C6	线性代数	C2			

表中，C1，C2 是独立于其他课程的基础课，而有的课却需要有先行课程，比如，在

学完《离散数学》和《程序设计基础》之后才能学《数据结构》，先行条件定义了课程之间的优先关系。这种优先关系可用有向图更清楚地表示，如图7-22所示。

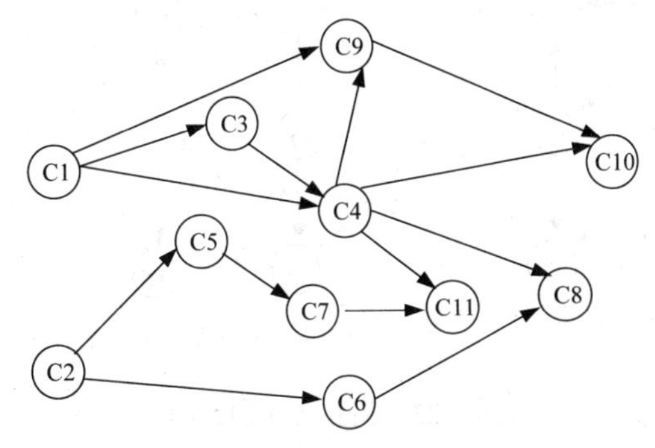

图7-22 表示课程之间优先关系的有向图

其中，顶点表示课程，有向边表示前提条件。若课程 i 为课程 j 的先行课，则必然存在有向边 $<i, j>$。

AOV网的例子还有很多，例如，人们熟悉的计算机程序，任何一个可执行程序都可以划分为若干个程序段，由这些程序段组成的流程图也是一个AOV网。

2. 拓扑排序

在AOV网中，不应该出现有向环，否则就意味着某项活动应以自身作为能否开展的先决条件，这是荒谬的。若设计出这样的流程图，工程便无法进行。而对程序的数据流来说，则表明存在一个死循环。因此，对给定的AOV网应首先判定网中是否存在环。

测试AOV网是否具有回路（即是否是一个有向无环图）的方法，就是进行拓扑排序，若网中所有顶点都在它的拓扑有序序列中，则该AOV网中必定不存在环。

所谓拓扑排序就是将AOV网中所有顶点排成一个线性序列，该序列具有以下性质。

（1）在AOV网中，若顶点 i 优先于顶点 j，则在拓扑排序中顶点 i 仍然优先于顶点 j。

（2）对于网中原来没有优先关系的一对顶点，如图7-22中的C1与C2，在拓扑排序中也建立一个先后关系，或者顶点 i 优先于顶点 j，或者顶点 j 优先于 i。

以图7-22中的AOV网为例，可以得到不止一个拓扑序列，C1，C2，C3，C4，C5，C6，C7，C8，C11，C9，C10；就是其中之一。显然，对于任何一项工程中各个活动的安排，必须按拓扑有序序列中的顺序进行才是可行的。

对AOV网进行拓扑排序的步骤如下。

（1）从AOV网中选择一个没有前驱的顶点（该顶点的入度为0）并且输出它。

（2）从网中删去该顶点，并且删去从该顶点发出的全部有向边。

（3）重复上述两步，直到剩余的网中不再存在没有前驱的顶点为止。

（4）若网中顶点未被全部输出，剩余的顶点均有前驱顶点，则说明网中存在有向回路；否则网中全部顶点都被输出，说明网中不存在有向回路，输出的序列即为一个拓扑序列。

一个AOV网如图7-23（a）所示。v_1 和 v_6 没有前驱，则可任选一个。假设先输出 v_6，在删除 v_6 及弧 $<v_6,v_4>$，$<v_6,v_5>$ 之后，只有顶点 v_1 没有前驱，则输出 v_1 且删去 v_1 及弧 $<v_1,v_2>$，$<v_1,v_3>$，$<v_1,v_4>$ 之后，v_3 和 v_4 没有前驱，可从中任选一个继续进行。整个拓扑排序的过程如图 7-23 所示。

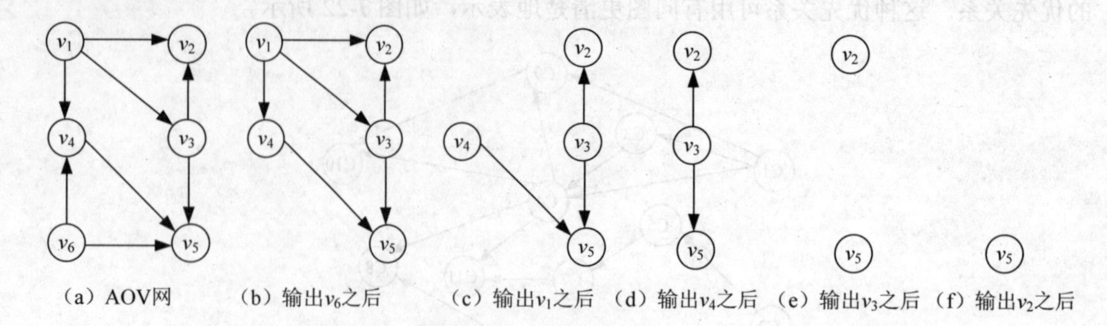

图 7-23　拓扑排序的过程

最后得到的拓扑有序序列为：v_6，v_1，v_4，v_3，v_2，v_5。

由于有向图的存储形式不同，拓扑排序算法的实现也不同。

首先引入辅助的数据结构。

（1）一维数组 indegree[*i*]：设一个一维数组来存放每一个节点的入度。

（2）设置一个栈 S：凡是网中入度为 0 的顶点都将其入栈。

（3）一维数组 top[*i*]：记录拓扑序列的顶点序号。

拓扑排序的算法步骤如下。

（1）将没有前驱的顶点（indegree 域为 0）压入栈 S。

（2）从栈中退出栈顶元素，输出，并把该顶点引出的所有弧删去，即把它的各个邻接顶点的入度减 1。

（3）将新的入度为 0 的顶点再入栈 S。

（4）重复以上两步，直到栈为空为止。此时或者是已经输出全部顶点，或者是剩下的顶点中没有入度为 0 的顶点。

【算法 7-11】拓扑排序算法

```
int Top_Sort(ALGraph *G)  {                           //有向图G采用邻接链表的存储结构
    int i,j,k;
    int m=0,top;
    ArcNode *ptr;
    top=-1;                                           //栈顶指针初始化
    for (i=0;i<G->vnum;i++)                           //将入度为0的顶点入栈
       if (G->AdjList[i].indegree==0){
          G->AdjList[i].indegree=top;
          top=i;
       }
    while(top!=-1){
       j=top;
       top=G->AdjList[top] .indegree;                 //栈中退出一个顶点
       printf("%d",G->AdjList[j] .data);
       m++;
       ptr=G->Adj List[j].firstedge;
       while(ptr!=NULL ){
```

```
            k=ptr->adjvex;
            G->AdjList[k].indegree--;              //顶点邻接点的入度减 1
            if (G->AdjList[k].indegree==0){        //新的入度为 0 入栈
                G->AdjList[k].indegree=top;
                top=k;
             }
            ptr=ptr->nextarc;                      //找到下一个邻接点
        }
    }
  if(m<G->vnum){
    printf("The network has a cycle.\n");
    return  0;                                     //存在环，返回 0
    }
  else
    return 1;                                      //顶点全部输出，返回 1
  }
```

对于有 n 个顶点和 e 条边的有向图，建立求各顶点入度的时间复杂度为 $O(e)$；建立零入度顶点栈的时间复杂度为 $O(n)$；在拓扑排序过程中，若有向图无环，则每个顶点进一次栈，出一次栈，入度减 1 的操作在循环中总共执行 e 次，所以，总的时间复杂度为 $O(n+e)$。拓扑排序的算法是求关键路径算法的基础。

7.4.4 AOE 网与关键路径

1. AOE 网

若在有向网中，以顶点表示事件，以弧表示活动，边上的权值表示活动的开销（如该活动持续的时间），则此有向网称为 AOE 网（Activity On Edge Network）。

如果用 AOE 网来表示一项工程，那么，仅仅考虑各个子工程之间的优先关系还不够，更多的是关心整个工程完成的最短时间是多少，哪些活动的延期将会影响整个工程的进度，而加速这些活动是否会提高整个工程的效率。因此，通常在 AOE 网中列出完成预定工程计划所需要进行的活动、每个活动计划完成的时间、要发生哪些事件及这些事件与活动之间的关系，从而可以确定该项工程是否可行，估算工程完成的时间及确定哪些活动是影响工程进度的关键。

AOE 网具有以下两个性质。

（1）只有在某顶点所代表的事件发生后，从该顶点出发的各弧所代表的活动才能开始。

（2）只有在进入某一顶点的各弧所代表的活动都已经结束，该顶点所代表的事件才能发生。

一个具有 15 个活动、11 个事件的 AOE 网如图 7-24 所示。v_1，v_2，…，v_{11} 分别表示一个事件；$<v_1,v_2>$，$<v_1,v_3>$，…，$<v_{10},v_{11}>$分别表示一个活动；用 a_1，a_2，…，a_{15} 代表这些活动。其中，v_1 称为源点，是整个工程的开始点，其入度为 0；v_{11} 为终点，是整个工程的结束点，其出度为 0。

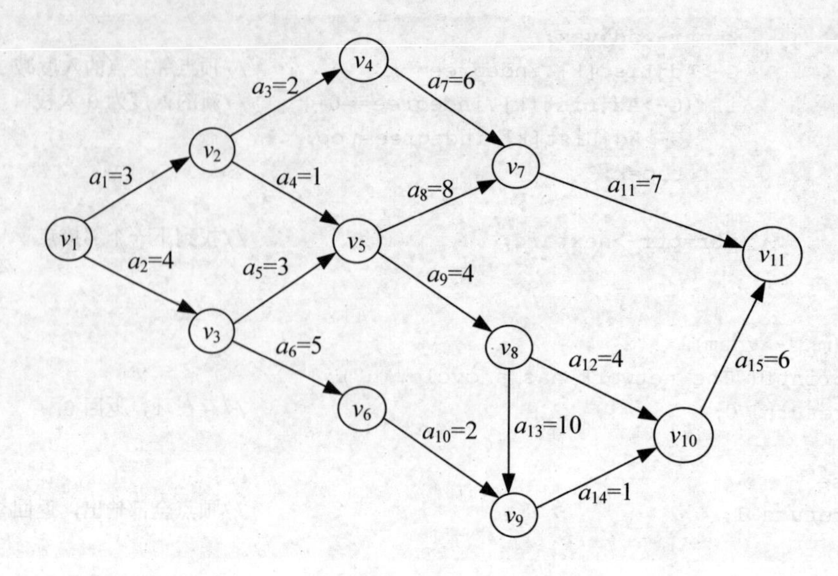

图 7-24 AOE 网

对于 AOE 网，可采用与 AOV 网一样的邻接表存储方式。其中，邻接表中边节点的域为该边的权值，即该有向边代表的活动所持续的时间。

2. 关键路径

由于 AOE 网中的某些活动能够同时进行，故完成整个工程所必须花费的时间应该为源点到终点的最大路径长度（这里的路径长度是指该路径上的各个活动所需时间之和）。具有最大路径长度的路径称为关键路径，关键路径上的活动称为关键活动。关键路径长度是整个工程所需的最短工期。这就是说，要缩短整个工期，必须加快关键活动的进度。

利用 AOE 网进行工程管理时需要解决的主要有以下两个问题。

（1）计算完成整个工程至少需要多少时间；

（2）确定关键路径，判断哪些活动是影响工程进度的关键。

工程进度控制的关键在于抓住关键活动。在一定范围内，非关键活动的提前完成对于整个工程的进度没有直接的好处，它的稍许拖延也不会影响整个工程的进度。工程的指挥者可以把非关键活动的人力和物力资源暂时调给关键活动，加速其进展速度，以使整个工程提前完工。

为了在 AOE 网中确定关键路径，需要定义 4 个参量。

（1）事件 v_i 的最早发生时间 $ve(i)$。

$ve(i)$是指从源点到顶点 v_i 的最大路径长度代表的时间。这个时间决定了所有从顶点发出的弧所代表的活动能够开工的最早时间。根据 AOE 网的性质，只有进入 v_i 的所有活动 $<v_k,v_i>$都结束时，v_i 代表的事件才能发生，所以计算 v_i 发生的最早时间的方法如下：

$$ve(1)=0$$

$$ve(i)=\text{Max}\{ve(k)+w_{k,i}\} \quad <v_k,v_i>\in T，1\leqslant i\leqslant n-1$$

其中，T 是所有以 v_i 为头的弧的集合，$w_{k,i}$ 是弧$<v_k,v_i>$的权值，即对应活动$<v_k,v_i>$的持续时间。

（2）事件 v_i 的最迟发生时间 $vl(i)$。

$vl(i)$是指在不推迟整个工期的前提下，事件 v_i 允许的最晚发生时间。为了不拖延整个工期，v_i 发生的最迟时间必须保证不推迟从事件 v_i 出发的所有活动$<v_i,v_k>$的终点 v_k 的最迟时间 $vl(k)$。$vl(i)$的计算方法如下：

$$vl(n)=ve(n)$$

$$vl(i)=\mathrm{Min}\{vl(k)-w_{i,k}\} \quad <v_i,v_k>\in \mathrm{S}，1\leqslant i\leqslant n-2$$

其中，S 是所有以 v_i 为尾的弧的集合，$w_{i,k}$ 是弧$<v_i,v_k>$的权值。

（3）活动 a_i 的最早开始时间 $e(i)$。

若活动 a_i 是由弧$<v_j,v_k>$表示，根据 AOE 网的性质，只有事件 v_j 发生了，活动 a_i 才能开始。也就是说，活动 a_i 的最早开始时间应等于事件 v_j 的最早发生时间。因此，有

$$e(i)=ve(j)$$

（4）活动 a_i 的最晚开始时间 $l(i)$。

活动 a_i 的最晚开始时间指在不推迟整个工程完成日期的前提下，必须开始的最晚时间。若由弧$<v_j,v_k>$表示，则 a_i 的最晚开始时间要保证事件 v_k 的最晚发生时间不拖后。因此，应该有

$$l(i)= vl(k)-w_{j,k}$$

根据每个活动的最早开始时间 $e(i)$和最晚开始时间 $l(i)$就可判定该活动是否为关键活动，$e(i)=l(i)$的活动就是关键活动。对于非关键活动，$l(i)-e(i)$的值为活动的时间余量。关键活动确定之后，关键活动所在的路径就是关键路径。

求关键路径的基本步骤。

（1）对图中顶点进行排序，在排序过程中按拓扑序列求出每个事件的最早发生时间 $ve(i)$。

（2）按逆拓扑序列求出每个事件的最晚发生时间 $vl(i)$。

（3）求出每个活动 a_i 的最早开始时间 $e(i)$。

（4）求出每个活动 a_i 的最晚开始时间 $l(i)$。

（5）找出 $e(i)=l(i)$的活动 a_i，即为关键活动。

【算法 7-12】关键路径算法

```
int topOrder(ALGraph *G,Stack *T){//邻接表存储，求各顶点事件的最早发生时间
    int i,j,k,count;
    int indegree[G->vnum];
    ArcNode *p;
    FindInDegree(G,indegree);         //对各顶点求入度 indegree[G->vnum]
    InitStack(S);                     //零入度顶点入栈
    count=0;
    for (i=0;i<G->vnum;i++)
         ve [i]=0;                    //初始化 ve[]
    for(i=0;i<G->vnum;i++)
         if(indegree[i]==0)           //将入度为 0 的顶点入栈
            push(S,i);
```

```
    while(!StackEmpty(S)){
            pop (S, j);
            push(T,j);
            count++;                    //j 顶点入 T 栈并计数
            for (p=G->Adj List[j].firstedge;p;p=p->nextarc) {
                k=p->adjvex;            //对 j 顶点的每个邻接点的入度减 1
                indegree[k]--;
                if(indegree[k]==0)
                    push (S,k);         //若入度为 0，则入栈
                if (ve [j]+*(p->info)>ve[k])
                ve[k]=ve[j]+*(p->info);
            }
    }
    if(count<G->vnum)
        return 0;                       //有回路，返回 0
    else
        return 1;                       //没有回路，返回 1
}
int Criticalpath(ALGraph *G) {         //输出 G 的各项关键活动
    Stack T;
    int i,j,k;
    double ve[],vl[],e,l,dut;
    ArcNode *p;
    char tag;
    InitStack(T);                       //建立拓扑逆序的栈 T
    if(!TopologicalOrder(G,T))
        return 0;                       //有回路，返回 0
    for(i=0;i<G->vnum;i++)
        vl[i]=ve[G->vnum-1];            //初始化顶点事件的最迟发生时间
    while(!StackEmpty(T))               //按拓扑逆序求各顶点的 vl 值
        for(j=pop (T),p=G.AdjList[j] .firstedge;p;p=p->nextarc) {
            k=p->adjvex;
            dut=* (p->info);
            if (vl [k]-dut<vl[j])
                vl[j]=vl[k]-dut;
            }
    for(j=0;j<G->vnum;++j)
        for (p=G .AdjList[j] .firstedge;p;p=p->nextarc) {
            k=p->adjvex;
            dut=* (p->info)
            e=ve [j];
            l=vl[k]-dut;
            tag=(e==l)?'*':' ';
            printf("%d,%d,%f,%f,%f,%c\n",j,k,dut,e,l,tag); //输出关键活动
        }
    return 1;
}
```

在算法中，求每个事件的最早和最晚发生时间，以及活动的最早和最晚开始时间都要对所有顶点及每个顶点边表中所有的边节点进行检查，关键路径算法的时间复杂度为 $O(n+e)$。

已知图 7-24 所示的 AOE 网，求出关键活动和关键路径。

计算过程如下。

（1）计算各顶点事件 v_i 的最早发生时间 $ve(i)$：

$ve(1)=0$

$ve(2)=3$

$ve(3)=4$

$ve(4)= ve(2)+2=5$

$ve(5)=\text{Max}\{ ve(2)+1, ve(3)+3\}=7$

$ve(6)= ve(3) +5=9$

$ve(7)=\text{Max}\{ ve(4)+6, ve(5)+8\}=15$

$ve(8)= ve(5) +4=11$

$ve(9)=\text{Max}\{ ve(8)+10, ve(6)+2\}=21$

$ve(10)=\text{Max}\{ ve(8)+4, ve(9)+1\}=22$

$ve(11)=\text{Max}\{ ve(7)+7, ve(10)+6\}=28$

（2）计算各顶点事件 v_i 的最迟发生时间 $v_l(i)$：

$vl(11)= ve(11)=28$

$vl(10)= vl(11)-6 =22$

$vl(9)= vl(10)-1 =21$

$vl(8)= \text{Min}\{vl(10)-4, vl(9)-10\}=11$

$vl(7)= vl(11)-7 =21$

$vl(6)= vl(9)-2 =19$

$vl(5)= \text{Min}\{vl(7)-8, vl(8)-4\}=7$

$vl(4)= vl(7)-6 =15$

$vl(3)= \text{Min}\{vl(5)-3, vl(6)-5\}=4$

$vl(2)= \text{Min}\{vl(4)-2, vl(5)-1\}=6$

$vl(1)= \text{Min}\{vl(2)-3, vl(3)-4\}=0$

（3）计算各活动 a_i 的最早开始时间 $e(i)$和最晚开始时间 $l(i)$：

$e(1)=ve(1)=0$　　$l(1)=vl(2)-3=3$

$e(2)=ve(1)=0$　　$l(2)=vl(3)-4=0$

$e(3)=ve(2)=3$　　$l(3)=vl(4)-2=13$

$e(4)=ve(2)=3$　　$l(4)=vl(5)-1=6$

$e(5)=ve(3)=4$　　$l(5)=vl(5)-3=4$

$e(6)=ve(3)=4$　　$l(6)=vl(6)-5=14$

$e(7)=ve(4)=5$　　$l(7)=vl(7)-6=15$

$e(8)=ve(5)=7$　　$l(8)=vl(7)-8=13$

$e(9)=ve(5)=7$　　$l(9)=vl(8)-4=7$

$e(10)=ve(6)=9$　　$l(10)=vl(9)-2=19$

$e(11)=ve(7)=15$　　$l(11)=vl(11)-7=21$

$e(12)=ve(8)=11$　　$l(12)=vl(10)-4=18$

$e(13)=ve(8)=11$　　$l(13)=vl(9)-10=11$

$e(14)=ve(9)=21$　　$l(14)=vl(10)-1=21$

$e(15)=ve(10)=22$　　$l(15)=vl(11)-6=22$

最后，得到 a_2，a_5，a_9，a_{13}，a_{14}，a_{15} 是关键活动，关键路径如图 7-25 所示。

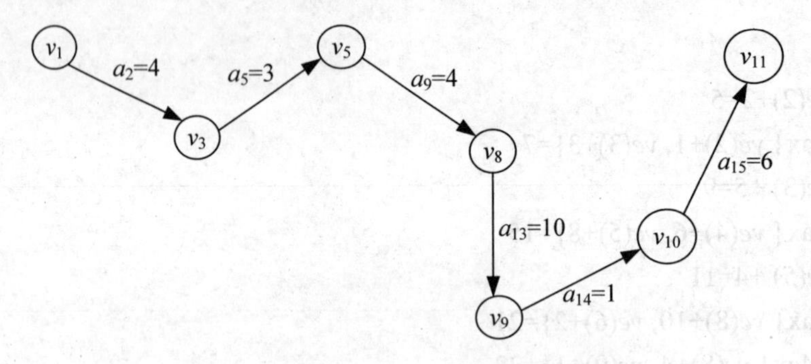

图 7-25　图 7-24 所示 AOE 网的关键路径

7.5　本章小结

本章介绍的图是一种复杂的非线性数据结构，具有广泛的应用背景。通过本章内容的学习，应掌握图的基本概念和术语，掌握图的两种存储结构，明确各自的特点和适用场合，熟练掌握图的两种遍历算法，灵活应用适当的存储结构来解决实际应用问题。

1.　图的逻辑结构

图中顶点间的关系是任意的，图中任意两个数据元素之间都可能相关。图可分为多种类型：无向图、有向图、完全图、连通图、强连通图、带权图、稀疏图和稠密图等。邻接点、路径、回路、度、连通分量、生成树等是图的算法设计中常用的重要术语。

2.　图的存储结构

图的存储方式一般有两类，以边集合方式表示的有邻接矩阵，以链接方式表示的有邻接表、十字链表、邻接多重表。

邻接矩阵和邻接表是两种常用的存储结构，适用于有向图（网）和无向图（网）表示和处理。

3.　图的基本操作

图中节点间是多对多的关系，图的遍历算法是实现图的其他运算的基础，图的遍历方法有两种：深度优先搜索遍历和广度优先搜索遍历。深度优先搜索遍历类似于树的先序遍历，借助于栈结构来实现；广度优先搜索遍历类似于树的层次遍历，借助于队列结构来实现。两种遍历方法的不同之处在于对顶点的访问顺序不同，所以时间复杂度相同。当用邻接矩阵时，时间复杂度为 $O(n^2)$；当用邻接表存储时，时间复杂度为 $O(n+e)$。

4. 图的应用

图的很多算法与实际应用密切相关，比较常用的算法包括构造最小生成树算法、求最短路径算法、拓扑排序和求解关键路径算法。

习　题

1. 选择题。

（1）在一个具有 n 个顶点的有向图中，若所有顶点的出度数之和为 s，则所有顶点的入度数之和为（　　）。

A. s　　B. $s+1$

C. $s-1$　　D. n

（2）在一个具有 n 个顶点的有向图中，若所有顶点的出度数之和为 s，则所有顶点的度数之和为（　　）。

A. s　　B. $s+1$

C. $s-1$　　D. $2s$

（3）在一个具有 n 个顶点的无向图中，若具有 e 条边，则所有顶点的度数之和为（　　）。

A. n　　B. e

C. $n+e$　　D. $2e$

（4）在一个具有 n 个顶点的无向完全图中，所含的边数为（　　）。

A. n　　B. $n(n-1)$

C. $n(n-1)/2$　　D. $n(n+1)/2$

（5）在一个具有 n 个顶点的有向完全图中，所含的边数为（　　）。

A. n　　B. $n(n-1)$

C. $n(n-1)/2$　　D. $n(n+1)/2$

（6）对于一个具有 n 个顶点的无向连通图，它包含的连通分量的个数为（　　）。

A. n　　B. 1

C. 0　　D. $n+1$

（7）若一个图中包含有 k 个连通分量，若按照深度优先搜索的方法访问所有顶点，则必须调用（　　）次深度优先搜索遍历的算法。

A. k　　B. 1

C. $k-1$　　D. $k+1$

（8）若要把 n 个顶点连接为一个连通图，则至少需要（　　）条边。

A. n　　B. $n+1$

C. $n-1$　　D. $2n$

（9）在一个具有 n 个顶点和 e 条边的有向图的邻接表中，保存顶点单链表的表头指针向量的大小至少为（　　）。

A．n　　B．e

C．$2e$　　D．$2n$

（10）对于一个有向图，若一个顶点的度为 $k1$，出度为 $k2$，则对应邻接表中该顶点单链表中的边节点数为（　　）。

A．$k1$　　B．$k1-k2$

C．$k2$　　D．$k1+k2$

（11）深度优先遍历类似于二叉树的（　　）。

A．先序遍历　　B．中序遍历

C．后序遍历　　D．层次遍历

（12）广度优先遍历类似于二叉树的（　　）。

A．先序遍历　　B．中序遍历

C．后序遍历　　D．层次遍历

（13）用邻接表表示图进行广度优先遍历时，通常借助（　　）来实现算法。

A．栈　　B．队列

C．树　　D．图

（14）用邻接表表示图进行深度优先遍历时，通常借助（　　）来实现算法。

A．栈　　B．队列

C．树　　D．图

（15）下面（　　）方法可以判断出一个有向图是否有环。

A．深度优先遍历　　B．拓扑排序

C．求最短路径　　D．求关键路径

2. 填空题。

（1）在一个图中，所有顶点的度数之和等于所有边数的____________倍。

（2）在一个有 n 个顶点的无向完全图中，包含有____________条边；在一个具有 n 个顶点的有向完全图中，包含有____________条边。

（3）在一个有 n 个顶点的无向图中，要连通所有顶点则至少需要____________条边。

（4）表示图的两种存储结构为____________和____________。

（5）在一个连通图中存在着____________个连通分量。

（6）图中的一条路径长度为 k，该路径所含的顶点数为____________。

3. 已知如图所示的有向图，请给出：

（1）每个顶点的入度和出度；

（2）邻接矩阵；

（3）邻接表；

（4）逆邻接表；

（5）强连通分量。

4. 请对如图所示的无向网：

（1）写出邻接矩阵，并按 Prim 算法求其最小生成树；

（2）写出邻接表，并按 Kruskal 算法求其最小生成树。

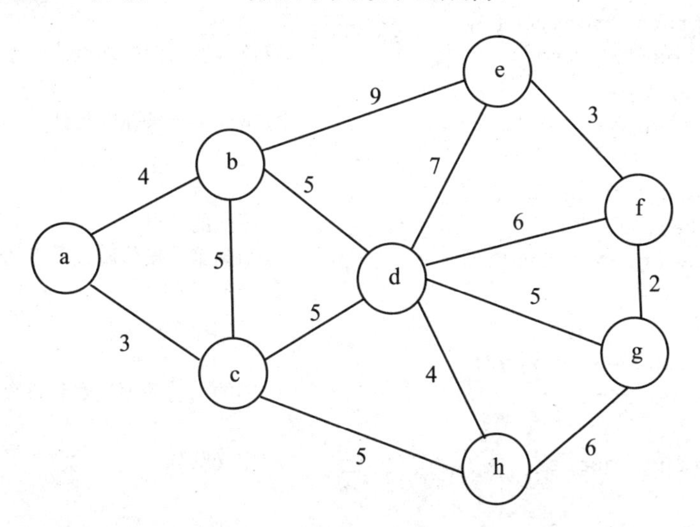

5. 编写算法，由依次输入的顶点数目、弧的数目、各顶点的信息和各条弧的信息建立有向图的邻接表。

6. 编写算法，由依次输入的顶点数目、边的数目、各顶点的信息和各条边的信息建立有向图的邻接矩阵。

7. 试在邻接矩阵存储结构上实现图的基本操作：DeleteArc(G, v, w)，即删除一条边的操作。

8. 试在邻接表存储结构上实现图的基本操作：DeleteArc(G, v, w)，即删除一条边的操作。

9. 试在邻接矩阵存储结构上实现图的基本操作：InsertVex(G, v)，即新增一个顶点的操作。

10. 试在邻接表存储结构上实现图的基本操作：InsertVex(G, v)，即新增一个顶点的操作。

11. 采用邻接表存储结构，编写一个判别无向图中任意给定的两个顶点之间是否存在一条长度为 k 的简单路径的算法。

编 程 实 例

图的存储和遍历算法实现。

编程目的：进一步掌握图的邻接矩阵与邻接表的存储结构、实现图的深度优先遍历与图的广度优先遍历的基本操作。

问题描述：实现有向图和无向图的邻接矩阵存储，并输出图的两种遍历的序列。

源程序代码如下：

```
#include <stdio.h>
#include <malloc.h>
```

```
#define  MAXSIZE  100
typedet  struct arcnode {
    int adjvex;                              //该弧所指向的顶点的位置
    int info;
    struct arcnode *nextarc;                 //指向下一条弧的指针
}Arcnode;
typedef  struct vexnode {
    int  data;                               //顶点的信息
    struct arcnode *firstarc;                //指向第一条依附该顶点的弧的指针
}Vexnode;
typedef  struct graph {
   struct vexnode  *vexpex;
    int vexnum,arcnum;                       //图的当前的顶点数和弧数
}Graph;
typedef  struct queue{                       //定义队列
    int *elem;
    int front;
    int rear;
}Queue;
int n;                                       //图的顶点数
int visit[100];                              //辅助数组
Queue Q;
Queue Initqueue()    {                       //创建一个空队列
   struct queue q;
    q.elem=(int *)malloc(MAXSIZE*sizeof(int));
    if(!q.elem)   exit  0;
    q.front=q.rear=0;
    return q;
}
Queue Enqueue(Queue q,int v ) {              //入队列
    if((q.rear+1)%MAXSIZE==q.front)
       printf("队满!!! \n");
    else {
       q.elem[q.rear]=v;
       q.rear=(q.rear+1)%MAXSIZE;
    }
    return q;
}
int Dequeue(Queue q){                        //出队列
    int cur;
    if(q.rear==q.front) {
       printf("队空!!\n");
       exit  0;
    }
    else {
       cur=q.elem[q.front];
       q.front=(q.front+1)%MAXSIZE;
```

```
        return cur;
    }
}
int Emptyqueue(Queue q){                              //判断队列为空
   if(q.front==q.rear)
        return 1;
    else
        return 0;
}
Graph Creatgraph( ){                                  //创建有向图
  int e,i,s,d;
   int a;
   Graph g;
   Arcnode *p;
   printf("\n 请输入顶点数和边/弧数: ");
   scanf("%d%d",&n,&e);
   g.vexnum=n;
   g.arcnum=e;
   for(i=0;i<g.vexnum;i++) {
     printf("第 %d 顶点的信息: ",i);
        scanf("%d",&a);
        g.vexpex[i].data=a;
        g.vexpex[i].firstarc=0;
     }
   for(i=0;i<g.arcnum;i++) {
     printf("第 %d 边/弧  start,end: ",i+1);
        scanf("%d%d",&s,&d);
        p=(struct arcnode *)malloc(sizeof(struct arcnode));
        p->adjvex=d;
        p->info=g.vexpex[d].data;
        p->nextarc=g.vexpex[s].firstarc;
        g.vexpex[s].firstarc=p;
     }
  return g;
}
void displaygraph(Graph g,int n) {             //显示有向图
  int i;
     Arcnode *p;
     printf("显示有向图: \n");
     for(i=0;i<n;i++) {
        printf("  [%d,%d]-> ",i,g.vexpex[i].data);
        p=g.vexpex[i].firstarc;
        while(p!=NULL) {
             printf(" (%d,%d)-> ",p->adjvex,p->info);
             p=p->nextarc;
          }
        printf("^\n");
```

```
    }
}
void BFSsearch(Graph g,int v) {          //图的广度优先搜索
     int i;
     Arcnode *p;
     Q=Initqueue();
     printf("%5d",g.vexpex[v].data);
     Enqueue(Q,v);
visit[v]=1;
     while(!Emptyqueue(Q)) {
            i=Dequeue(Q);
            p=g.vexpex[i].firstarc;
            while(p!=NULL) {
                Enqueue(Q,p->adjvex);
                if(visit[p->adjvex]==0) {
                    printf("%5d",p->info);
                    visit[p->adjvex]=1;
                }
                p=p->nextarc;
        }
        }
}
void BFS(Graph g){                      //非连通图广度优先搜索
   int i;
     for(i=0;i<g.vexnum;i++)
     visit[i]=0;
     for(i=0;i<g.vexnum;i++)
         if(visit[i]==0)
                BFSsearch(g,i);
   printf("\n\n");
}
void DFSsearch(Graph g,int v) {          //连通图深度优先搜索
   Arcnode *p;
    printf("%5d",g.vexpex[v].data); visit[v]=1;
    p=g.vexpex[v].firstarc;
    while(p!=0) {
         if(!visit[p->adjvex])
              DFSsearch(g,p->adjvex);
        p=p->nextarc;
    }
}
void DFS(Graph g) {                          //非连通图深度优先搜索
   int i;
     for(i=0;i<g.vexnum;i++)
     visit[i]=0;
     for(i=0;i<g.vexnum;i++)
       if(visit[i]==0)
```

```
            DFSsearch(g,i);
    printf("\n\n");
}
int main( ){
Graph g;
    int i;
    g=Creatgraph();
    Displaygraph(g,n);
    printf("BFS result:\n");
    BFS(g);
    printf("DFS result:\n");
    DFS(g);
    return 1;
}
```

第8章

查　找

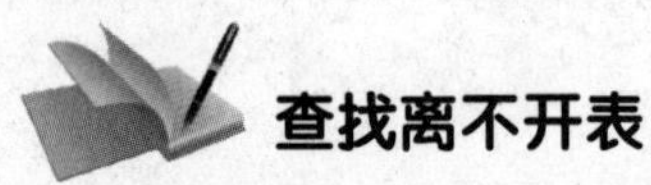

查找离不开表

查找就是在一组数据中按照特定的数据值来寻找匹配的元素。就像在英汉词典中查找某个英文单词的中文，在对数表中查找某个数的对数值。要从计算机、计算机网络中查找特定的信息，就需要在计算机中存储包含该特定信息的表。设计存储表的目的就是为了查找方便，而查找就是针对已存在的表进行操作。设计效率高的查找方法会大大提高程序的运行速度。

本章知识要点：

- 查找的基本概念
- 线性表的查找
- 树表的查找
- 散列表的查找

8.1　查找的基本概念

首先介绍一下与查找有关的基本概念。

1. 查找表

查找表是由同一类型的数据元素（或记录）构成的集合。由于集合中的数据元素之间存在着完全松散的关系，因此查找表是一种非常灵活的数据结构，可以根据实际应用对查找的具体要求去组织查找表，比如线性表、树表等，以便实现高效率的查找。

2. 关键字

关键字是数据元素（或记录）中某个数据项的值，用它可以标识一个数据元素（或记录）。若能唯一确定一个数据元素（或记录）的关键字，则称为主关键字；不能唯一确定一个数据元素（或记录）的关键字，称为次关键字，如“学号”可看成学生的主关键字，“姓名”则应视为次关键字。

3. 查找

查找是根据给定的关键字的值，在查找表中确定一个等于关键字的值的数据元素或记录。查找的结果只能有两种：成功或失败。若查找成功，则返回匹配记录在查找表中的位置或整个记录的信息；若查找失败，则返回一个空记录或空指针。

由此可见，每个查找算法中会涉及三类参数：查找对象 K（找什么）；查找范围 L（在哪找）；查找结果（K 在 L 中的位置）。

4. 静态查找表和动态查找表

若对查找表的操作不包括对表的修改操作，则此类查找表称为静态查找表；若在查找的同时插入表中不存在的数据元素，或从查找表中删除已存在的指定元素，则此类查找表称为动态查找表。简单地说，静态查找表仅对查找表进行查找操作，而不能改变查找表；动态查找表除了对查找表进行查找操作外，可能还要进行向表中插入数据元素或删除表中数据元素的操作。

5. 平均查找长度

查找的主要操作是关键字的比较，通常把查找过程中对关键字的比较次数作为衡量查找算法效率优劣的标准，称为平均查找长度，通常用 ASL 表示。

ASL 的定义：在查找成功时，平均查找长度 ASL 是指为确定数据元素在表中的位置所进行的关键字比较次数的期望值。

对于含 n 个记录的表，查找成功时：

$$ASL=\sum_{i=1}^{n} p_i c_i$$

其中，p_i 是查找第 i 个记录的概率，若不特别声明，均认为对每个记录的查找概率是相等的，即 $p_i=1/n$；c_i 是查找第 i 个记录所需要比较的次数。

8.2 线性表的查找

基于线性表的查找可分为顺序查找、折半查找和分块查找。

8.2.1 顺序查找

顺序查找的查找方法为：从表的一端开始，向另一端逐个将记录的关键字与给定值进行比较，若某个记录的关键字与给定值相等，则查找成功；若扫描整个表之后，仍未找到关键字与给定值相等的记录，则查找失败。

顺序查找既适合于线性表的顺序存储结构，也适用于线性表的链式存储结构。

查找表的顺序存储结构定义如下。

```
#define  LIST_SIZE 50
typedef  struct {
    KeyType  key;                        //关键字域
    OtherType  other_data;               //其他域
} ElemType;
typedef  struct {
    ElemType  data[LIST_SIZE];           //查找表存储空间
    int length;                          //表长度
}SSTable;
```

以顺序存储为查找表，设数据元素从下标为 1 的数组地址开始存放，0 号地址留做监测哨，其顺序查找算法实现如下。

【算法 8-1】顺序查找算法

```
int Search_Seq (SSTable *ST,KeyType key) {      //在顺序表 ST 中查找关键字为
key 的数据元素，若找到返回该元素在数组中的下标，否则返回 0
    int i;
    ST->data[0].key=key;                                  //存放监测
    for(i=ST->length;ST->data[i].key!=key;i--);           //从后向前查找
    return i;
}
```

算法 8-1 中通过设置监测哨，免去查找过程中每一步都要检测整个表是否查找完毕。可以证明，这个设置能使顺序查找在 ST.length≥1000 时，进行一次查找所需的平均时间近似减少一半。监测哨也可设在高下标处。

算法分析如下。

对于 n 个记录的表，若给定值 key 与表中第 i 个记录关键字相等，即定位第 i 个记录时，需进行 $n-i+1$ 次关键字比较，即 $c_i=n-i+1$，查找成功时，顺序查找的平均查找长度为：

$$ASL=\sum_{i=1}^{n}p_i\left(n-i+1\right)$$

设每个记录的查找概率相等，即 p_i=1/n，则等概率情况下有：

$$ASL=\sum_{i=1}^{n}\frac{1}{n}\left(n-i+1\right)=\frac{n+1}{2}$$

查找不成功时，每个关键字都要比较一次，直到监测哨，因此关键字的比较次数是 n+1 次。

算法中的主要操作就是关键字的比较，查找算法的时间复杂度为 $O(n)$。

顺序查找的优点：算法简单，对存储结构无任何要求，既适用于顺序结构，也适用于链式结构，无论查找表是否按关键字有序均可。缺点：平均查找长度较大，查找效率较低，尤其当 n 很大时，不宜采用顺序查找。

8.2.2　折半查找

折半查找也称二分查找，它是一种效率较高的查找方法，但它要求查找表必须是顺序结构存储且表中数据元素按关键字有序排列。

折半查找的思想为：在有序表中，取中间元素作为比较对象，若给定值与中间元素的关键字相等，则查找成功；若给定值小于中间元素的关键字，则在中间元素的左半区继续查找；若给定值大于中间元素的关键字，则在中间元素的右半区继续查找。不断重复上述查找过程，直到查找成功；或所查找的区域无数据元素，查找失败。

【例 8-1】已知有 10 个数据元素的有序表（关键字即为数据元素的值）：

（11,14,25,30,54,62,73,78,81,98）

给出使用折半查找法查找关键字为 25 和 85 的过程。

（1）查找给定值 k=25 的过程。

序号：	1	2	3	4	5	6	7	8	9	10
关键字：	11	14	25	30	54	62	73	78	81	98
	↑				↑					↑
	low=1				mid=5					high=10

令指针 low 指向第 1 个数据元素，指针 high 指向第 10 个数据元素，mid= (1+10)/2=5，与给定值 k 比较，因为 ST.data[mid].key >k，说明待查找元素若存在，必在区间[low,mid−1]范围内，令指针 high 指向 mid−1，重新得到 mid=(1+4)/2=2。

序号：	1	2	3	4	5	6	7	8	9	10
关键字：	11	14	25	30	54	62	73	78	81	98
	↑	↑		↑						
	low=1	mid=2		high=4						

将该区间 ST.data[mid].key 与给定值 k 相比，因为 ST.data[mid].key <k，说明待查元素若存在，必在区间[mid+1,high]范围内，令指针 low 指向 mid+1，重新得到 mid=(3+4)/2=3。

序号：	1	2	3	4	5	6	7	8	9	10
关键字：	11	14	25	30	54	62	73	78	81	98

↑ low=3 mid=3（指向序号 3）　↑ high=4（指向序号 4）

比较 ST.data[mid].key 与给定值 k，若相等，则查找成功，返回该元素在表中的位置，即 mid 的值。

（2）查找给定值 k=85 的过程。

序号：	1	2	3	4	5	6	7	8	9	10
关键字：	11	14	25	30	54	62	73	78	81	98

↑ low=1（指向序号 1）　↑ mid=5（指向序号 5）　↑ high=10（指向序号 10）

因为 ST.data[mid].key<k，令 low 指向 mid+1，得到新的 mid=(6+10)/2=8。

序号：	1	2	3	4	5	6	7	8	9	10
关键字：	11	14	25	30	54	62	73	78	81	98

↑ low=6（指向序号 6）　↑ mid=8（指向序号 8）　↑ high=10（指向序号 10）

因为 ST.data[mid].key <k，令 low 指向 mid+1，得到新的 mid=(9+10)/2=9。

序号：	1	2	3	4	5	6	7	8	9	10
关键字：	11	14	25	30	54	62	73	78	81	98

↑ low=9 mid=9（指向序号 9）　↑ high=10（指向序号 10）

因为 ST.data[mid].key <k，令 low 指向 mid+1，得到新的 mid=(10+10)/2=10。

序号：	1	2	3	4	5	6	7	8	9	10
关键字：	11	14	25	30	54	62	73	78	81	98

↑ low=10 mid=10 high=10（指向序号 10）

因为 low>high，此时查找的区间大小为零，表明查找不成功。

【算法 8-2】 折半查找算法

```
  int  Binary_Search(SSTable *ST,KeyType key){         //在顺序表 ST 中折半查找关
键字为 key 的数据元素，若找到则返回该元素在数组中的下标，否则返回 0
      int low,high,mid;
      int flag;
      low=1;
      high=ST->length;                                //设置初始区间
      flag=0;
      while(low<=high){                               //表空测试
       mid=(low+high)/2;                              //得到中点
         if(key<ST->data[mid].key)
           high=mid-1;                                //调整到左半区
         else
         if(key>ST->data[mid].key)
               low=mid+1;                             //调整到右半区
               else{
               flag=mid;                              //查找成功，元素位置设置到 flag
               break;
               }
         }
    return flag;
  }
```

算法分析如下。

从折半查找的过程来看，以表的中点为比较对象，并以中点为界线将表分割为两个子表，对定位到的子表继续这种操作。所以，对表中每个数据元素的查找过程可用二叉树来描述，称这个描述查找过程的二叉树为折半查找的判定树。

例 8-1 中的有序表对应的判定树如图 8-1 所示。从判定树上可见，成功的折半查找恰好是走了一条从判定树的根到被查找节点的路径，经历比较的关键字个数恰好为该节点在树中的层次。例如，查找 25 的过程经过一条从根到节点的路径，需要比较 3 次，比较次数即为节点所在的层次。图中比较 1 次的只有一个根节点，比较 2 次的有两个节点，比较 3 次的有四个节点，比较 4 次的有三个节点。假设每个记录的查找概率相同，根据此判定树可知，对长度为 10 的有序表进行折半查找的平均查找长度为

$$ASL = \frac{1}{10}(1 + 2\times 2 + 3\times 4 + 4\times 3) = 2.9$$

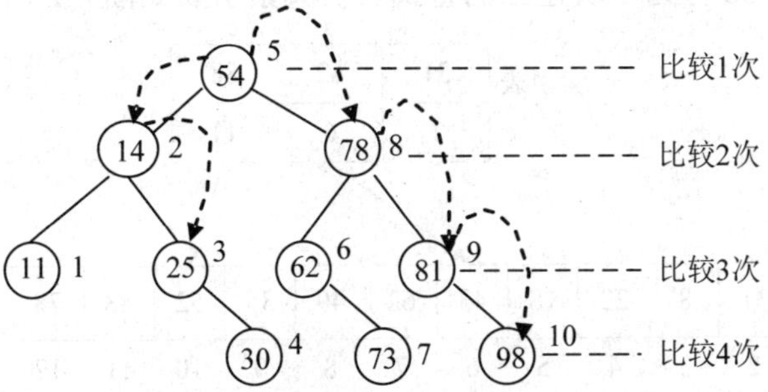

图 8-1　例 8-1 中描述折半查找过程的判定树

由此可见，折半查找在查找成功时进行比较的关键字个数最多不超过树的深度。而判定树的形态只与表中记录个数 n 相关，与关键字的取值无关，具有 n 个节点的判定树的深度为 $\lfloor \log_2 n \rfloor + 1$。所以，对于长度为 n 的有序表，折半查找法在查找成功时和给定值进行比较的关键字个数至多为 $\lfloor \log_2 n \rfloor + 1$。

借助判定树，求得折半查找的平均查找长度。假设有序表的长度 $n=2^h-1$，则判定树是深度为 $h=\log_2(n+1)$的满二叉树。假设表中每个记录的查找概率相等 $p_i=1/n$，则查找成功时折半查找的平均查找长度为

$$\begin{aligned} ASL &= \sum_{i=1}^{n} p_i c_i \\ &= \frac{1}{n}\sum_{j=1}^{h} j \times 2^{j-1} \\ &= \frac{n+1}{n}\log_2(n+1) - 1 \end{aligned}$$

当 n 较大时，可有近似结果

$$ASL = \log_2(n+1) - 1$$

因此，折半查找的时间复杂度为 $O(\log_2 n)$。折半查找方法的效率比顺序查找高，但折半查找只适用于有序表，且限于顺序存储结构。

8.2.3 分块查找

若查找表中的数据元素的关键字是按块有序的，则可以做分块查找。分块查找又称索引顺序查找，是对顺序查找的一种改进。

分块查找将查找表组织成两种顺序结构。

一是将查找表分成若干块（子表）。一般情况下，块的长度均匀，最后一块可不满；每块中的元素任意排列，即块内无序，但块与块之间有序。

二是构造一个索引表，其中每个索引项对应一个块并记录每块的起始位置，以及每块中的最大关键字（或最小关键字）。索引表按关键字有序排列。

【例 8-2】设关键字集合为:

（88,43,14,31,78,8,62,49,35,71,22,83,18,52）

按关键字值 31，62，88 分为 3 块建立的查找表及其索引表如图 8-2 所示。

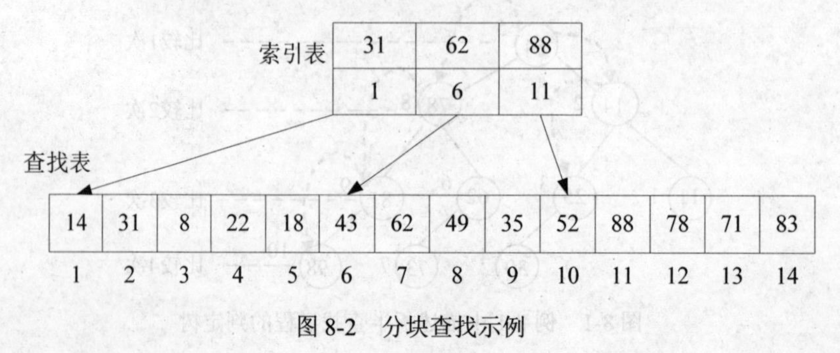

图 8-2　分块查找示例

查找时，分成两步进行：

（1）先根据给定值 key 在索引表中查找，以确定所要查找的数据元素属于查找表中的哪一块，由于索引表按关键码有序，因此可用顺序查找或折半查找；

（2）再进行块内查找，因为块内无序，只能进行顺序查找。

算法分析如下。

分块查找由索引表查找和子表查找两步完成。设 n 个数据元素的查找表分为 m 个子表，且每个子表均有 t 个元素，则

$$t=\frac{n}{m}$$

设在索引表上的查找也采用顺序查找，分块查找的平均查找长度为

$$\begin{aligned}ASL &= ASL_{\text{索引表}}+ASL_{\text{子表}}\\ &=\frac{1}{2}(m+1)+\frac{1}{2}\left(\frac{n}{m}+1\right)\\ &=\frac{1}{2}\left(m+\frac{n}{m}\right)+1\end{aligned}$$

可见，平均查找长度不仅与表的总长度 n 有关，而且与所分的子表个数 m 有关。对于表长 n 确定的情况下，m 取 $\sqrt{n}$ 时，$ASL=\sqrt{n}+1$ 达到最小值。

8.3　树表的查找

线性表的查找更适用于静态查找表，若要对动态查找表进行高效率的查找，可采用树表作为查找表的组织形式。

8.3.1　二叉排序树

二叉排序树又称为二叉查找树，是一种对排序和查找都很有用的特殊二叉树。

1.　二叉排序树的定义

二叉排序树或者是一棵空树，或者是具有下列性质的二叉树。

（1）若左子树不空，则左子树上所有节点的值均小于根节点的值；若右子树不空，则右子树上所有节点的值均大于根节点的值。

（2）左右子树也都是二叉排序树。

二叉排序树是递归定义的。可以看出，对二叉排序树进行中序遍历，得到一个按关键字递增有序的序列。一棵二叉排序树如图 8-3 所示。

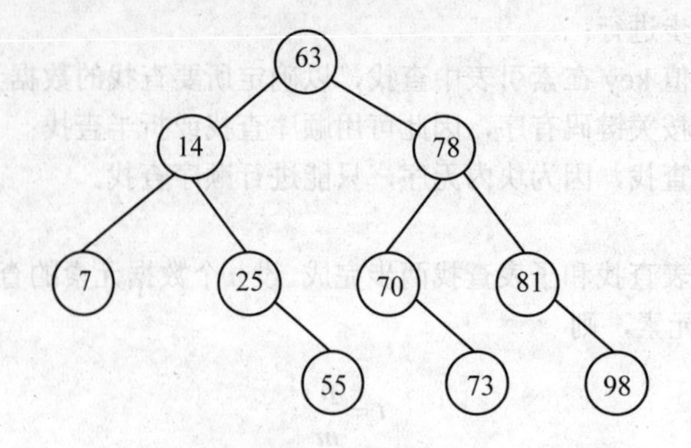

图 8-3　二叉排序树示例

若中序遍历图 8-3 所示二叉排序树，则可得到一个按数值大小排序的递增序列：

7，14，25，55，63，70，73，78，81，98

下面以二叉链表作为二叉排序树的存储结构，二叉链表节点的类型定义如下。

```
typedef  struct {
   KeyType  key;                              //关键字域
   OtherType  other_data;                     //其他域
} ElemType;
typedef  struct  BSNode{
   ElemType data;                             //数据元素字段
   struct  Node  *lchild, *rchild;            //左、右孩子指针
}BSNode,*BSTree;
```

2.　二叉排序树的查找

若将查找表组织为一棵二叉排序树，则根据二叉排序树的特点，查找过程如下。

（1）若查找树为空，查找失败。

（2）若查找树非空，将给定值 key 与查找树的根节点关键码字比较。

（3）若相等，则查找成功，结束查找过程；否则，有以下两种情况：当给定值 key 小于根节点关键字，查找将在以左孩子为根节点的子树上继续进行，转到步骤（1）。当给定值 key 大于根节点关键字，查找将在以右孩子为根节点的子树上继续进行，转到步骤（1）。

【算法 8-3】二叉排序树查找算法

```
int  SearchData(BSNode *t, BSNode **p, BSNode **q, KeyType  key) {
   //在二叉排序树上查找关键码为 key 的元素，若找到，返回 1；否则，返回 0
   //*q 指向该节点，*p 指向其父节点
    int flag;                                 //查找成功与否的标志
    flag=0;
    *q=t;
    while(*q)                                 //从根节点开始查找
        if (key>(*q)->data.key) {             //key 大于当前节点*q 的关键字
            *p=*q;
            *q=(*q)->rchild;
        }                                     //置当前节点*q 的右孩子为新根
```

```
        else
            if (key<(*q)->data.key){      //key 小于当前节点*q 的关键字
            *p=*q;
            *q=(*q)->lchild;              //置当前节点*q 的左孩子为新根
            }
            else{
                flag=1;
                break;
        }//查找成功，返回
    return flag;
}
```

算法分析如下。

在二叉排序树上进行查找，若查找成功，则是从根节点出发走了一条从根节点到待查节点的路径；若查找不成功，则是从根节点出发走了一条从根节点到某个叶子节点的路径。

因此二叉排序树的查找与折半查找过程类似，在二叉排序树中查找一个记录时，其比较次数不超过树的深度。但是，对于长度为 *n* 的有序表而言，折半查找判定树是唯一的，而有 *n* 个节点的二叉排序树却不是唯一的，因为同一个关键字集合，关键字插入的先后次序不同，所构成的二叉排序树的形态不同，如图 8-4 所示。

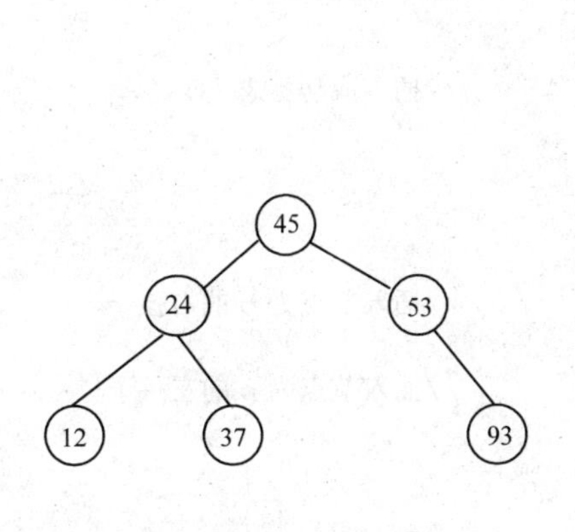

（a）关键字序列为{45,24,53,12,37,93}的二叉排序树

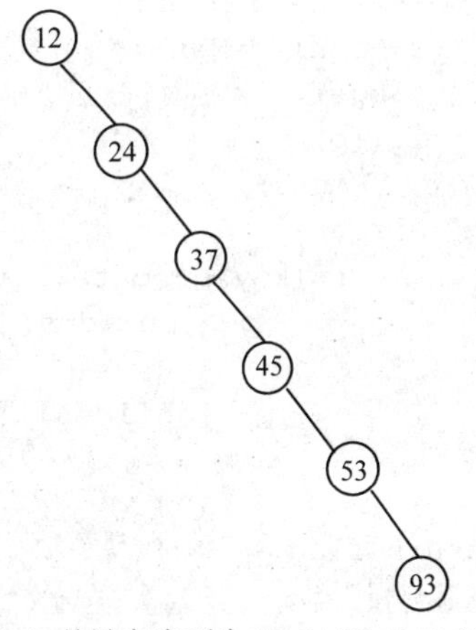

（b）关键字序列为{12,24,37,45,53,93}的二叉排序树

图 8-4 二叉排序树的不同形态

图 8-4 中的两棵二叉排序树对应同一元素集合，排列顺序不同，生成的二叉排序树的形态不同，（a）树的深度为 3，而（b）树的深度为 6。假设每个元素的查找概率相等，则其平均查找长度分别为

$$ASL_{(a)}=\frac{1}{6}(1+2\times2+3\times3)=\frac{14}{6}$$

$$ASL_{(b)}=\frac{1}{6}(1+2+3+4+5+6)=\frac{21}{6}$$

由此可见，含有 n 个节点的二叉排序树的平均查找长度与树的形态有关。当关键字有序时，构成的二叉排序树蜕变为单支树。树的深度为 n，其平均查找长度为$(n+1)/2$（与顺序查找相同），这是最差的情况；最好的情况是，二叉排序树的形态和折半查找的判定树相似，平均查找长度和 $\log_2 n$ 成正比。

3. 二叉排序树的插入与创建

二叉排序树的插入操作是以查找为基础的。设待插入节点的关键字为 key，为将其插入，先要在二叉排序树中进行查找，若查找成功，按二叉排序树定义，说明待插入节点已存在，不用插入；若查找不成功，则插入。因此，新插入节点一定是作为叶子节点添加的。

【算法 8-4】二叉排序树插入节点算法

```
int  InsertNode(BSNode **t,KeyType key){    //在二叉排序树上插入 key 节点
    BSNode *p,*q,*s;
    int flag;
    flag=0;                                 //是否插入
    p=*t;
    if(!SearchData(*t,&p,&q,key)) {         //在*t 为根的子树上查找
        s=new BSNode;                       //申请节点，并赋值
        s->data.key=kx;
        s->lchild=NULL;
        s->rchild=NULL;
        flag=1;                             //插入成功标志
        if(!p)
            *t=s;
        else{
            if(key>p->data.key)
                p->rchild=s;                //插入节点为 p 的右孩子
            else
                p->lchild=s;                //插入节点为 p 的左孩子
            }
        }
    return flag;
    }
```

二叉排序树的创建是从空的二叉排序树开始的，每输入一个节点，经过查找操作，将新节点插入到当前二叉排序树的合适位置。

【算法 8-5】二叉排序树创建算法

```
void creatBST(BSTree  *T) {
  *T=NULL;
  scanf("%d",&key);
   while(key!=ENDKEY) {
    InsertNode(T,key);
    scanf("%d",&key);
    }
}
```

算法分析如下。

二叉排序树的插入算法时间复杂度同查找一样，是 $O(\log_2 n)$。创建二叉排序树算法的时间复杂度为 $O(n\log_2 n)$。

【例 8-3】 设关键字序列为：63，90，70，55，67，42，98，83，10，45，则构造一棵二叉排序树的过程如图 8-5 所示。

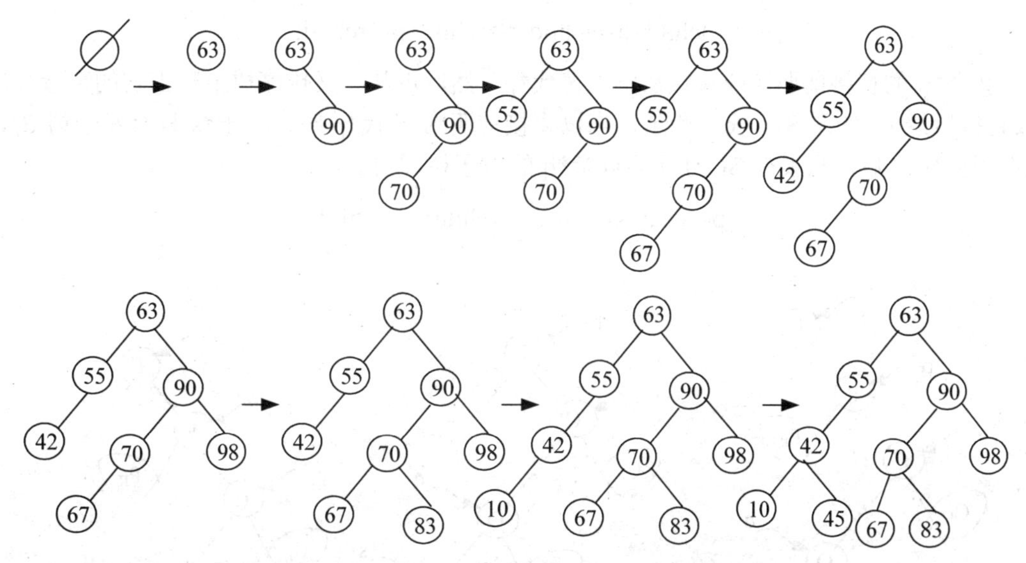

图 8-5　二叉排序树创建过程

由此可见，一个无序序列可以通过构造一棵二叉排序树而变成一个有序序列，构造树的过程即为对无序序列进行排序的过程。并且每次插入的新节点都是二叉排序树上新的叶子节点，则在进行插入操作时，不必移动其他节点，令需要改动某个节点的指针由空变为非空即可。

4. 二叉排序树的删除

被删除的节点可能是二叉排序树中的任何节点，删除节点后，要根据其位置的不同而修改其双亲节点及相关节点的指针，以保持二叉排序树的特性。

设待删节点为*p（p 为指向待删节点的指针），其双亲节点为*f（f 为指向此节点的指针），下面分三种情况进行讨论。

（1）若 p 节点为叶子节点，由于删去叶子节点后不影响整棵树的特性，所以，只需将被删节点的双亲节点相应指针域改为空指针即可。

f->lchild=NULL;

（2）若 p 是单支节点，即 p 节点只有右子树 P_R 或只有左子树 P_L，此时，只需将 P_R 或 P_L 替换 f 节点的 p 子树即可。

f->lchild=p->lchild;（或 f->lchild=p->rchild;）

（3）若 p 节点既有左子树 P_L 又有右子树 P_R，可按中序遍历保持有序进行调整。

设删除 p 节点前，中序遍历序列为：……，C_L 子树，C，……，Q_L 子树，Q，S_L 子树，S，p，P_R 子树，F，……。

则删除 p 节点后，中序遍历序列应为：……，C_L 子树，C，……，Q_L 子树，Q，S_L 子树，S，P_R 子树，F，……。

删除 p 节点之后，有两种调整方法。

①令*p 的左子树为*f 的左子树，而*p 的右子树为*s 的右子树，如图 8-6（b）所示。

f->lchild=p->lchild;s->rchild=p->rchild;

②令*p 的直接前驱（或直接后继）替代*p，然后再从二叉排序树中删去它的直接前驱（或直接后继）。如图 8-6（c）所示，当以直接前驱*s 替代*p 时，由于*s 只有左子树 S_L，则在删去*s 之后，只要令 S_L 为*s 的双亲*q 的右子树即可。

p->data=s->data;q->rchild=s->lchild;

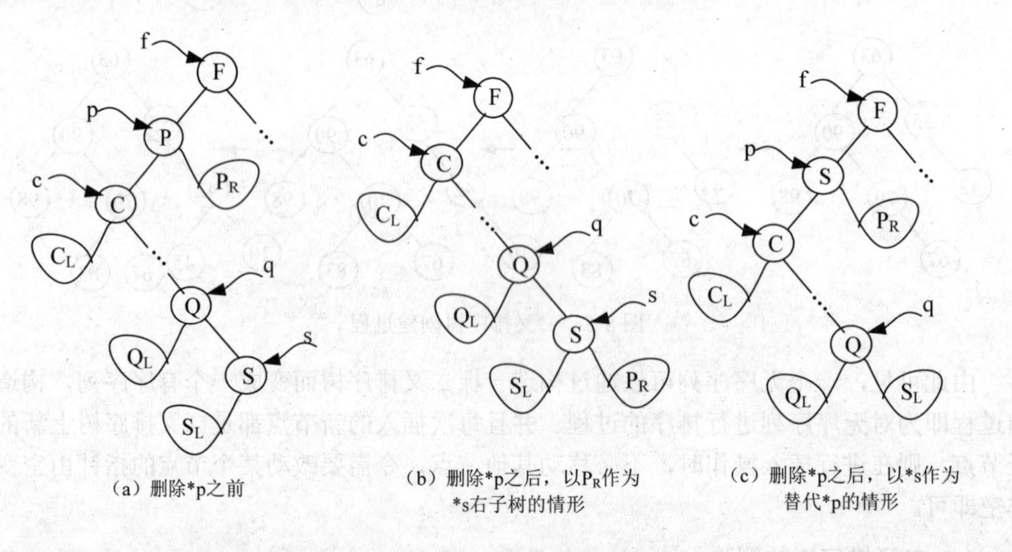

图 8-6　二叉排序树删除节点

显然前一种处理方法可能增加树的深度，而后一种处理方法是以被删节点左子树中关键字最大的节点替代被删节点，然后从左子树中删除此节点，不会增加树的高度，所以常采用后一种处理方案。

【算法 8-6】二叉排序树删除算法

```
int DeleteNode(BSNode **t,KeyType key) {
    BSNode *p,*q,*s,**f;
    int flag;
    flag=0;                                  //是否删除成功
    p=*t;
    if(SearchData(*t,&p,&q,key)) {
        flag=1;                              //查找成功，置删除成功
        if (p==q)
            f=t;                             //待删节点为根节点
        else{                                //待删节点非根节点
            f=& (p->lchild);
            if(key>p->data.key)
```

```
            f=& (p->rchild);        //f 指向待删节点的父节点的相应指针域
        }
      if(!q->rchild)
        *f=q->lchild;               //若待删节点无右子树，以左子树替换待删节点
        else{
            if(!q->lchild)
                *f=q->rchild;       //若待删节点无左子树，以右子树替换待删节点
        else {
                p=q->rchild;        //既有左子树又有右子树
                s=p;
                while (p->lchild){
                    s=p;
                p=p->lchild;        //在右子树上搜索待删节点的后继 p
              }
            *f=p;
            s->lchild=q->lchild;    //替换待删节点 q 重接左子树
            if(s!=p){               //待删节点的右孩子有左子树，重接右子树
                s->lchild=p->rchild;
                p->rchild=q->rchild;
                }
                  }
              }
            delete q;
        }
        return flag;
    }
```

算法分析如下。

二叉排序树的删除算法的基本过程也是查找，所以时间复杂度是 $O(\log_2 n)$。

对给定序列建立二叉排序树，若左右子树均匀分布，则其查找过程类似于折半查找；但若给定序列原本有序，则建立的二叉排序树查找效率同顺序查找一样。因此，对二叉排序树进行插入或删除节点后，应对其调整，使其保持均匀。

8.3.2 平衡二叉树

1. 平衡二叉树的定义

为了提高查找效率，希望找到一种均衡的二叉树，即平衡二叉树。

平衡二叉树又称 AVL 树。一棵平衡二叉树或者是一棵空树，或者是具有下列性质的二叉排序树：左子树和右子树都是平衡二叉树，且左子树和右子树高度之差的绝对值小于等于 1。

二叉树上节点的平衡因子是该节点左子树和右子树的深度之差。平衡二叉树上所有节点的平衡因子只能是-1，0 和 1。只要二叉树上一个节点的平衡因子的绝对值大于 1，则该二叉树就不是平衡二叉树，如图 8-7 所示为平衡二叉树和不平衡二叉树。

因为 AVL 树上任何节点的左右子树的深度之差都不超过 1，所以其查找的时间复杂度为 $O(\log_2 n)$。

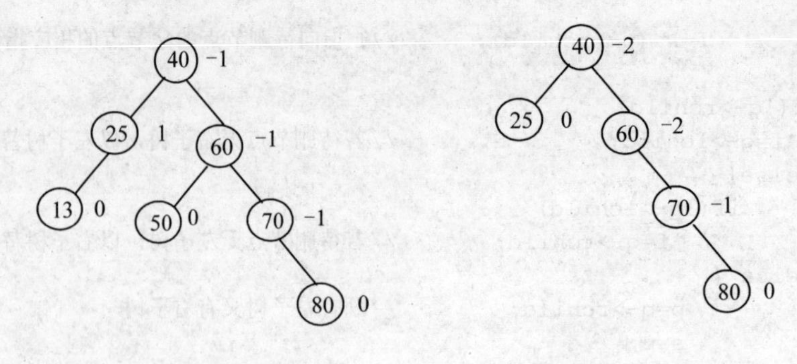

图 8-7　平衡二叉与不平衡二叉树

2.　平衡二叉树的平衡调整方法

在平衡二叉树上插入或删除节点后，可能使二叉树失去平衡，因此，需要对失去平衡的树进行平衡化调整。调整的方法是：找到离插入节点最近且平衡因子绝对值超过 1 的祖先节点，以该节点为根的子树称为最小不平衡子树，可将重新平衡的范围局限于这棵子树。

假设最小不平衡子树的根节点为 A 节点，对该子树进行平衡化调整，归纳起来有以下四种情况。

（1）LL 型：这种失衡是因为在失衡节点的左孩子的左子树上插入节点造成的。A 的平衡因子由 1 增至 2，致使以 A 为根的子树失去平衡，则需要进行一次向右的顺时针旋转操作，如图 8-8 所示。

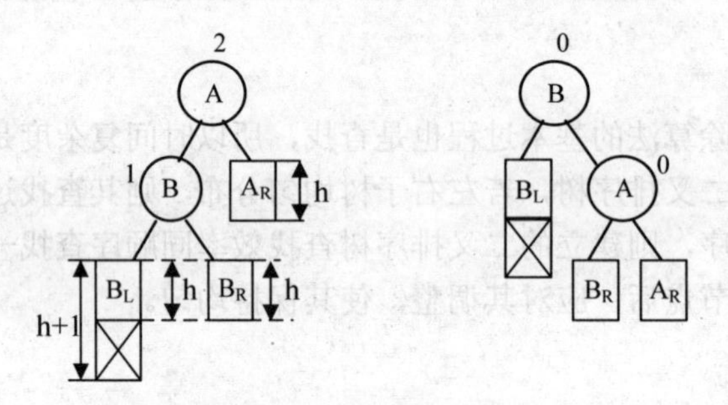

图 8-8　LL 型调整操作示意图

图 8-9 所示为两个 LL 型调整的实例。

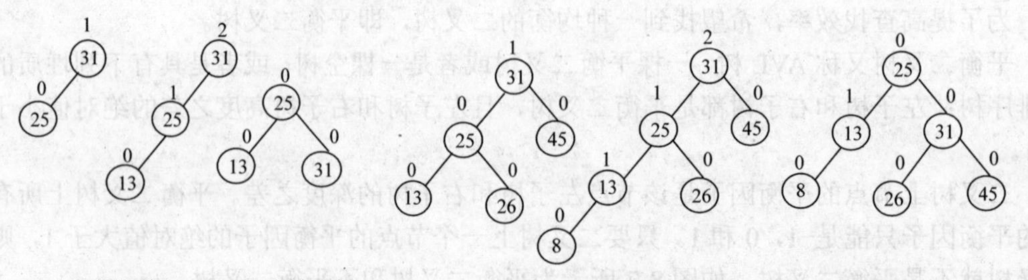

图 8-9　LL 型调整操作实例

（2）RR 型：这种失衡是因为在失衡节点的右孩子的右子树上插入节点造成的。A 的平衡因子由−1 变为−2，致使以 A 为根的子树失去平衡，则需要进行一次向左的逆时针旋转操作，如图 8-10 所示。

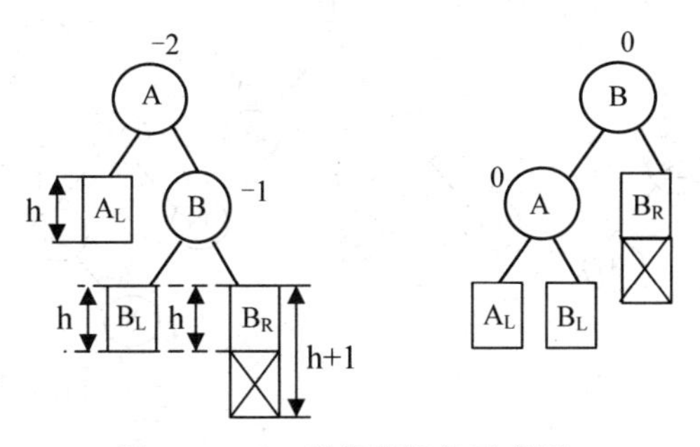

图 8-10　RR 型调整操作示意图

图 8-11 所示为两个 RR 型调整的实例。

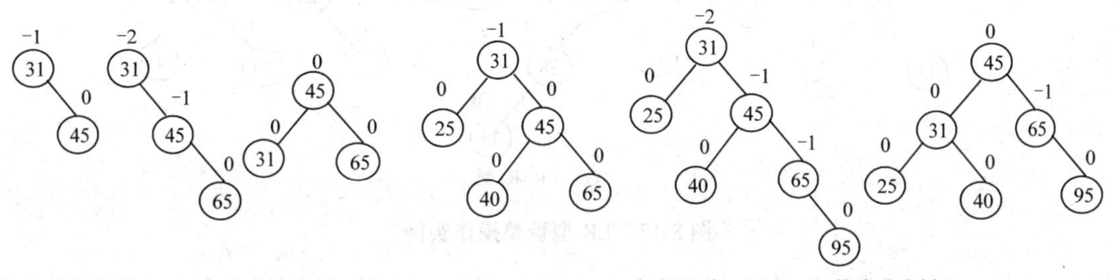

图 8-11　RR 型调整操作实例

（3）LR 型：这种失衡是因为在失衡节点的左孩子的右子树上插入节点造成的。A 的平衡因子由 1 增至 2，致使以 A 为根的子树失去平衡，则需要进行两次旋转操作。第一次对 B 及其右子树进行逆时针旋转，C 转上去成为 B 的根，这时变成了 LL 型，所以第二次进行 LL 型的顺时针旋转即可恢复平衡。如果 C 原来有左子树，则调整 C 的左子树为 B 的右子树，如图 8-12 所示。

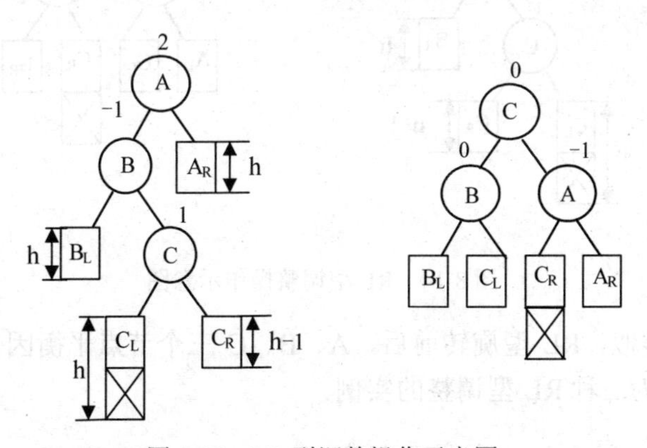

图 8-12　LR 型调整操作示意图

LR 型旋转前后，A、B、C 三个节点平衡因子的变化分为三种情况，图 8-13 所示为三种 LR 型调整的实例。

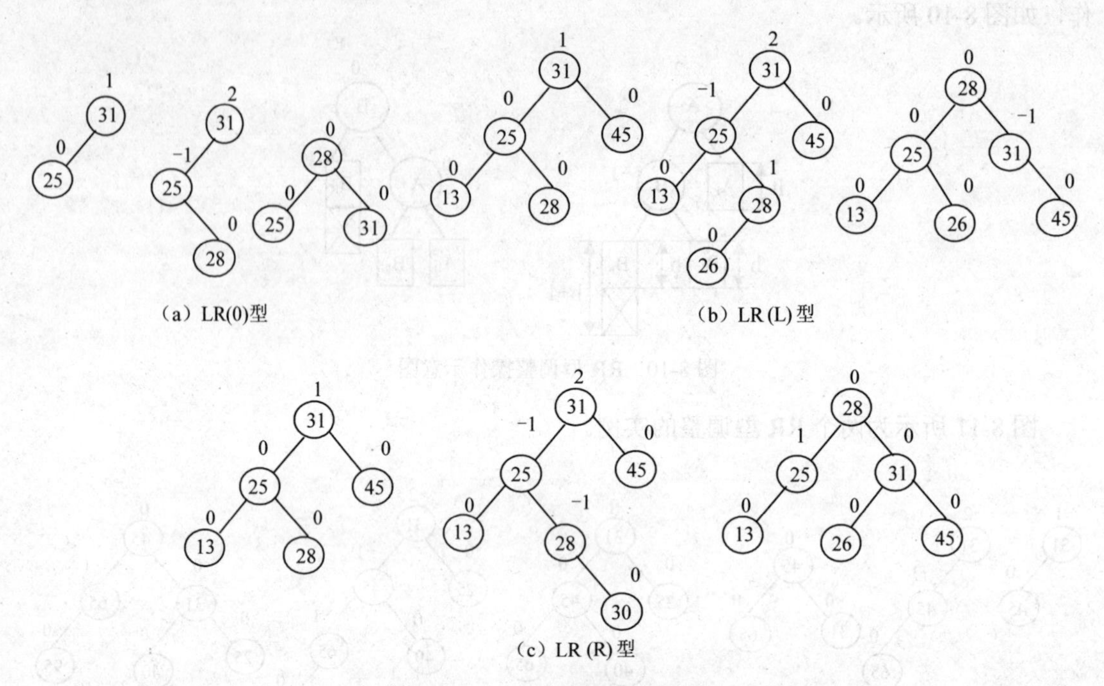

图 8-13 LR 型调整操作实例

（4）RL 型：这种失衡是因为在失衡节点的右孩子的左子树上插入节点造成的。A 的平衡因子由−1 变为−2，致使以 A 为根的子树失去平衡，则旋转方法与 LR 型相对称，也需要进行两次旋转，先顺时针右旋，再逆时针左旋，如图 8-14 所示。

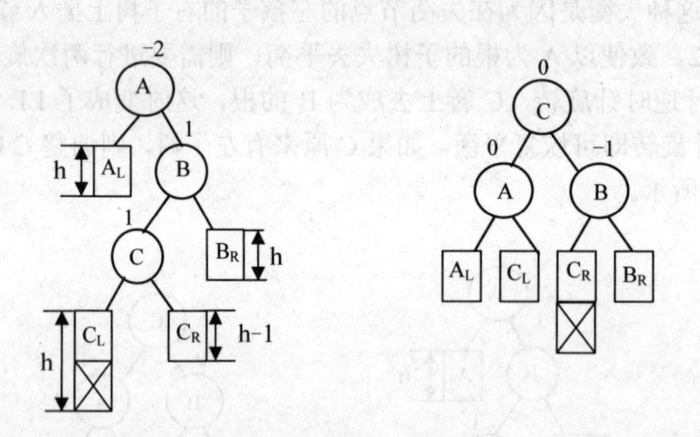

图 8-14 RL 型调整操作示意图

同 LR 型旋转类似，RL 型旋转前后，A、B、C 三个节点平衡因子的变化也分为三种情况，图 8-15 所示为三种 RL 型调整的实例。

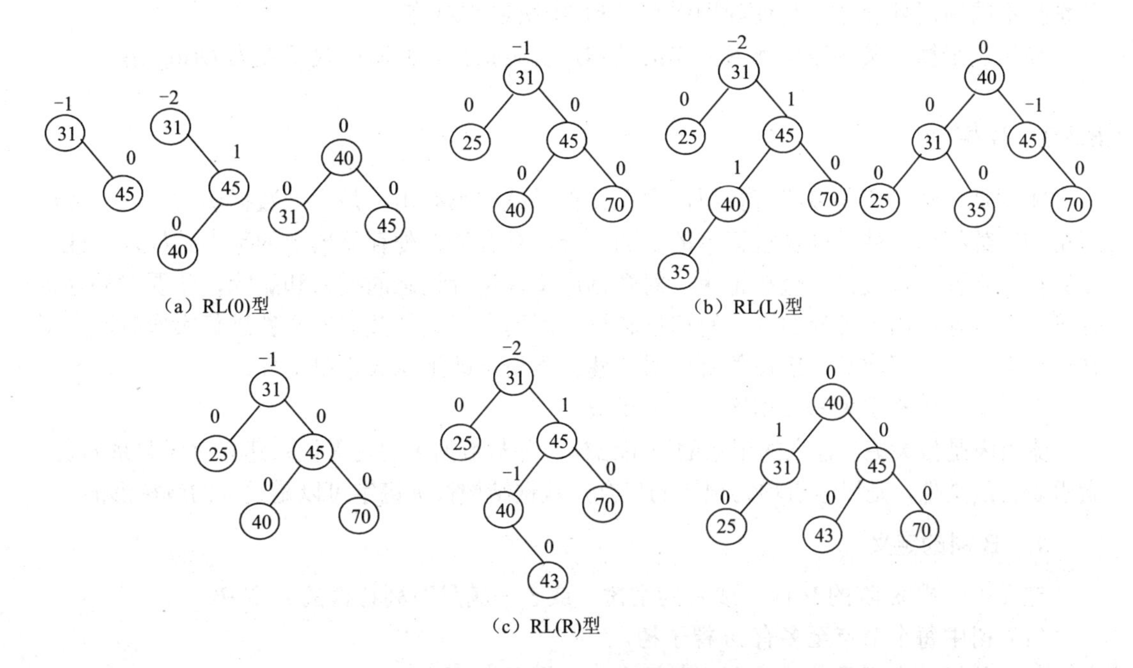

图 8-15 RL 型调整操作实例

3. 平衡二叉树的插入

二叉平衡树的结构较好，可提高查找速度，但是对插入、删除过程中的处理较复杂，从而降低了运算速度。因此，二叉平衡树主要应用于查找，而应少对其进行插入和删除操作。

在平衡的二叉排序树 BST 上插入一个新的数据元素 x 的递归算法可描述如下。

（1）若 BST 为空树，则插入一个数据元素为 x 的新节点作为 BST 的根节点，树的深度增 1。

（2）若 x 的关键字和 BST 的根节点的关键字相等，则不进行插入。

（3）若 x 的关键字小于 BST 的根节点的关键字，且在 BST 的左子树中不存在和 x 有相同关键字的节点，则将 x 插入在 BST 的左子树上，且当插入之后的左子树深度增加 1 时，分别按下列不同情况处理：

① BST 的根节点的平衡因子为-1（右子树的深度大于左子树的深度），则将根节点的平衡因子更改为 0，BST 的深度不变；

② BST 的根节点的平衡因子为 0（左、右子树的深度相等），则将根节点的平衡因子更改为 1，BST 的深度增 1；

③ BST 的根节点的平衡因子为 1（左子树的深度大于右子树的深度），若 BST 的左子树根节点的平衡因子为 1，则需进行单向右旋平衡处理，且在右旋处理之后，将根节点和其右子树根节点的平衡因子更改为 0，树的深度不变；

④ 若 BST 的左子树根节点的平衡因子为-1，则需进行先向左、后向右的双向旋转平衡处理，且在旋转处理之后，修改根节点和其左、右根节点的平衡因子，树的深度不变。

（4）若 x 的关键字大于 BST 的根节点的关键字，且在 BST 的右子树中不存在和 x 有相同关键字的节点，则将 x 插入在 BST 的右子树上，且当插入之后的左子树深度增加 1 时，分别按不同情况处理之。其处理操作与（3）中所述相对称。

显然，平衡二叉排序树插入操作的基本过程是查找，其时间复杂度为 $O(\log_2 n)$。

8.3.3 B 树

B 树是一种平衡的多路查找树，它在文件系统中很有用，是大型数据库文件的一种组织结构。数据库文件是同类型记录的值的集合，是存储在外存储器上的数据结构。因此，在数据库文件中按关键字查找记录，对数据库文件进行记录的插入和删除，就要对外存进行读、写操作。由于外存的读、写速度较慢，因而在对大的数据库文件进行操作时，为了减少外存的读、写次数，应按关键字对其建立索引，即组织成索引文件。

索引文件由索引表和数据区两部分组成。

索引表是按关键字建立的记录的逻辑结构，并与数据区的物理记录建立对应关系的表。索引表也是文件，是以索引项为记录的集合，数据结构按关键字可以是线性的或树形的。

1. B 树的定义

定义：一棵 m 阶的 B 树，或者为空树，或者为满足下列特性的 m 叉树。

（1）树中每个节点至多有 m 棵子树。

（2）若根节点不是叶子节点，则至少有两棵子树。

（3）除根节点之外的所有非终端节点至少有 $\lceil m/2 \rceil$ 棵子树。

（4）所有的非终端节点中包含以下信息数据：$(n,A_0,K_1,A_1,K_2,\cdots,K_n,A_n)$。其中，$K_i$（$i=1,2,\cdots,n$）为关键字，且 $K_i < K_{i+1}$；A_i（$i=0,1,\cdots,n-1$）为指向子树根节点的指针，且指针 A_i 所指子树中所有节点的关键字均大于 K_i，小于 K_{i+1}（$i=1,2,\cdots,n-1$）；A_0 所指子树中所有节点的关键字均小于 K_1；A_n 所指子树中所有节点的关键字均大于 K_n；$\lceil m/2 \rceil -1 \leqslant n \leqslant m-1$，$n$ 为关键字的个数。实际上，节点中还应包括指向父节点的指针和指向关键字对应数据区记录的指针。

（5）所有的叶子节点都出现在同一层次上，并且不带信息（可以看作是外部节点或查找失败的节点，实际上这些节点不存在，指向这些节点的指针为空）。

如图 8-16 所示为一棵 4 阶的 B 树，其深度为 4。

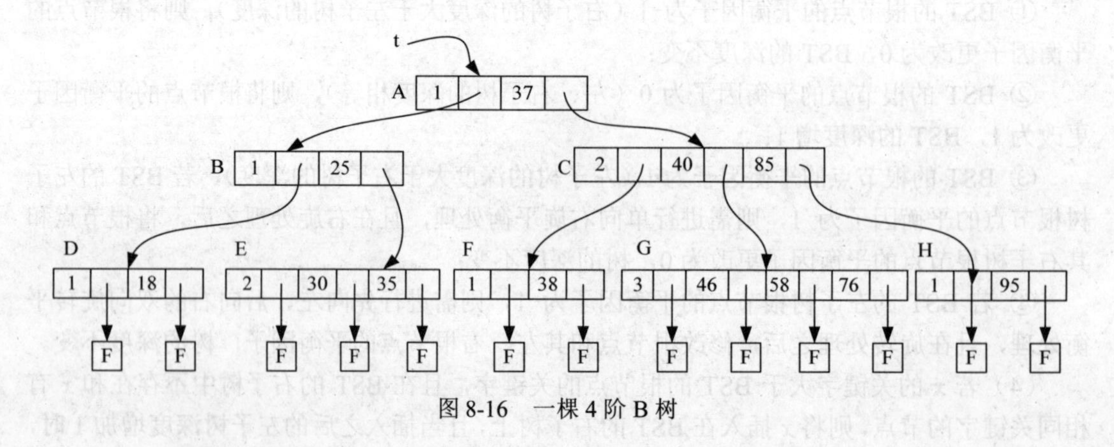

图 8-16 一棵 4 阶 B 树

2. B 树的查找

B 树的查找类似二叉排序树的查找，不同的是 B 树每个节点上是多关键字的有序表，在到达某个节点时，先在有序表中查找，若找到，则查找成功；否则，按照对应的指针信息指向的子树中去查找，当到达叶子节点时，则说明树中没有对应的关键字，查找失败。在 B 树上的查找过程是一个顺指针查找节点和在节点中查找关键字交叉进行的过程。

例如，在图 8-16 中查找关键字为 58 的元素，首先由根指针 t 找到根节点 A，因为 58>37，所以找到节点 C，又因为 40<58<85，所以找到节点 G，最后在节点 G 中找到 58。

B 树节点的类型定义如下。

```
#define  m …                              //根据实际需要设定的 B 树的阶
typedef  struct  Node{                    //B 树节点类型
     int  keynum;                         //节点中关键字的个数，即节点的大小
     struct  node  *parent;               //指向双亲节点
     KeyType  key[m+1];                   //关键字向量
     struct  Node  *nptr[m+1];            //子树指针向量
     ElemType  *eptr[m+1];                //记录指针向量
}NodeType;
```

返回的查找结果类型定义如下。

```
typedef  struct{
     NodeType  *pt;                       //指向找到的节点
     int  i;
     int  tag;
}Result;
```

【算法 8-7】 B 树的查找算法

```
Result  *SearchBTree(NodeType *t,KeyType key){//在 m 阶 B 树 t 上查找关键字 key
    int found;
    Result *rs;
    NodeType  *p,*q;
    int i,found;
    p=t;
    q=NULL;                               //初始化，p 指向待查节点，q 指向 p 的双亲
    found=0;
    while (p&&!found){
            i=Search(p,key);              //在 p->key 中查找
        if (i>0&&p->key[i]==key)
            found=1;
        else {
            q=p;
            p=p->nptr[i-1];
        }
    }
    rs=New Result;
    rs->tag=found;
    if(!found)
```

```
        p=q;                          //查找不成功，返回 key 的插入位置信息
    rs->pt=p;
    rs->i=i;                          //查找成功，返回指向 key 的位置信息
    return  rs;
}
```

算法分析如下。

B 树的查找是两个基本操作交替进行的过程，其一是在 B 树上找节点；其二是在节点中找关键字。

因为通常 B 树是存储在外存上的，在 B 树上找节点就是通过指针在磁盘上相对定位，将节点信息读入内存，之后，再对节点中的关键字有序表进行顺序查找或折半查找。因为在磁盘上读取节点信息比在内存中进行关键字查找耗时多，所以，在磁盘上读取节点信息的次数，即 B 树的层次数是决定 B 树查找效率的首要因素。

对含有 n 个关键字的 m 阶 B 树，最坏情况下达到多深呢？可按二叉平衡树进行类似分析。首先，讨论 m 阶 B 树各层上的最少节点数。

由 B 树定义：第 1 层至少有 1 个节点，第 2 层至少有 2 个节点，由于除根节点外的每个非终端节点至少有$\lceil m/2 \rceil$棵子树，则第 3 层至少有 2（$\lceil m/2 \rceil$）个节点，……，依此类推，第 k+1 层至少有 2（$\lceil m/2 \rceil$）$^{k-1}$ 个节点，而 k+1 层的节点为叶子节点。若 m 阶 B 树有 n 个关键字，则叶子节点即查找不成功的节点为 n+1，因此有

$$n+1 \geqslant 2(\lceil m/2 \rceil)^{k-1}$$

即

$$k \leqslant \log_{\lceil m/2 \rceil}\left(\frac{n+1}{2}\right)+1$$

就是说，在含有 n 个关键字的 B 树上进行查找时，从根节点到关键字所在节点的路径上涉及的节点数不超过

$$\log_{\lceil m/2 \rceil}\left(\frac{n+1}{2}\right)+1$$

3. B 树的插入

在 B 树上插入关键字与在二叉排序树上插入节点不同，关键字的插入不是在叶子节点上进行，而是在最底层的某个非终端节点中添加一个关键字。添加分以下两种情况。

（1）若添加后，该节点上关键字个数小于等于 m−1，则插入结束。

（2）若添加后，该节点上关键字个数为 m，因而该节点的子树超过了 m 棵，这与 B 树定义不符，所以要进行调整，即节点的“分裂”。节点的“分裂”方法：关键字加入节点后，将节点中的关键字分成 3 部分，使得前后两部分的关键字个数均大于等于$\lceil m/2 \rceil$−1，而中间部分只有一个节点。前后两部分有两个节点，中间的一个节点将其插入到父节点中。若插入父节点而使父节点中关键字个数为 m 个，则父节点继续分裂，直到插入某个父节点，其关键字个数小于 m。可见，B 树是从底向上生长的。

下面给出在一棵 3 阶 B 树中插入 52，20，49 的过程，如图 8-17 所示。

（1）插入 52：首先查找应插位置，即节点 f 中 50 的后面，插入后如图 8-17（b）所示。

（2）插入 20：直接插入后如图 8-17（c）所示，由于节点 c 的分支数变为 4，超出了 3 阶 B 树的最大分支数 3，需将节点 c 分裂为两个较小的节点。以中间关键字 14 为界，将 c 中关键字分为左、右两部分，左边部分仍在原节点 c 中，右边一部分放到新节点 c′中，中间关键字 14 插到其父节点的合适位置，并令其右指针指向新节点 c′，如图 8-17（d）所示。

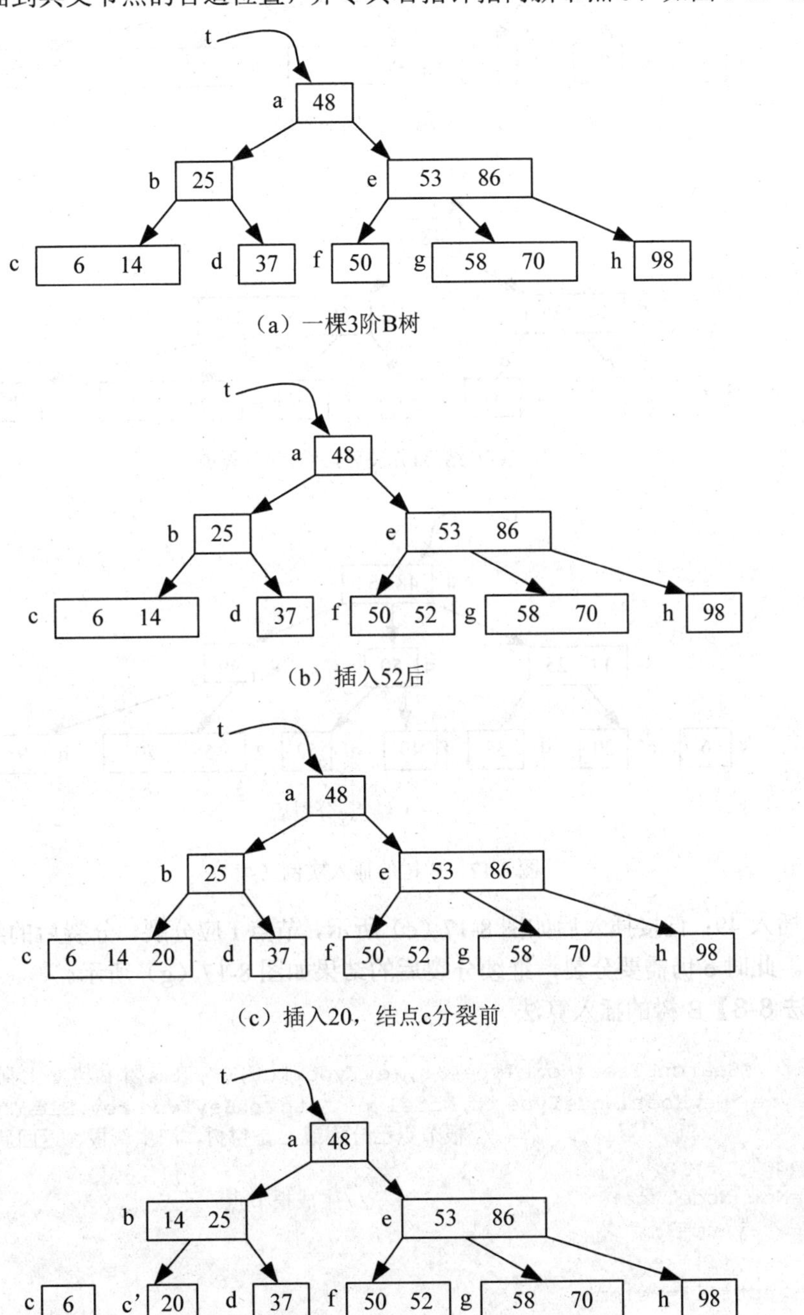

图 8-17　B 树的插入实例

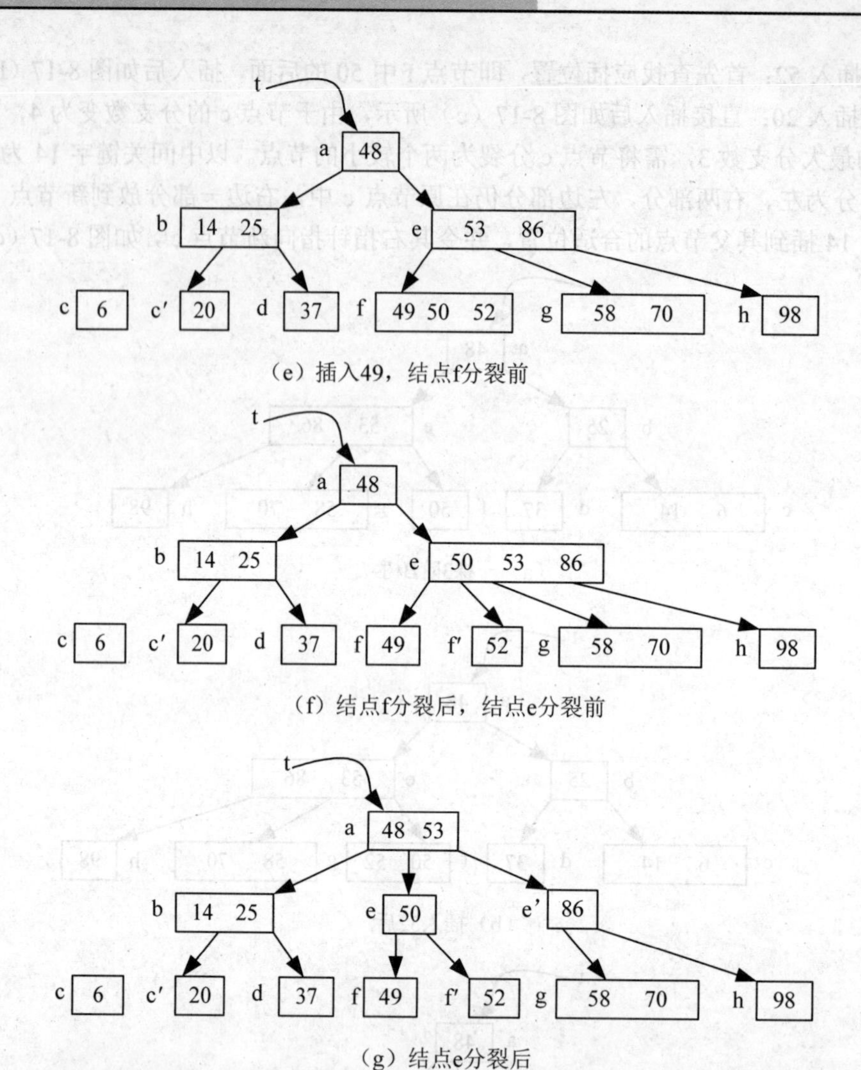

（e）插入49，结点f分裂前

（f）结点f分裂后，结点e分裂前

（g）结点e分裂后

图 8-17 B 树的插入实例（续）

（3）插入 49：直接插入后如图 8-17（e）所示，节点 f 应分裂，分裂后的结果如图 8-17（f）所示。此时 e 仍需要分裂，继续分裂后的结果如图 8-17（g）所示。

【算法 8-8】B 树的插入算法

```
Result  *SearchBTree(NodeType *t,KeyType key){//在m阶B树t上查找关键字key
NodeType *NewRoot(NodeType *t,NodeType *stptr,KeyType key,ElemType *xelem){
                              //根节点已分裂或t是空树，产生新根，返回新根的指针
   NodeType *p;
   p=New NodeType;                        //生成根节点
   p->keynum=1;
   p->key[1]=key;
   p->eptr[1]=xelem;
   p->nptr[0]=t;                          //A0指向原根节点
   p->nptr[1]=stptr;                      //A1指向分裂节点时生成的节点
   p->parent=NULL;                    //根节点的父节点为空
```

```
    t->parent=p;                    //原根节点中指向父节点的指针指向新根
    stptr->parent=p;
    return  p;
   }
 int InsertBTree(NodeType**t,ElemType *xelem){
                      //将 xelem 指向的节点按其关键字插入到 m 阶 B 树*t 上，生成其索引
    int s,finished;
    NodeType *stptr;                //stptr 为 B 树中与待插入元素关键字相关的子树指针
    KeyType key;                    //key 为待插入元素关键字
    ElemType *elemptr;
    Result *rs;
    key=xelem->key;                 //xelem 为待插入元素数据区指针
    elemptr=xelem;
    finished=0;                     //初始化各变量
    rs=SearchBTree(*t, key) ;       //在 t 上查找 key
    if(!rs->tag){
        stptr=NULL;                 //插入关键字在最底层，该关键字相关的子树指针为空
        while(rs->pt&&!finished) {        //rs->pt 指向关键字插入的节点
            Insert(rs->pt,rs->i,key,elemptr,stptr); //插入到 rs->pt 指向的节
点 rs->i 处
            if (rs->pt->keynum<m)
                finished=0;                   //插入完成
            else{                             //分裂 rs->pt 指向的节点
                s=(m+1)/2;                    //s 为节点中上升到父节点的关键字位置
                key=rs->pt->key[s];           //得到插入父节点中的关键字 key
                elemptr=rs->pt->eptr[s]; //得到关键字 key 对应的数据区记录指针
                stptr=split(rs->pt,s); //分裂为两个节点,stptr 指向新产生的节点
                rs->pt=rs->pt->parent; //得到父节点指针
                if (rs->pt)
                rs->i=Search(rs->pt, key);//在父节点 rs.pt 中查找 key 的插入位置
                }
            }
     if(!finished){                   //rs->pt 为空，finished 为 0，产生新根
        *t=NewRoot(*t,stptr,key,elemptr);
        finished=1;
        }
     }
   return finished;
   }
   NodeType *split(NodeType *p,int s) {
   //分裂 p 指向的节点，s 上升到父节点的关键字位置，返回分裂产生的节点指针
     int j;
     NodeType *q;
     q=New NodeType;                  //生成新节点
     q->keynum=m-s;
     q->parent=p->parent;
     q->nptr[0]=p->nptr[s];           //设置新节点中的关键字个数
     for(j=s+1;j<=m;j++)  {           //将 p 指向节点中 s 之后的关键字
        q->key[j-s]=p->key[j];
        q->eptr[j-s]=p->eptr[j];
```

```
        q->nptr[j-s]=p->nptr[j];
        }
    p->keynum=s-1;                          //更新 p 指向节点中的关键字个数
    if (q->nptr[0])                         //测试分裂节点是否为底层节点
        for (j=0;j<=q->keynum;j++)
            q->nptr[j]->parent=q;           //根节点中指向父节点的指针更新为 q
    return q;
}
```

4. B 树的删除

B 树的删除分以下两种情况。

（1）删除最底层节点中的关键字。

① 若节点中关键字个数大于$\lceil m/2\rceil-1$，直接删除。

② 若节点中关键字个数等于$\lceil m/2\rceil-1$，删除后节点中关键字个数小于$\lceil m/2\rceil-1$，不满足 B 树定义，需调整。分别按如下描述进行调整。

若此节点与左兄弟（无左兄弟，则找右兄弟）合起来项数之和大于等于 2（$\lceil m/2\rceil-1$），就与它们父节点中的有关项一起重新分配。设 p 为待删除关键字所在的节点，f 为 p 节点的父节点，p 为 f 的第 *i* 棵子树的根节点，即 f->nptr[*i*]。删除关键字后，p 节点中关键字个数小于$\lceil m/2\rceil-1$，若与 p 的左兄弟（f->nptr[*i*-1]）结合起来调整，则以左兄弟中的最后一个关键字替换 f->key[*i*-1]，再将 f->key[*i*-1]插入到 p 节点中即可；若无左兄弟，而与右兄弟（f->nptr[*i*+1]）结合起来调整，则以右兄弟中的第一个关键字替换 f->key[*i*+1]，再将 f->key[*i*+1]插入到 p 节点中即可，如图 8-18 所示。

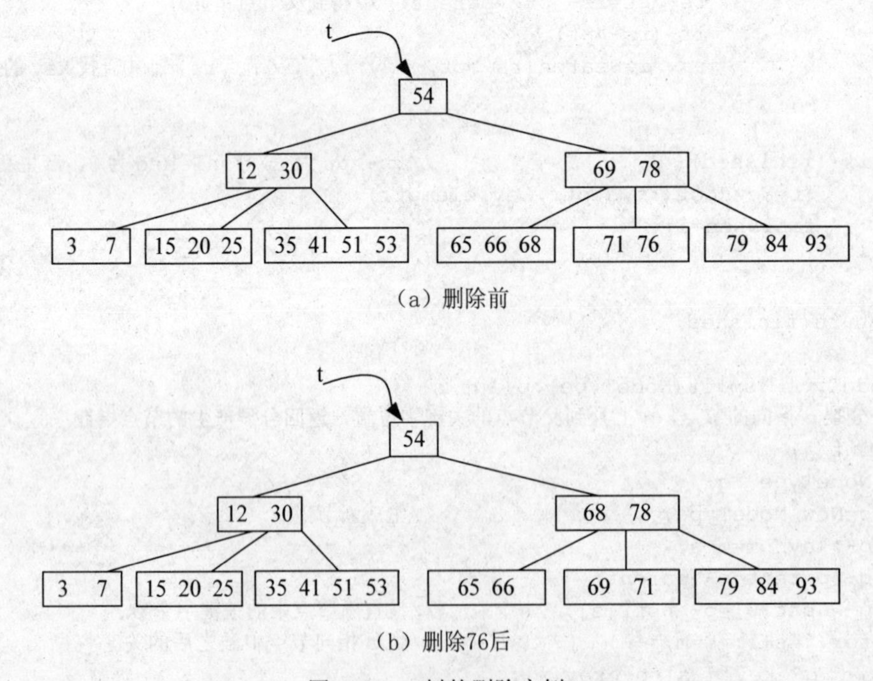

图 8-18 B 树的删除实例 1

若此节点与左、右兄弟合起来项数之和均小于 $2(\lceil m/2 \rceil -1)$，就将该节点与左兄弟（无左兄弟时，与右兄弟）合并。由于两个节点合并后，父节点中相关项不能保持，把相关项也一同并入。若此时父节点被破坏，则继续调整，直到调整到根结束，如图 8-19 所示。

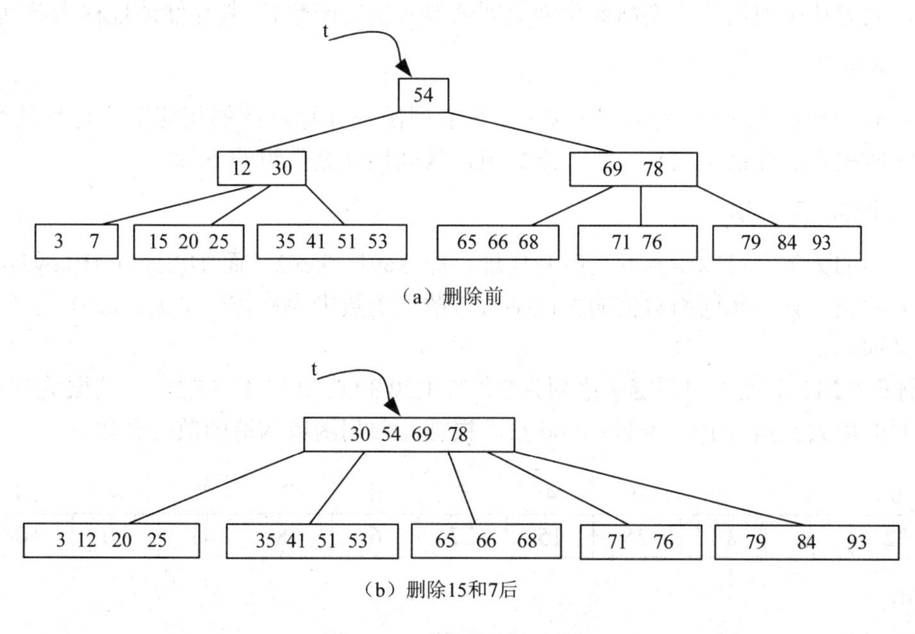

图 8-19　B 树的删除实例 2

（2）删除非底层节点中的关键字。

若所删除关键字是非底层节点中的 K_i，则可以用指针 A_i 所指子树中的最小关键字 x 替代 K_i，然后，再删除关键字 x，直到这个 x 在最底层节点上，即转为（1）的情形。

8.4　散列表的查找

基于线性表和树表结构的查找方法中，数据元素在列表中的相对位置是随机的，与数据元素的关键字之间没有直接关系。因此，在列表中查找时需要进行一系列和关键字的比较。查找的效率依赖于查找过程中所进行的比较次数。理想的情况是依据关键字直接得到其对应的数据元素位置，即要求关键字与数据元素间存在一一对应关系，通过这个关系，能很快地由关键字得到对应的数据元素位置。

8.4.1　散列表的基本概念

如果能在元素的存储位置及其关键字之间建立某种直接关系，那么在进行查找时，就无须做比较或做很少次的比较，按照这种关系直接由关键字找到相应的数据元素。这就是散列查找法的思想，它通过对元素的关键字值进行某种运算，直接求出元素的地址，即用关键字到地址的直接转换方法，而不需要反复比较。散列查找法又叫哈希法或杂凑法。

1. 散列函数和散列地址

选取某个函数，依该函数按关键字计算元素的存储位置，并按此存放；查找时，由同一个函数对给定值 key 计算地址，将 key 与地址单元中元素关键字进行比较，确定查找是否成功，此方法中使用的转换函数称为散列函数（杂凑函数）；其存储地址称为散列地址。

2. 散列表

一个有限连续的地址空间，用以存储按散列函数计算得到的相应散列地址的数据记录。通常散列表的存储空间是一个一维数组，散列地址是数组的下标。

3. 冲突和同义词

对不同的关键字可能得到同一散列地址，即 key1≠key2，而 H(key1)=H(key2)，这种现象称为冲突。具有相同函数值的关键字对该散列函数来说称作同义词，key1 与 key2 互称为同义词。

【例 8-4】11 个元素的关键字序列为{18,27,1,20,32,6,10,13,41,15,25 }。选取关键字与元素位置间的散列函数为 f(key)=key mod 11。根据此散列函数构造的散列表如下。

0	1	2	3	4	5	6	7	8	9	10
32	1	13	25	15	27	6	18	41	20	10

其中：

f(32)=32 mod 11=10

f(10)=10 mod 11=10

此时，关键字 32 与 10 出现了冲突，即通过散列函数处理之后，不同关键字的存储地址相同，必须采取相应措施及时予以解决。

通常，散列函数是一个多对一的映射，冲突是不可避免的，只能尽可能减少。所以，散列法主要研究两方面的问题。

（1）构造好的散列函数。

所选函数尽可能简单，以便提高转换速度；所选函数对关键字计算出的地址，应在散列地址中大致均匀分布，以减少空间浪费。

（2）制订解决冲突的方案。

8.4.2 散列函数的构造方法

构造散列函数的方法很多，一般来说，应根据具体问题选用不同的散列函数，通常要考虑以下五个因素。

（1）散列表的长度；

（2）关键字的长度；

（3）关键字的分布情况；

（4）计算散列函数所需的时间；

（5）记录的查找频率。

介绍几种常用的构造散列函数的方法。

1. 直接定址法

散列函数为：Hash(key)=a·key+b（a, b 为常数）

即取关键字的某个线性函数值为散列地址，这类函数是一一对应函数，不会产生冲突，但要求地址集合与关键字集合大小相同，因此，对于较大的关键字集合不适用。

【例 8-5】关键字集合序列为{100,300,500,700,800,900}，选取散列函数为 Hash(key)= key/100，则散列表如下。

0	1	2	3	4	5	6	7	8	9
	100		300		500		700	800	900

2. 除留余数法

散列函数为：Hash(key)=key mod p（p 是一个整数）

即取关键字除以 p 的余数作为散列地址。使用除留余数法，选取合适的 p 很重要，若散列表长为 m，则要求 $p \leqslant m$，一般情况下，选 p 为小于 m 的最大质数。

除留余数法计算简单，适用范围非常广，是最常用的构造散列函数的方法。

3. 乘余取整法

散列函数为：Hash(key)= $\lfloor b*(a*\text{key mod } 1)\rfloor$（$a$，$b$ 均为常数，且 $0<a<1$，b 为整数）

以关键字 key 乘以 a，取其小数部分（a*key mod 1 就是取 a*key 的小数部分），之后再用整数 b 乘以这个值，取结果的整数部分作为散列地址。

该方法中 b 取什么值并不重要，但 a 的选择却很重要，最佳的选择依赖于关键字集合的特征。有资料说明，一般取 $a=\frac{1}{2}(\sqrt{5}-1)$ 较为理想。

4. 数字分析法

设关键字集合中，每个关键字均由 m 位组成，每位上可能有 r 种不同的符号。若关键字是 4 位十进制数，则每位上可能有 10 个不同的数字 0～9，所以 r=10；若关键字是仅由英文字母组成的字符串，不考虑大小写，则每位上可能有 26 种不同的字母，所以 r=26。

数字分析法根据 r 种不同的符号在各位上的分布情况，选取某几位组合成散列地址。所选的位应与各种符号在该位上出现的频率大致相同。

例如，有一组关键字如下：

3	4	7	0	5	2	4
3	4	9	1	4	8	7
3	4	8	2	6	9	6
3	4	8	5	2	7	0
3	4	8	6	3	0	5
3	4	9	8	0	5	8
3	4	7	9	6	7	1
3	4	7	3	9	1	9
①	②	③	④	⑤	⑥	⑦

注意：第①、②位均是3和4，第③位只有7，8和9，因此，这几位不能用，余下四位分布较均匀，可作为散列地址选用。若散列地址是两位，则可取这四位中的任意两位组合成散列地址，也可以取其中两位与其他两位叠加求和后，取低两位做散列地址。

5. 平方取中法

当无法确定关键字中哪几位分布较均匀时，可先求出关键字的平方值，然后按需要取平方值的中间几位作为散列地址。这是因为完成平方运算后中间几位和关键字中每一位都相关，故不同关键字会以较高的概率产生不同的散列地址。

6. 折叠法

将关键字自左到右分成位数相等的几部分，最后一部分位数可以短些，然后将这几部分叠加求和，并按散列表表长，取后几位作为散列地址，这种方法称为折叠法。根据位数叠加的方式，可以分为移位叠加法和边界叠加法。移位叠加法是将分割后每一部分的最低位对齐，然后相加；边界叠加法是将两个相邻的部分沿边界来回折叠，然后对齐相加。

设关键字为key=45387765213，当散列表长为1000时，从左到右按3位数一段分割，可以得到4个部分：453，877，652，13，如图8-20所示。

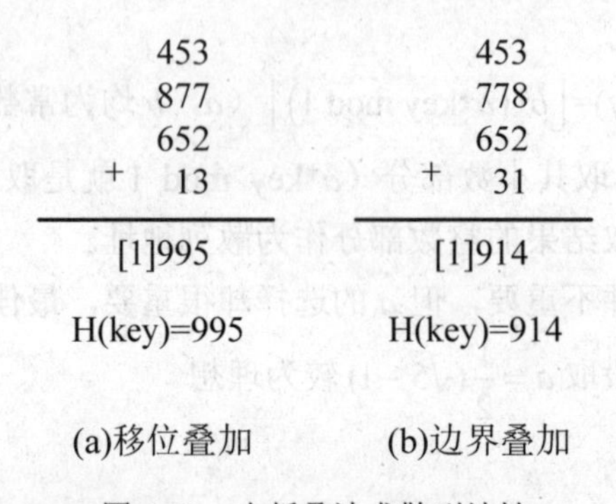

图8-20 由折叠法求散列地址

折叠法适用于散列地址的位数较少，而关键字的位数较多，且难于直接从关键字中找到取值较分散的几位。

8.4.3 处理冲突的方法

通过构造性能良好的散列函数，可以减少冲突，但在实际应用中，很难完全避免发生冲突，所以选择一个有效的处理冲突的方法是散列法的另一个关键问题。创建散列表和查找散列表都会遇到冲突，两种情况下处理冲突的方法应该一致。

处理冲突的方法与散列表本身的组织形式有关，按组织形式的不同，通常分两大类：开放定址法和链地址法。

1. 开放定址法

开放定址法也称再散列法，解决冲突的思想是：由关键字得到的散列地址一旦产生冲突，即该地址已经存放了数据元素，就按照一个探测序列去寻找下一个空的散列地址，只要散列表足够大，空的散列地址总能找到，并将数据元素存入。

这种方法在寻找“下一个”空的散列地址时，原来的数组空间对所有的元素都是开放的，所以称为开放定地址法。可用如下公式表示

$$H_i=（Hash (key)+d_i）\%m \qquad i=1，2，\cdots，k（k\leqslant m-1）$$

其中，Hash(key)为散列函数；m 为散列表的表长；d_i 为增量序列。根据 d_i 取值的不同，可以分为以下三种探测方法：

（1）线性探测法。

$$d_i=1，2，\cdots，m-1$$

这种探测方法可将散列表假想成一个循环表，发生冲突时，从冲突地址的下一单元顺序寻找空单元，如果到最后一个位置也没找到空单元，则回到表头开始继续查找，直到找到一个空位，就把此元素放入此空位中。如果找不到空位，则说明散列表已满，需要进行溢出处理。

（2）二次探测法。

$$d_i=1^2，-1^2，2^2，-2^2，3^2，\cdots，k^2，-k^2（k\leqslant m/2）$$

这种方法的特点是当发生冲突时，在表的左右进行跳跃式探测，比较灵活。

（3）伪随机探测法。

$$d_i=伪随机数序列$$

具体实现时，应建立一个伪随机数发生器，如 $i=（i+p）\%m$，并给定一个随机数作为起点。

【例 8-6】关键字集合序列为{ 47,7,29,11,16,92,22,8,3}，散列表表长为 11，Hash(key)=key mod 11，用线性探测法处理冲突，建表如下。

0	1	2	3	4	5	6	7	8	9	10
11	22		47	92	16	3	7	29	8	
	△					▲		△	△	

47，7，16 和 92 均是由散列函数得到的没有冲突的散列地址而直接存入的。

Hash(29)=7，散列地址上冲突，需寻找下一个空的散列地址。

由 H_1=(Hash(29)+1) mod 11=8，散列地址 8 为空，将 29 存入。另外，22 和 8 同样在散列地址上有冲突，也是由 H_1 找到空的散列地址的。

而 Hash(3)=3，散列地址上冲突，由 H_1=(Hash(3)+1) mod 11=4，仍然冲突；H_2= (Hash (3)+2) mod 11=5，仍然冲突；H_3=(Hash(3)+3) mod 11=6，找到空的散列地址，存入。

线性探测法可能使第 i 个散列地址的同义词存入第 i+1 个散列地址，这样本应存入第 i+1 个散列地址的元素变成了第 i+2 个散列地址的同义词，……，因此，可能出现很多元素在相邻的散列地址上“堆积”起来，大大降低了查找效率。为此，可采用二次探测法，以改善“堆积”问题。

【例 8-7】仍以例 8-6 用二次探测法处理冲突，建表如下。

0	1	2	3	4	5	6	7	8	9	10
11	22	3	47	92	16		7	29	8	
	△	▲						△	△	

对关键字寻找空的散列地址只有 3，这个关键字与例 8-6 不同。

Hash(3)=3，散列地址上冲突，由 H_1=(Hash(3)+1^2) mod 11=4，仍然冲突；H_2=(Hash(3) −1^2) mod 11=2，找到空的散列地址，存入。

可以看出，线性探测法的优点是只要散列表未填满，总能找到一个不发生冲突的地址；缺点是会产生“二次聚集”现象。而二次探测法和伪随机探测法的优点是可以避免“二次聚集”现象；缺点也明显，不能保证一定找到不发生冲突的地址。

2. 链地址法

链地址法解决冲突的思想是：把具有相同散列地址的记录放在同一个单链表中，称为同义词链表。有 m 个散列地址就有 m 个单链表，同时用数组 HT[0…m−1]存放各个链表的头指针，凡是散列地址为 i 的记录都以节点方式插入到以 HT[i]为头节点的单链表中。

【例 8-8】设关键字序列为{47,7,29,11,16,92,22,8,3,50,37,89,94,21}

选散列函数为：Hash(key)=key mod 11

则每个关键字的散列地址分别为：3,7,7,0,5,4,0,8,3,6,4,1,6,10。

用链地址法处理冲突所构造的散列表如图 8-21 所示。

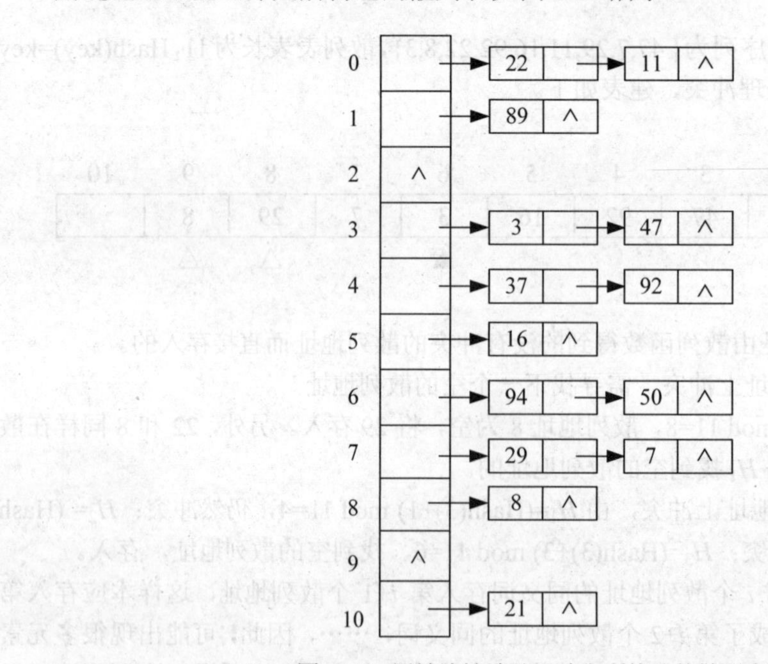

图 8-21 用链地址法处理冲突所构造的散列表

这种构造方法在具体实现时，依次计算各个关键字的散列地址，然后根据散列地址将关键字插入到相应的链表中。

3. 建立一个公共溢出区

设散列函数产生的散列地址集为[0,m−1]，则分配两个表：一个基本表 DataType base_t[m]，每个单元只能存放一个元素；一个溢出表 DataType over_t[k]，只要关键字对应的散列地址在基本表上产生冲突，则所有这样的元素一律存入该表中。查找时，对给定值 key 通过散列函数计算出散列地址 i，先与基本表的 base_t[i]单元比较，若相等，则查找成功；否则，再到溢出表中进行查找。

8.4.4 散列表的查找

散列表的查找过程基本上和创建散列表的过程相同。一些关键字可通过散列函数转换的地址直接找到，另一些关键字在散列函数得到的地址上产生了冲突，需要按处理冲突的方法进行查找。在介绍的 3 种处理冲突的方法中，产生冲突后的查找仍然是给定值与关键字进行比较的过程。所以，对散列表查找效率的量度，依然用平均查找长度来衡量。

查找过程中，关键字的比较次数，取决于产生冲突的多少。产生的冲突少，查找效率就高；产生的冲突多，查找效率就低。因此，影响产生冲突多少的因素，也就是影响查找效率的因素。影响产生冲突多少取决于三个因素。

（1）散列函数是否均匀。

（2）处理冲突的方法。

（3）散列表的装填因子。

散列表的装填因子 α 定义为

$$\alpha = \frac{\text{表中填入的记录数}}{\text{散列表的长度}}$$

α 标志散列表的装满程度。直观地看，α 越小，发生冲突的可能性就越小；反之，α 越大，表中已填入的记录越多，再填记录时，发生冲突的可能性就越大，则查找时，给定值需与之进行比较的关键字的个数也就越多。

分析这三个因素，尽管散列函数的“好坏”直接影响冲突产生的频度，但一般情况下认为，凡是“均匀的”散列函数，对同一组随机的关键字，产生冲突的可能性相同。假如所设定的散列函数是“均匀的”，则影响平均查找升序的因素只有两个：处理冲突的方法和装填因子。

在数据元素查找等概率情况下，采用不同方法处理冲突时，得到的散列表查找成功和查找失败时的平均查找长度，如表 8-1 所示。

表 8-1　不同处理冲突方法的平均查找长度

处理冲突的方法	平均查找长度	
	查找成功	查找失败
线性探测法	$\frac{1}{2}\left(1+\frac{1}{1-\alpha}\right)$	$\frac{1}{2}\left(1+\frac{1}{(1-\alpha)^2}\right)$
二次探测法 伪随机探测法	$-\frac{1}{\alpha}\ln(1-\alpha)$	$\frac{1}{1-\alpha}$
链地址法	$1+\frac{\alpha}{2}$	$\alpha+e^{-\alpha}$

从表 8-1 中可以看出，散列表的平均查找长度是 α 的函数，而不是记录个数 n 的函数。由此，在设计散列表时，不管 n 多大，总可以选择合适的 α 以便将平均查找长度限定在一个范围内。

可以看出，在查找概率相等的前提下，直接计算查找成功的平均查找长度为：

$$ASL_{succ}=\frac{1}{\text{表中置入元素个数}n}\sum_{i=1}^{n}C_i$$

其中，n 为散列表中记录的个数，C_i 为成功查找第 i 个记录所需的比较次数。

查找失败的平均查找长度为：

$$ASL_{unsucc}=\frac{1}{\text{散列函数取值个数}r}\sum_{i=1}^{r}C_i$$

其中，r 为散列函数取值的个数，C_i 为散列函数取值为 i 时查找失败的比较次数。

8.5 本章小结

本章主要介绍了对查找表的查找，查找表实际上仅仅是一个集合，为了提高查找效率，将查找表组织成不同的数据结构，主要包括：线性表、树表和散列表。

通过本章的学习，要求掌握顺序查找和折半查找的方法，掌握描述折半查找过程的判定树的构造方法。掌握二叉排序树的构造和查找方法，平衡二叉树的四种平衡调整方法。熟练掌握散列表的构造方法。能够计算各种查找方法在等概率情况下查找成功的平均查找长度。

1. 线性表的查找

线性表的查找主要包括顺序查找和折半查找，二者之间的比较如表 8-2 所示。

表 8-2 顺序查找与折半查找的比较

比较内容 \ 查找方法	顺序查找	折半查找
查找时间复杂度	$O(n)$	$O(\log_2 n)$
特点	算法简单，对表结构无要求，查找效率较低	对表结构要求较高，查找效率较高
适用表	任何线性表	有序的顺序表

2. 树表的查找

树表的查找主要包括二叉排序树、平衡二叉树和 B 树。

二叉排序树的查找过程与折半查找过程类似，二者之间的比较如表 8-3 所示。

表 8-3　折半查找与二叉排序树查找的比较

比较内容 \ 查找方法	折半查找	二叉排序树查找
查找时间复杂度	$O(\log_2 n)$	$O(\log_2 n)$
特点	表结构采用顺序表，插入和删除需移动大量元素	表结构采用树的二叉链表表示，插入和删除无需移动元素，只需修改指针
适用表	没有插入和删除的静态查找表	经常插入和删除的动态查找表

二叉排序树在形态均匀时性能最好，所以，二叉排序树最好是一棵平衡二叉树。平衡二叉树的平衡调整方法就是确保二叉排序树在任何情况下的深度均为 $O(\log_2 n)$，平衡调整方法分为 4 种：LL 型、RR 型、LR 型、RL 型。

B 树是一种平衡的 m 路查找树，是一种组织和维护外存文件系统的有效数据结构。

3. 散列表的查找

散列表的查找与表中关键字的比较无关，并且可以通过调节装填因子，把平均查找长度控制在所需的范围内。

散列查找法主要研究两方面的问题：如何构造散列函数，以及如何处理冲突。

构造散列函数常用的方法是除留余数法，它不仅可对关键字直接取模，也可在折叠法、平方取中等运算之后取模。处理冲突的方法包括：开放地址法和链地址法。

习　题

1. 选择题。

（1）若查找每个元素的概率相等，则在长度为 n 的顺序表上查找任一个元素的平均查找长度为（　　）。

A．n　　B．$n+1$

C．$(n-1)/2$　　D．$(n+1)/2$

（2）对长度为 n 的单链有序表，若查找每个元素的概率相等，则查找任一个元素的平均查找长度为（　　）。

A．$n/2$　　B．$(n+1)/2$

C．$(n-1)/2$　　D．$n/4$

（3）对于长度为 n 的顺序存储的有序表，若采用折半查找，则对所有元素的最长查找长度为（　　）的值向上取整。

A．$\log_2(n+1)$　　B．$\log_2 n$

C．$n/2$　　D．$(n+1)/2$

（4）对于长度为 9 的顺序存储的有序表，若采用折半查找，在等概率情况下的平均查找长度为（　　）的值除以 9。

A．20　　B．18　　C．25　　D．22

（5）对于长度为 18 的顺序存储的有序表，若采用折半查找，则查找第 15 个元素的查找长度为（　　）。

A. 3　　B. 4　　C. 5　　D. 6

（6）在一棵深度为 h 的具有 n 个元素的二叉排序树中，查找所有元素的最长查找长度为（　　）。

A. n　　B. $\log_2 n$　　C. (h+1)/2　　D. h

（7）从具有 n 个节点的二叉排序树中查找一个元素时，在平均情况下的时间复杂度大致为（　　）。

A. $O(n)$　　B. $O(\log_2 n)$　　C. $O(1)$　　D. $O(n^2)$

（8）从具有 n 个节点的二叉排序树中查找一个元素时，在最坏情况下的时间复杂度大致为（　　）。

A. $O(n)$　　B. $O(\log_2 n)$　　C. $O(1)$　　D. $O(n^2)$

（9）在一棵平衡二叉排序树中，每个节点的平衡因子的取值范围是（　　）。

A. −1～1　　B. −2～2

C. 1～2　　D. 0～1

（10）在散列查找中，平均查找长度主要与（　　）有关。

A. 散列表长度　　B. 散列元素的个数

C. 装填因子　　D. 处理冲突方法

（11）设散列表长为 14，散列函数是 $H(\text{key})=\text{key}\%11$，表中已有数据的关键字为 15，38，61，84 共四个，现要将关键字为 49 的元素加到表中，用二次探测法解决冲突，则放入的位置是（　　）。

A. 8　　B. 5　　C. 3　　D. 9

（12）采用线性探测法处理冲突，可能要探测多个位置，在查找成功的情况下，所探测的这些位置上的关键字（　　）。

A. 不一定都是同义词　　B. 一定都是同义词

C. 一定都不是同义词　　D. 都相同

2. 填空题。

（1）采用顺序查找法对长度为 n 的顺序表或单链表进行查找一个元素时，其平均查找长度为__________，时间复杂度为__________。

（2）以折半查找法进行查找时，该查找表必须组织成__________存储的__________表。

（3）在一棵二叉排序树中，每个分支节点的左子树上所有节点的值一定__________该节点的值，右子树上所有节点的值一定__________该节点的值。

（4）折半查找有序表（4,6,12,20,28,38,50,70,88,100），若查找表中元素 20，将依次与表中元素__________比较大小。

（5）散列法存储的基本思想是由__________决定数据的存储地址。

3. 假定对有序表：（3,4,5,7,24,30,42,54,63,72,87,95）进行折半查找，试回答下列问题：

（1）　画出描述折半查找过程的判定树；

（2）　若查找元素 54，需依次与哪些元素比较？

（3） 若查找元素 90，需依次与哪些元素比较？

（4） 假定每个元素的查找概率相等，求查找成功时的平均查找长度。

4. 画出对长度为 10 的有序表进行折半查找的判定树，并求其等概率时查找成功的平均查找长度。

5. 在一棵空的二叉排序树中依次插入关键字序列为 12，7，17，11，16，2，13，9，21，4，请画出所得到的二叉排序树。

6. 选取散列函数 *H*(key)=(3*key)%11，用线性探测法处理冲突，对下列关键字序列构造一个散列地址空间为 0～10，表长为 11 的散列表，{22,41,53,08,46,30,01,31,66}。

7. 设计一个折半查找的算法，已知 11 个元素的有序表为（05,13,19,21,37,56,64,75,80,88,92），查找关键字为 key 的数据元素。

8. 设计一个判别给定二叉树是否为二叉排序树的算法，设此二叉树以二叉链表作存储结构，且树中节点的关键字均不同。

9. 已知散列表的装填因子小于 1，散列函数 *H*(key)为关键字（标识符）的第一个字母在字母表中的序号，处理冲突的方法为线性探测法。试设计一个按第一个字母的顺序输出散列表中所有关键字的算法。

编 程 实 例

散列表的设计与算法实现。

编程目的：进一步熟悉并掌握散列表的存储结构、查找操作，掌握散列表的冲突解决方法的实现。

问题描述：设计建立散列表，并采用线性探测再散列的方法解决冲突。

（1） 从键盘输入各记录建立散列表；

（2） 采用方法解决冲突。

源程序代码如下：

```
#include <stdio.h>
#include <stdlib.h>
#define MAXSIZE 13
typedef int KeyType;                    //假设关键字为整型
typedef struct {
   KeyType key;
}RecordType;
typedef RecordType HashTable[MAXSIZE];
int Hash(KeyType k){                    //建立哈希表
   int h;
   h = k%m;
   return h;
}
int HashSearch( HashTable ht, KeyType K) {
   int h0;
```

```
    int i;
    int hi;
    h0=Hash(K);
      if (ht[h0].key==0)
              return -1;
      else
              if (ht[h0].key==K)
                      return h0;
              else {                          //用线性探测再散列解决冲突
                  for (i=1; i<=m-1; i++) {
                      hi=(h0+i) % m;
                      if (ht[hi].key==0)
                          return -1 ;
                      else
                          if (ht[hi].key==K)
                              return hi ;
                  }
      return -1 ;
      }
   }
 void main() {
    int i,j;
    int n;
    int p;
    int hj;
    int k;
    int result;
    HashTable ht;
    for(i=0; i<m; i++)
      ht[i].key =0;
    printf("请输入哈希表的元素个数:");
    scanf("%d",&n);
    for(i=1; i<=n; i++)  {
      printf("请输入第%d个元素:",i);
      scanf("%d",&p);
      j = Hash(p);
      if (ht[j].key==0)
          ht[j].key=p;
      else {
          for (i=1; i<=m-1;  i++) {
              hj=(j+i) % m;
              if (ht[hj].key==0){
                      ht[j].key = p;
                      i = m;
              }
          }
      }
    }
```

```
    printf("请输入要查找的元素:");
    scanf("%d",&k);
    result = HashSearch(ht,k);
    if(result==-1)
         printf("未找到!\n");
    else
         printf("元素位置为%d\n",result);
}
```

▶▶▶▶ 第 9 章

排　序

排序有助于查找

排序是日常生活中不可缺少的操作，在很多领域有着广泛的应用。如果线性表的数据项是有序排列的，则查找的效率可从线性级 $O(n)$提高到对数级 $O(\log_2 n)$，将表中的数据项从无序到有序的操作就是排序，排序是进行查找操作能够查得快、找得准的前提。排序有很多种方法，不同的方法依据不同的原则，在算法设计领域有独到的应用。

本章知识要点：

- 排序的基本概念
- 插入排序
- 交换排序
- 选择排序
- 归并排序
- 基数排序

9.1　排序的基本概念

9.1.1　什么是排序

1. 排序的定义

排序是按关键字的非递减或非递增顺序对一个数据元素集合或序列重新进行排列的操作。

假设含 n 个记录的序列为

$$\{R_1,R_2,\cdots,R_n\}$$

其相应的关键字序列为

$$\{K_1,K_2,\cdots,K_n\}$$

通过排序，找出当前下标序列为 1，2，…，n 的一种排列 P_1，P_2，…，P_n，使得相应关键字满足如下的非递减（或非递增）关系

$$K_{p1} \leqslant K_{p2} \leqslant \cdots \leqslant K_{pn}$$

由此得到一个按关键字有序的记录序列

$$\{R_{p1},R_{p2},\cdots,R_{pn}\}$$

2. 排序的稳定性

当待排序序列中的关键字各不相同且关键字是主关键字时，对于任意待排序序列，经排序后得到的结果都是唯一的。若关键字是次关键字，排序结果可能不唯一，这是因为具有相同关键字的数据元素，经过排序操作后，它们之间的位置关系与排序前不能保持一致。

若对任意的数据元素序列，使用某个排序方法，对它按关键字进行排序；若相同关键字元素间的位置关系在排序前与排序后保持一致，称此排序方法是稳定的；而不能保持一致的排序方法则称为是不稳定的。

3. 内部排序和外部排序

根据排序过程中数据所占用存储设备的不同，可将排序分为两大类：一类是内部排序，指的是整个排序过程全部在计算机内存中进行，适合不太大的元素序列；另一类是外部排序，是指排序过程中还需访问外存储器，对于待排数据元素序列足够大的元素序列，因不能完全放入内存，排序需要借助外存才能完成。

9.1.2 排序的实现

1. 排序算法的效率评价

排序的方法有很多，简单地说哪一种方法好是很困难的。通常是某种算法适用于某一种情况，而在其他情况下可能不如其他算法。评价排序算法好坏的标准主要有以下两点。

（1）算法执行所需的时间，主要由算法执行过程中记录的比较次数和移动次数来决定。高效的排序算法的比较次数和移动次数都应该最少。

（2）执行时所需的辅助空间，辅助空间是指除了存放待排序记录占用的空间之外，还包括执行算法所需的其他存储空间。理想的空间复杂度为$O(1)$，即算法执行期间所需要的辅助空间与待排序的数据量无关。

2. 待排序记录的存储方式

在排序过程中，一般进行两种基本操作：

（1）比较两个关键字的大小。

（2）将记录从一个位置移动到另一个位置。

每种排序方法均可在不同的存储方式下实现。通常，有三种常见的存储方式。

（1）顺序表，将待排序的记录存放在一组地址连续的存储单元中，记录之间的次序关系由其存储位置决定，实现排序需要移动记录。

（2）链表结构，记录之间的次序关系由指针指示，实现排序不需要移动记录，仅需修改指针即可。

（3）记录顺序表和地址顺序表相结合，将记录存放在一组地址连续的存储单元中，同时另设一个指示各个记录位置的地址向量。排序过程中不移动记录本身，而仅修改地址向量中记录的“地址”。

本章主要讨论在顺序表上各种排序算法的实现。假设记录的关键字均为整数，均从下标1的位置开始存储，下标0的位置存储监测哨或空置。顺序表数据类型定义如下。

```
#define MAXSIZE 20                    //顺序表的最大长度
typedef  int  KeyType;                //定义关键字类型为整型
typedef  struct {
  KeyType  key;                       //关键字项
  InfoType  otherinfo;                //其他数据项
}RedType;                             //记录类型
typedef  struct {
  RedType  r[MAXSIZE+1];              //r[0]闲置或用作哨兵单元
  int length;                         //顺序表长度
}Sqlist;                              //顺序表类型
```

9.2　插入排序

插入排序的基本思想是：每次将一个待排序的记录，按其关键字的大小插入到已经排好序的一组记录的适当位置，直到所有待排序记录插入完成为止。例如，打扑克牌时的抓牌就是插入排序的一个很好的例子，每抓一张牌，插入到合适位置，直到抓完牌为止，即可得到一个有序序列。

根据查找方法的不同，可分多种插入排序方法：直接插入排序、折半插入排序和希尔排序。

9.2.1　直接插入排序

直接插入排序是一种最简单的排序方法，其基本操作是将第 i 个记录插入到前面 i−1 个已排好序的记录中。

设 r[1].key≤r[2].key≤…≤r[i−1].key，即长度为 i−1 的子表有序，将 r[i]插入，重新安排存放顺序，使得 r[1].key≤r[2].key≤…≤r[i].key，得到长度为 i 的子表有序，有序表中的记录数增加 1。

直接插入排序的过程是 i 从 2 变化到 n 的过程，当 i=1 时，表中仅有一个记录总是有序的，因此，对 n 个记录的表，可从第 2 个记录开始直到第 n 个记录，逐个向有序表中进行插入操作，从而得到 n 个记录按关键字有序的表。

【例 9-1】已知待排序序列为{48,62,35,77,55,14,35*,98}，给出用直接插入排序算法执行的过程。

直接插入排序过程如图 9-1 所示，其中{}中为已排好序记录的关键字。

直接插入排序算法实现时，有两种插入方法：一种是将 r[i]与 r[1]，r[2]，…，r[i−1]从前向后顺序比较；另一种是将 r[i]与 r[1]，r[2]，…，r[i−1]从后向前顺序比较。下面的直接插入排序算法采用后一种方法，且在 r[0]处设置监测哨。

初始关键字	**{48}**	62	35	77	55	14	35*	98
i=2	**{48**	**62}**	35	77	55	14	35*	98
i=3	**{35**	**48**	**62}**	77	55	14	35*	98
i=4	**{35**	**48**	**62**	**77}**	55	14	35*	98
i=5	**{35**	**48**	**55**	**62**	**77}**	14	35*	98
i=6	**{14**	**35**	**48**	**55**	**62**	**77}**	35*	98
i=7	**{14**	**35**	**35***	**48**	**55**	**62**	**77}**	98
i=8	**{14**	**35**	**35***	**48**	**55**	**62**	**77**	**98}**

图 9-1　直接插入排序示例

【算法 9-1】直接插入排序的算法

```
void InsertSort(Sqlist &L){                    //对顺序表 L 进行直接插入排序
    int i;
    for (i=2;i<=L.length;i++)
      if (L.r[i].key<L.r[i-1].key)  {          //小于时，需将 r[i]插入有序表适当位置
        L.r[0]=L.r[i];                         //设置监测哨
        for(j=i-1; L.r[0].key<L.r[j].key;j--)  //从后向前寻找插入位置
           L.r[j+1]=L.r[j];                    //记录后移
            L.r[j+1]=L.r[0];                   //插入到正确位置
    }
}
```

算法分析如下。

（1）时间复杂度。

从时间复杂度看，排序操作主要耗费在比较关键字和移动元素上，而比较和移动的次数取决于待排序列按关键字排列初始排列。

其中，最好情况下（顺序），即待排序列已按关键字有序，每趟操作只需 1 次比较，0 次移动。即

$$\text{总比较次数}=n-1\text{ 次}$$

$$\text{总移动次数}=0\text{ 次}$$

最坏情况下（逆序），即第 i 趟操作，插入记录要插入到最前面的位置，需要同前面的 i 个记录（包括监测哨）进行 i 次关键字比较，移动记录的次数为 $i+1$ 次。

$$\text{总比较次数}=\sum_{i=2}^{n} i=\frac{1}{2}(n+2)(n-1)\approx\frac{n^2}{2}$$

$$\text{总移动次数}=\sum_{i=2}^{n}(i+1)=\frac{1}{2}(n+4)(n-1)\approx\frac{n^2}{2}$$

若待排序记录是随机的，即出现各种可能排列的概率相同，取最好情况和最坏情况的平均值，约为 $n^2/4$。因此，直接插入排序的时间复杂度为 $O(n^2)$。

（2）空间复杂度。

直接插入排序算法只用了一个辅助单元 $r[0]$，其空间复杂度为 $O(1)$。

算法特点如下。

（1）是稳定的排序方法；

（2）也适用于链式存储结构，只是在单链表上不用移动记录，而是修改相应的指针；

（3）算法简便，容易实现；

（4）更适用于初始记录基本有序的情况，当初始记录无序且 n 较大时，此算法的时间效率较差，不宜采用。

9.2.2 折半插入排序

直接插入排序的基本操作是采用顺序查找当前记录在有序表中的插入位置，当然也可以采用折半查找（即二分查找）的方法来定位，相应的排序法称为折半插入排序。

将待插入记录与有序表中居中的记录按关键字比较，则将有序表一分为二，下次比较在其中一个有序子表中进行，将子表又一分为二。这样继续下去，直到要比较的子表中只有一个记录时，比较一次便确定了插入位置。其算法如下。

【算法 9-2】 折半插入排序的算法

```
void InsertSort(Sqlist &L){                        //对顺序表 L 进行折半插入排序
    int i;
    int low,high,mid;
    for(i=2;i<=L.length;i++) {
      L.r[0]=L.r[i];                               //保存待插入元素至监测哨
      low=1;
      high=i-1;                                    //设置初始区间
      while(low<=high){                            //确定插入位置
        mid=(low+high)/2;                          //折半
        if (L.r[0].key> L.r[mid].key)
               low=mid+1;                          //插入位置在高半区中
        else
             high=mid-1;                           //插入位置在低半区中
      }
      for (j=i-1;j>=high+1;j--)
        L.r[j+1]= L.r[j];                          //后移元素，留出插入空位
        L.r[high+1]= L.r[0];                       //将元素插入
  }
}
```

算法分析如下。

（1）时间复杂度。

从时间复杂度看，采用折半插入排序可减少关键字的比较次数。确定插入位置所进行的折半查找，定位一个关键字的位置需要比较次数至多为折半判定树的深度，所以比较次数时间复杂度为 $O(\text{n}\log_2 n)$；折半插入排序移动记录的次数和直接插入排序相同，为 $O(n^2)$。

在平均情况下，折半插入排序仅减少了关键字的比较次数，而记录的移动次数不变。因此，折半插入排序的时间复杂度为 $O(n^2)$。

（2）空间复杂度。

折半插入排序所需辅助空间与直接插入排序相同，只用了一个辅助单元 $r[0]$，其空间复杂度为 $O(1)$。

算法特点如下。

（1）是稳定的排序方法；

（2）只适用于顺序存储结构，不能用于链式结构；

（3）适用于初始记录无序且 n 较大时的情况。

9.2.3 希尔排序

直接插入排序算法简单，在 n 值较小时，效率比较高；在 n 值很大时，若待排序序列按关键字基本有序，效率依然较高，其时间效率可提高到 $O(n)$。希尔排序正是从“减少记录个数”和“序列基本有序”这两点出发，给出插入排序的改进方法。

希尔排序又称缩小增量排序，是 1959 年由 D.L.Shell 提出来的，希尔排序的思想是：先选取一个小于 n 的整数 d_i（称为步长），然后把排序表中的 n 个记录分为 d_i 个组，从第一个记录开始，间隔为 d_i 的记录为同一组，各组内进行直接插入排序。一趟之后，间隔 d_i 的记录有序，随着有序性的改善，减小步长 d_i，重复进行，直到 d_i=1，使得间隔为 1 的记录有序，也就是排序表达到了有序。

【例 9-2】 已知待排序序列为{39,80,76,41,13,29,50,78,30,11,100,7,41*,86}，步长因子 d_i 分别取 5，3，1，给出用希尔排序算法执行的过程。

希尔排序过程如图 9-2 所示。

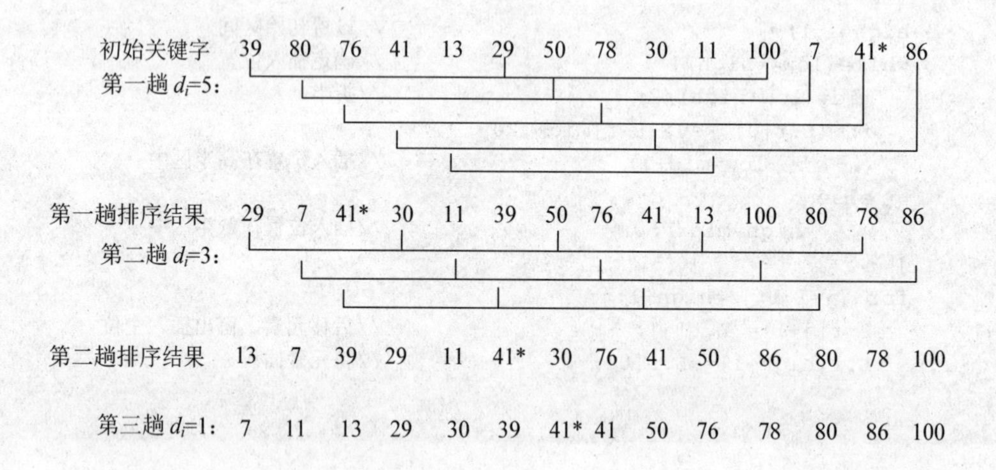

图 9-2 希尔排序过程示例

希尔排序的算法如下。

【算法 9-3】 希尔排序的算法

```
void ShellInsert(Sqlist &L ,int dk) {          //对顺序表 L 做一趟步长因子为 dk 的希尔排序
    int i;
    for(i=dk+1;i<=n;i++)
        if (L.r[i].key<L.r[i-dk].key) {   //小于时，需将 L.r [i]插入有序表
            L.r [0]=L.r[i];                  //存放待插入的记录
        for(j=i-dk;j>0&&L.r[0].key<L.r[j].key;j=j-dk)
            L.r[j+dk]=L.r[j];              //记录后移
            L.r[j+dk]=L.r[0];              //插入到正确位置
    }
  }
void ShellSort(Sqlist &L ,int d[],int t) {        //按增量序列 d[0…t-1]对顺序表
```

```
作希尔排序
      int k;
      for(k=0;k<t; k++)
       ShellInsert(L,d[k]);                          //一趟增量为d[k]的希尔插入排序
   }
```

算法分析如下。

（1）时间复杂度。

从时间复杂度看，当增量大于1时，关键字较小的记录是跳跃地移动，从而使得在最后一趟增量为1的插入排序时，序列已基本有序，只需进行少量的比较和移动即可完成排序，因此希尔排序的时间复杂度比直接插入排序低。

希尔排序时间效率分析很困难，关键字的比较次数与记录移动次数依赖于步长因子 d_i 序列的选取，特定情况下可以准确估算出关键字的比较次数和记录的移动次数。目前尚未得到选取最好的步长因子序列的方法。

通过大量的实验基础推出：当 n 在某个特定范围内，希尔排序所需的比较和移动次数约为 $n^{1.3}$，当 $n\to\infty$ 时，可减少到 $O(n\log_2 n)^2$。

（2）空间复杂度。

希尔排序所需辅助空间与直接插入排序相同，只用了一个辅助单元 $r[0]$，其空间复杂度为 $O(1)$。

算法特点如下。

（1）是不稳定的排序方法；

（2）只适用于顺序存储结构，不能用于链式结构；

（3）步长因子 d_i 可以有各种取法，有取奇数的，也有取质数的，但需要注意：步长因子中除1外应没有公因子，且最后一个步长因子必须为1；

（4）算法中总的比较次数和移动次数都比直接插入排序少，n 越大时，算法的时间效率效果越明显。适用于初始记录无序且 n 较大时的情况。

9.3 交换排序

交换排序主要是通过两两比较待排序表中的关键字，若发现不满足排序要求则进行交换，直至整个序列全部满足要求为止。

9.3.1 冒泡排序

冒泡排序是一种最简单的交换排序方法，它通过对相邻的数据元素进行交换，逐步将待排序序列变成有序序列。整个过程就是使关键字小的记录如气泡一般逐渐往上“漂浮”，或者使关键字大的记录如石块一样逐渐向下“坠落”。

设排序表为 $r[n]$，对 n 个记录的排序表进行冒泡排序的过程：第一趟，从第1个记录开始到第 n 个记录，对 n-1对两两相邻的关键字进行比较，若与排序要求相逆，则将其交换，这样，一趟之后，具有最大关键字的记录交换到了 $r[n]$；第二趟，从第1个记录开始

到第 $n-1$ 个记录继续进行第二趟冒泡，两趟之后，最大关键字的记录交换到了 $r[n-1]$，……，如此重复 $n-1$ 趟后，在 $r[n]$中 n 个记录按关键字有序。

冒泡排序最多进行 $n-1$ 趟，在某趟的两两比较过程中，如果一次交换都未发生，表明已经有序，则排序结束。

【例 9-3】已知待排序序列为{48,62,35,77,55,14,35*,98,22,40}，给出用冒泡排序算法执行的过程。

冒泡排序过程如图 9-3 所示。

初始关键字	48	62	35	77	55	14	35*	98	22	40
第一趟排序后	48	35	62	55	77	14	35*	22	40	98
第二趟排序后	35	48	55	14	35*	62	22	40	77	
第三趟排序后	35	48	14	35*	55	22	40	62		
第四趟排序后	35	14	35*	48	22	40	55			
第五趟排序后	14	35	35*	22	40	48				
第六趟排序后	14	35	22	35*	40					
第七趟排序后	14	22	35	35*						

图 9-3　冒泡排序过程示例

冒泡排序的算法如下。

【算法 9-4】冒泡排序的算法

```
void BubbleSort(Sqlist &L) {                    //对顺序表 L 做冒泡排序
    int i,j,flag;
for (i=1;i<L.length;i++) {
    flag=0;                           //flag 为 0，若本趟排序没发生，则不执行下一趟
    for(j=1;j<= L.length-i;j++)
            if (L.r[j].key> L.r[j+1].key) {
            L.r[0]=L.r[j];
            L.r[j]=L.r[j+1];
            L.r[j+1]=L.r[0];             //交换前后两个记录
            flag=1;                      //flag 为 1，本趟排序发生交换
        }
    if (flag==0)
        break;
  }
}
```

算法分析如下。

（1）时间复杂度。

从时间复杂度看，最好情况是初始表为正序，第一趟比较过程中一次交换都未发生，所以一趟之后就结束，只需比较 $n-1$ 次，不需移动记录；最坏情况是逆序状态，所以总共要进行 $n-1$ 趟冒泡，对 i 个记录的表进行一趟冒泡需要 $i-1$ 次关键字比较，则

$$总比较次数=\sum_{i=2}^{n}(i-1)=\frac{1}{2}n(n-1)\approx\frac{n^2}{2}$$

$$总移动次数=3\sum_{i=2}^{n}(i-1)=\frac{3}{2}n(n-1)\approx\frac{3n^2}{2}$$

在平均情况下，冒泡排序关键字的比较次数和记录移动次数分别约为 $n^2/4$ 和 $3n^2/4$，时间复杂度为 $O(n^2)$。

（2）空间复杂度。

冒泡排序只用了一个辅助空间做暂存记录，其空间复杂度为 $O(1)$。

算法特点如下。

（1）是稳定的排序方法；

（2）也适用于链式存储结构；

（3）移动次数较多，当初始记录无序且 n 较大时，算法的时间效率较差，不宜采用。

9.3.2　快速排序

快速排序是由冒泡排序改进而得的。在冒泡排序过程中，只对相邻的两个记录进行比较，因此每次交换两个相邻记录时只能消除一个逆序。如果能通过两个（不相邻）记录的一次交换，消除多个逆序，则会加快排序的速度。快速排序方法中的一次交换可能消除多个逆序。

快速排序的核心操作是划分。以某个记录为标准（也称为支点），通过划分将待排序列分成两组，其中一组中记录的关键字均大于等于支点记录的关键字，另一组中记录的关键字均小于支点记录的关键字，则支点记录就放在两组之间。对各部分继续划分，直到整个序列按关键字有序。

设置两个搜索指针 i 和 j，指示待划分区域的两个端点，从 j 指针开始向前搜索比支点小的记录，并将其交换到 i 指针处，i 向后移动一位，然后从 i 指针开始向后搜索比支点大（或等于）的记录，并将其交换到 j 指针处，j 向前移动一位。依此类推，直到 i 和 j 相等，这表明 i 前面的都比支点小，j 后面的都比支点大，i 和 j 指的这个位置就是支点的最后位置。为了减少数据的移动，先把支点记录缓存起来，最后再置入最终的位置。

【例 9-4】已知待排序序列为{48,62,35,77,55,14,35*,98}，给出用快速排序算法执行的过程。

快速排序过程如图 9-4 所示。

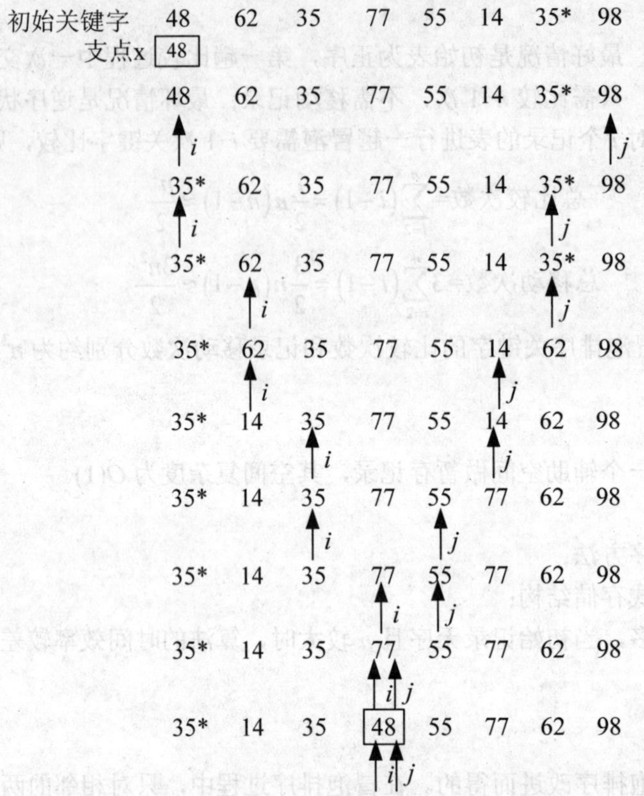

初始关键字 48 62 35 77 55 14 35* 98

支点x [48]

48 62 35 77 55 14 35* 98

35* 62 35 77 55 14 35* 98

35* 62 35 77 55 14 35* 98

35* 62 35 77 55 14 62 98

35* 14 35 77 55 14 62 98

35* 14 35 77 55 77 62 98

35* 14 35 77 55 77 62 98

35* 14 35 77 55 77 62 98

35* 14 35 [48] 55 77 62 98

（a）一趟快速排序过程

第一趟排序后 {35* 14 35} 48 {55 77 62 98}

第二趟排序后 {14} 35* {35} 48 {55 77 62 98}

第三趟排序后 14 35* 35 48 55 {77 62 98}

第四趟排序后 14 35* 35 48 55 {62} 77 {98}

（b）快速排序全过程

图 9-4 快速排序过程示例

快速排序的算法如下。

【算法 9-5】一趟快速排序算法

```
int Partition(Sqlist &L ,int i,int j) {      //对顺序表 L 进行一趟快速排序，返回支点最终位置
    L.r[0]= L.r[i];                          //缓存支点记录
    while(i<j){                              //从表的两端交替地向中间扫描
        while(i<j&&L.r[j].key>=L.r[0].key)
            j--;
        if(i<j) {                            //将比支点记录小的交换到前面
```

```
            L.r[i]=L.r[j];
            i++;
        }
        while(i<j&&L.r[i].key<L.r[0].key)
            i++;
        if(i<j) {                           //将比支点记录大的交换到后面
            L.r[j]=L.r[i];
            j--;
        }
    }
    L.r[i]=L.r[0];                          //支点记录到位
    return i;
}
```

整个快速排序的过程可递归进行，其中 Partition 完成一趟快速排序，返回支点的位置。若待排序序列长度大于 1（$i<j$），算法 QuickSort 调用 Partition 获取支点位置，然后递归执行分别对分割所得的两个子表进行排序。若待排序序列中只有一个记录，则排序完成。

【算法 9-6】递归快速排序算法

```
  void QuickSort(Sqlist &L ,int i,int j) {          //对顺序表 L 快速排序（i=1,
j=L.length）
     int k;
     if (i<j){
     k=Partition(L,i,j);                        //将表一分为二
     QuickSort(L,i,k-1);                        //对支点前端子表快速排序
     QuickSort(L,k+1,j);                        //对支点后端子表递归排序
     }
   }
  void Quick(Sqlist &L){
      QuickSort(L,1,n);
  }
```

算法分析如下。

（1）时间复杂度。

从时间效率看，在 n 个记录的待排序列中，一次划分需要约 n 次关键字比较，时间复杂度为 $O(n)$。若设 $T(n)$为对 n 个记录的待排序列进行快速排序所需时间，则理想情况下，每次划分正好将其分成两个等长的子序列，则

$$
\begin{aligned}
T(n) &\leqslant cn+2T(n/2) \qquad (c\text{ 是一个常数}) \\
&\leqslant n+2(n/2+2T(n/4))=2n+4T(n/4) \\
&\leqslant 2n+4(n/4+2T(n/8))=3n+8T(n/8) \\
&\ \ \vdots \\
&\leqslant n\log_2 n+nT(1)\approx O(n\log_2 n)
\end{aligned}
$$

最坏情况下，即每次划分只得到一个子序列，必须经过 $n-1$ 趟才能将所有记录定位，且第 i 趟需要经过 $n-i$ 次比较。

$$总比较次数=\sum_{i=1}^{n-1}(n-i)=\frac{1}{2}n(n-1)\approx\frac{n^2}{2}$$

时间复杂度为$O(n^2)$。

平均情况下，快速排序的时间复杂度为$O(n\log_2 n)$。

（2）空间复杂度。

从空间效率看，快速排序是递归的，每层递归调用时的指针和参数均要用栈来存放，最大调用层次数与递归树的深度一致，最好情况下的空间复杂度为$O(\log_2 n)$，即树的高度；最坏情况下为$O(n)$。

算法特点如下。

（1）是不稳定的排序方法；

（2）只适用于顺序结构，排序过程中需要定位表的上下界；

（3）当n较大时，在平均情况下快速排序是所有内部排序方法中速度最快的一种，适用于初始记录无序且n较大的情况。

9.4 选择排序

选择排序主要是每一趟从待排序列中选取一个关键字最小的记录，按顺序放在排序的记录序列的最后，直至全部排完为止。即第一趟从n个记录中选取关键字最小的记录，第二趟从剩下的$n-1$个记录中选取关键字最小的记录，直到整个序列的记录选完。

9.4.1 简单选择排序

简单选择排序也称为直接选择排序。

简单选择排序的操作方法：第一趟，从n个记录中找出关键字最小的记录与第1个记录交换；第二趟，从第二个记录开始的$n-1$个记录中再选出关键字最小的记录与第2个记录交换；依此类推，第i趟，则从第i个记录开始的$n-i+1$个记录中选出关键字最小的记录与第i个记录交换，直到整个序列按关键字有序。

简单选择排序算法如下。

【例 9-5】已知待排序序列为{48,62,35,77,55,14,35*,98}，给出用简单选择排序算法执行的过程。

简单选择排序过程如图 9-5 所示。

初始关键字	48	62	35	77	55	14	35*	98
	↑i					↑k		
第一趟排序后	{14}	62	35	77	55	48	35*	98
		↑i	↑k					
第二趟排序后	{14	35}	62	77	55	48	35*	98
			↑i				↑k	
第三趟排序后	{14	35	35*}	77	55	48	62	98
				↑i		↑k		
第四趟排序后	{14	35	35*	48}	55	77	62	98
					i↑↑k			
第五趟排序后	{14	35	35*	48	55}	77	62	98
						↑i	↑k	
第六趟排序后	{14	35	35*	48	55	62}	77	98
							i↑↑k	
第七趟排序后	{14	35	35*	48	55	62	77 }	98
								i↑↑k

图 9-5　简单选择排序过程示例

简单选择排序的算法如下。

【算法 9-7】简单选择排序算法

```
void Select Sort(Sqlist &L) {            //对顺序表 L 做简单选择排序
   int  i,j,k;
   for(i=1;i<L.length;i++) {             //作 n-1 趟选取
    k=i;
      for(j=i+1;j<= L.length;j++)  //在 i 开始的 n-i+1 个记录中选关键字最小的记录
         if(L.r[j].key< L.r[k].key)
            k=j;
         if(i!=k){                       //关键字最小的记录与第 i 个记录交换
            L.r[0]=L.r[k];
            L.r[k]=L.r[i];
            L.r[i]=L.r[0];
        }
   }
```

算法分析如下。

（1）时间复杂度。

从时间效率看，简单选择排序移动记录的次数较少，最好情况下，移动记录 0 次；最坏情况下，移动记录 $3(n-1)$次；但关键字的比较次数依然是 $n(n-1)/2$。

$$总比较次数=\sum_{i=1}^{n-1}(n-i)=\frac{1}{2}n(n-1)\approx\frac{n^2}{2}$$

平均情况下，简单选择排序的时间复杂度为 $O(n^2)$。

（2）空间复杂度。

只有两个记录交换时用了一个辅助空间，其空间复杂度为 $O(1)$。

算法特点如下。

（1）由于算法过程中可能改变相同关键字的前后顺序，可能产生不稳定现象；

（2）可用于链式存储结构；

（3）移动记录次数少，当每个记录占用的空间较多时，其排序效率较高。

9.4.2 堆排序

在简单选择排序中，首先从 n 个记录中选择关键字最小的记录需 $n-1$ 次比较，在 $n-1$ 个记录中选择关键字最小的记录需 $n-2$ 次比较，……，每次都没有利用上次比较的结果，所以比较操作的时间复杂度为 $O(n^2)$。若要降低比较的次数，则需要把比较过程中的大小关系保存下来。

威洛姆斯在 1964 年提出了堆排序，堆排序是一种树形选择排序，在排序过程中，将待排序的记录 $r[1\cdots n]$看成一棵完全二叉树，利用完全二叉树中双亲节点和孩子节点之间的内在关系，来选择关键字最小（或最大）的记录。

设有 n 个元素的序列 $\{k_1,k_2,\cdots,k_n\}$，当且仅当满足下述关系之一时，称为堆。

$$k_i \leqslant \begin{cases} k_{2i} \\ k_{2i+1} \end{cases} \quad 或 \quad k_i \geqslant \begin{cases} k_{2i} \\ k_{2i+1} \end{cases} \qquad 其中\ i=1，2，\cdots，n/2$$

前者称为小根堆，后者称为大根堆。例如，关键字序列{96,83,27,38,11,9}是一个大根堆。关键字序列{12,36,24,85,47,30,53,91}是一个小根堆；对应的完全二叉树分别如图 9-6（a）和（b）所示。

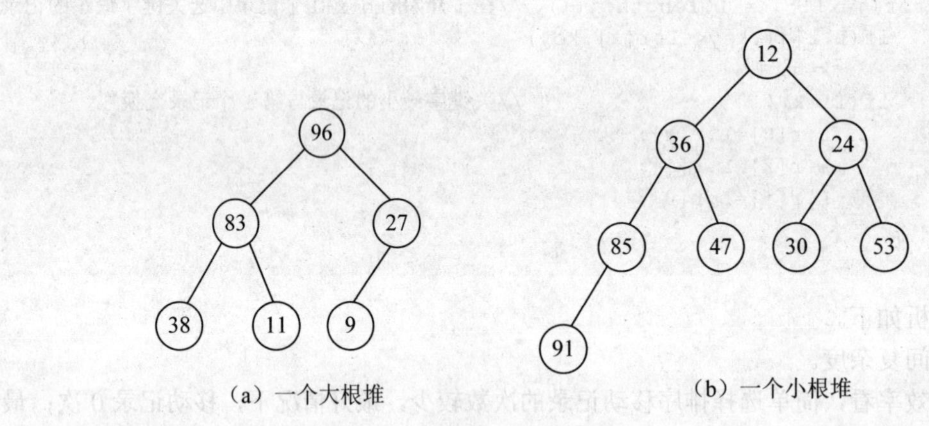

图 9-6 堆的示例

堆排序利用了大根堆（或小根堆）堆顶记录的关键字最大（或最小）的特征，使得当前无序的序列中选择关键字最大（或最小）的记录变得简单。

以大根堆为例，由堆的特点可知，虽然序列中的记录无序，但在大根堆中，堆顶记录的关键字是最大的，因此首先将这 n 个元素按关键字建成堆（称为初始堆），将堆顶元素 $r[1]$与 $r[n]$交换（或输出），然后，再将剩下的 $r[1]$～$r[n-1]$序列调整成堆；再将 $r[1]$与 $r[n-1]$交换，再将剩下的 $r[1]$～$r[n-2]$序列调整成堆，依此类推，便得到一个按关键字有序的序列。这个过程称为堆排序。

实现堆排序的过程主要需要解决两个问题。

（1）建初堆：如何将 n 个元素的序列按关键字建成堆？

（2）调整堆：去掉堆顶元素，在堆顶元素改变后，如何调整剩余元素成为一个新的堆？

因为建初堆要使用调整堆的操作，所以先讨论调整堆的实现。

1. 筛选法调整堆

将根节点 $r[1]$与左、右孩子中较大的进行交换。若与左孩子交换，则左子树堆被破坏，且仅左子树的根节点不满足堆的性质；若与右孩子交换，则右子树堆被破坏，且仅右子树的根节点不满足堆的性质。继续对不满足堆性质的子树进行上述交换操作，直到叶子节点或者堆被建成。筛选过程如图 9-7 所示。

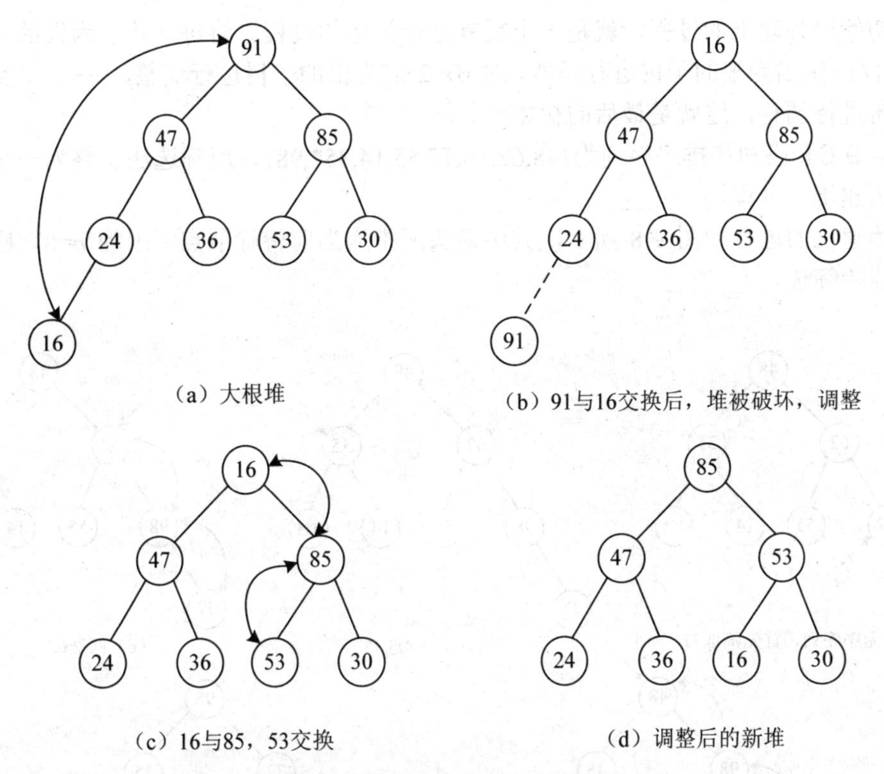

图 9-7　输出堆顶后调整堆的过程

调整堆的过程就像筛子一样，把较小的关键字逐层筛下去，而将较大的关键字逐层选上来，此方法称为“筛选法”。

筛选算法如下。

【算法 9-8】筛选法调整堆算法

```
    void HeapAdjust(Sqlist &L,int s, int t) {//r[s+1]～r[t]已是堆，将r[s]～r[t]
调整为大根堆
        int  i,j;
        RedType rc;
        rc=L.r[s];
        i=s;
```

```
    for(j=2*i;j<=t;j=2*j){                          //沿关键字较大的孩子节点向下筛选
        if(j<t&&L.r[j].key<L.r[j+1].key)
            j=j+1;                                  //j 指向 r[i]的关键字较大的孩子
        if(rc.key>L.r[j].key)
        break;                                      //不用调到叶子就到位了
        L.r[i]=L.r[j];
        i=j;                                        //准备继续向下调整
    }
    L.r[i]=rc;
}
```

2. 建初堆

对初始序列建堆的过程，就是一个反复进行筛选的过程。将每个叶子为根的子树视为堆，然后对 $r[n/2]$为根的子树进行调整，对 $r[n/2-1]$为根的子树进行调整，……，直到对 $r[1]$为根的树进行调整，这就是最后的初始堆。

【例 9-6】已知待排序序列为{48,62,35,77,55,14,35*,98}，用筛选法调整为一个根堆，给出初始建堆的过程。

初始建堆的过程如图 9-8 所示，其中箭头所指为当前待筛节点。因为 $n=8$，应从第四个节点开始筛选。

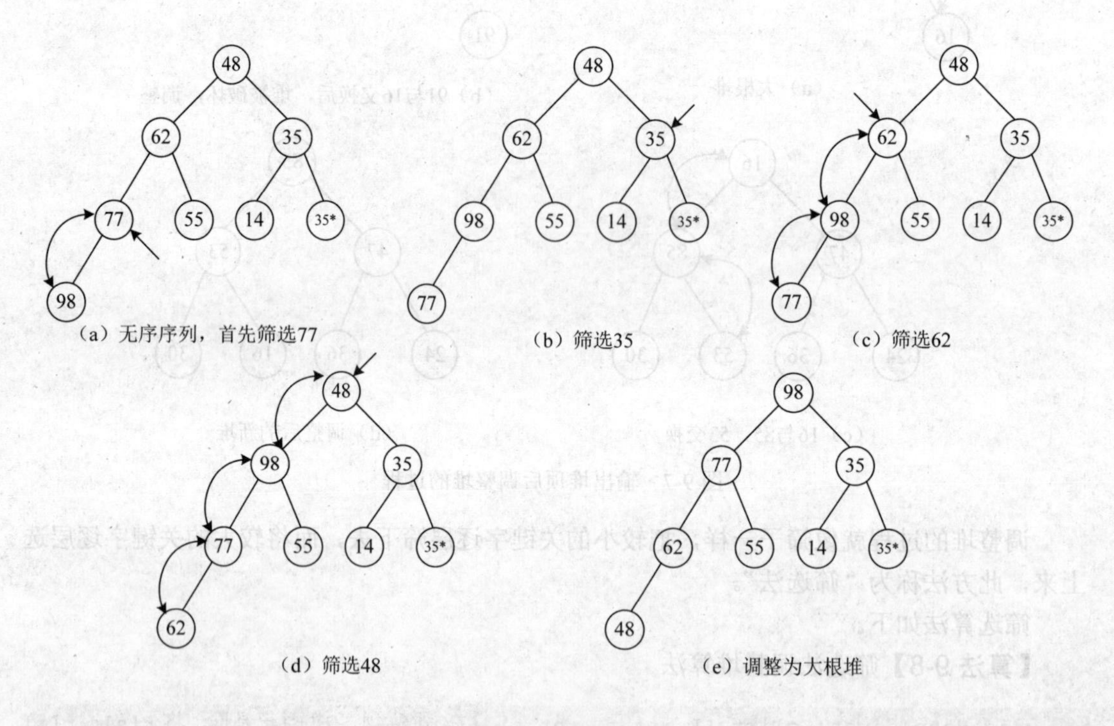

图 9-8　建初堆的过程

3. 堆排序算法实现

堆排序过程为：对 n 个元素的序列先将其建成堆，以根节点与第 n 个节点交换；调整

前 $n-1$ 个节点成为堆，再以根节点与第 $n-1$ 个节点交换；重复上述操作，直到整个序列有序。

堆排序算法描述如下。

【算法 9-9】筛选法调整堆算法

```
void HeapSort(Sqlist &L){                //对顺序表 L 进行堆排序
    int i;
    for(i=L.length/2;i>0;i--)
       HeapAdjust(L,i,n);                //将无序序列 L.r[1……L.length]建成大根堆
    for(i=L.length;i>1;i--){
       L.r[0]=L.r[1];                    //堆顶 r[1]与堆底元素 r[i]交换
       L.r[1]=L.r[i];
       L.r[i]=L.r[0];
       HeapAdjust(L,1,i-1);              //将 r[1]…r[i-1]重新调整为堆
       }
  }
```

【例 9-7】已知待排序序列为{98,77,35,62,55,14,35*,98}，给出完整堆排序的过程。

完整堆排序的过程如图 9-9 所示。

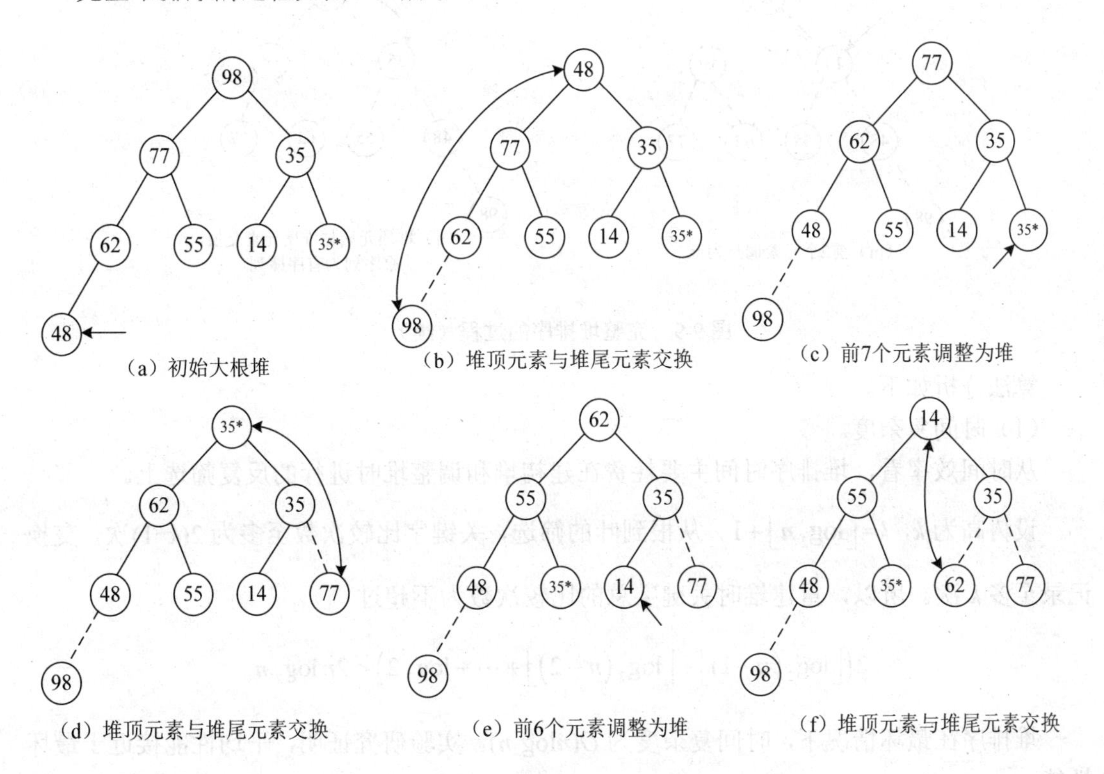

图 9-9 完整堆排序的过程

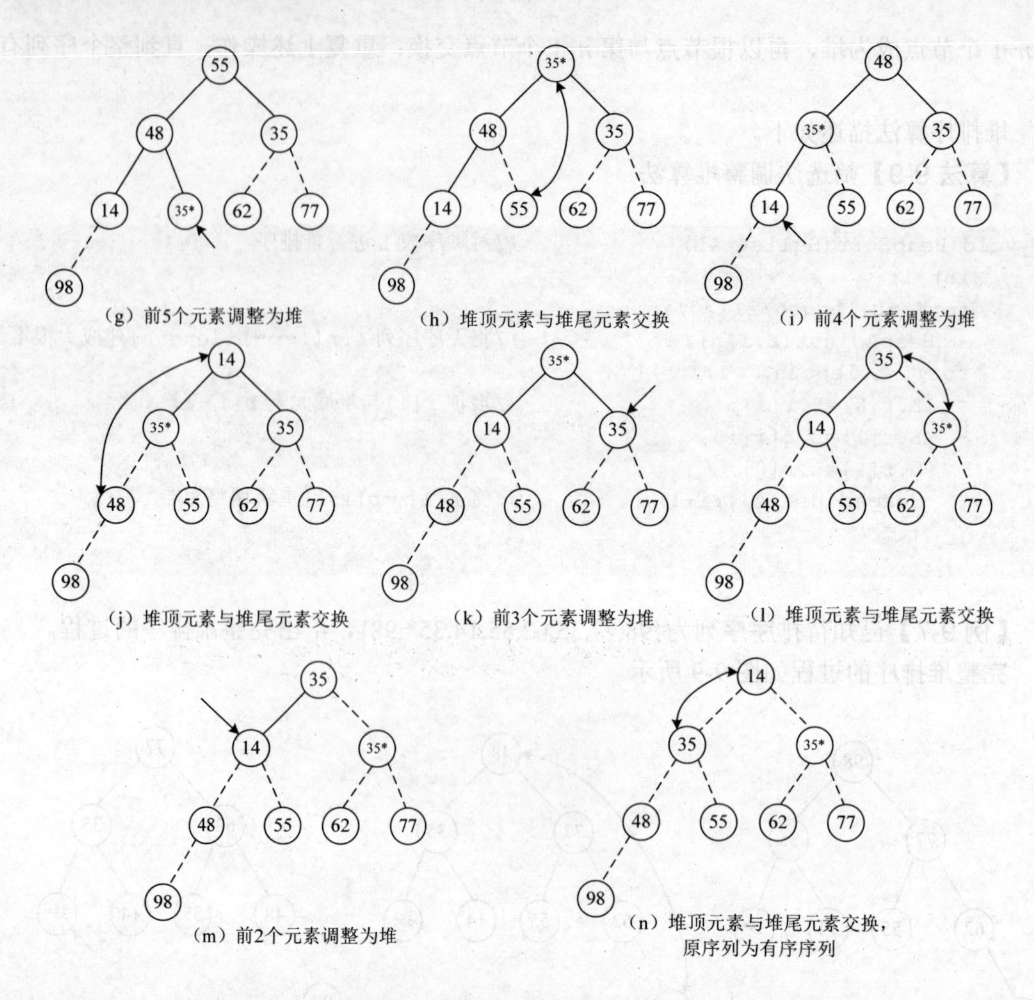

图 9-9　完整堆排序的过程（续）

算法分析如下。

（1）时间复杂度。

从时间效率看，堆排序时间主要耗费在建初堆和调整堆时进行的反复筛选上。

设树高为 k，$k=\lfloor \log_2 n \rfloor+1$，从根到叶的筛选，关键字比较次数至多为 $2(k-1)$次，交换记录至多 k 次。所以，重建堆时关键字总的比较次数为不超过

$$2\left(\lfloor \log_2(n-1) \rfloor + \lfloor \log_2(n-2) \rfloor + \cdots + \log_2 2\right) < 2n\log_2 n$$

堆排序在最坏情况下，时间复杂度为 $O(n\log_2 n)$。实验研究证明，平均性能接近于最坏性能。

（2）空间复杂度。

只用了一个辅助空间，其空间复杂度为 $O(1)$。

算法特点如下。

（1）是不稳定的排序方法；

（2）只能用于顺序结构，不能用于链式结构；

（3）初始建堆所需的比较次数较多，因此记录数较少时不宜采用。堆排序在最坏情况下时间复杂度为 $O(n\log_2 n)$，相对于快速排序最坏情况下的 $O(n^2)$要好，记录较多时，其排序效率较高。

9.5　归并排序

归并排序就是将两个或两个以上的有序表合并成一个有序表的过程。将两个有序表合并成一个有序表的过程称为 2-路归并，2-路归并是最为简单和常用的。

归并排序基本操作是：设 $r[s]$～$[t]$由两个有序子表 $r[s]$～$r[m]$和 $r[m+1]$～$r[t]$组成，将两个有序子表合并为一个有序表 $r[s]$～$r[t]$。

【例 9-8】已知待排序序列为{49,38,65,97,76,27}，给出 2-路归并排序的过程。

2-路归并排序过程如图 9-10 所示。

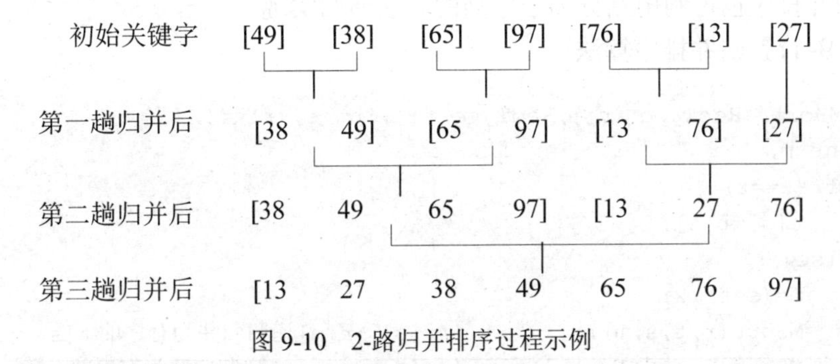

图 9-10　2-路归并排序过程示例

设两个有序表存放在同一数组中相邻的位置上：$r[s\cdots m]$和 $r[m+1\cdots t]$，每次分别从两个表中取出一个记录进行关键字的比较，将较小者放入 $t[s\cdots t]$中，重复此过程，直至其中一个表为空，最后将另一非空表中余下的部分直接复制到 t 中。

【算法 9-10】将两个有序表进行归并排序算法

```
void  Merge(RedType  r[],RedType t[],int s,int m,int t) {
    //将两个有序子表 r[s]～r[m]和 r[m+1]～r[t]合并为一个有序表 r[s]～r[t]
    int i,j,k;
    i=s;                        //i 为 r[s]～r[m]的下标 s
    j=m+1;                      //j 为 r[m+1]～r[t]的下标 m+1
    k=s;                        //k 为 t[s]～t[t]的下标
    while(i<=m&&j<=t)           //在 r[s]～r[m]和 r[m+1]～r[t]均未扫描完时循环
        if (r[i].key<r[j].key) {     //比较 r[s]～r[m]和 r[m+1]～r[t]，较小者存入 t[s]～t[t]
            t[k]=r[i];
            k++;
            i++;
```

```
    }
    else    {
            t[k]=r[j];
        k++;
            j++;
        }
    while(i<=m){           //如果 r[s]～r[m]还有剩余，将余下部分存入 t[s]～t[t]
     t[k]=r[i];
        k++;
        i++;
    }
    while(j<=t){           //如果 r[m+1]～r[t]还有剩余，将余下部分存入 t[s]～t[t]
        t[k]=r[j];
        k++;
        j++;
    }
}
```

2-路归并排序也可利用划分为子序列的方法递归实现。

【算法 9-11】 归并排序算法

```
void  MSort (RedType  r[],RedType t[],int s,int t) {
    int m;
    if (s==t)
        t[s]=r[s];
    else{
        m=(s+t)/2;
        MSort(r,t,s,m);             //r[s]～r[m]递归归并为有序的 t[s]～t[m]
        MSort(r,t,m+1,t);           //r[m+1]～r[t]递归归并为有序的 t[m+1]～t[t]
        Merge(t,r,s,m,t);           //将 t[s]～t[m]和 t[m+1]～t[t]归并到 r[s]～
r[t]
    }
}
void MergeSort(SqList &L){          //对顺序表 r[]作归并排序
   MSort(L.r,L.r,1,L.length);
}
```

算法分析如下。

（1）时间复杂度。

从时间效率看，对 n 个元素的表，将这 n 个元素看作叶子节点，若将两两归并生成的子表看作它们的父节点，则归并过程对应由叶子向根生成一棵二叉树的过程。所以归并趟数约等于二叉树的高度，即 $\log_2 n$，每趟归并需移动记录 n 次，因此，归并排序时间复杂度为 $O(n\log_2 n)$。

（2）空间复杂度。

需要一个与表等长的辅助元素数组空间，所以空间复杂度为 $O(n)$。

算法特点如下。

（1）是稳定的排序方法；

（2）能用于顺序结构，也可用于链式结构，且不需要附加存储空间，但递归实现时仍需要开辟相应的递归工作栈。

9.6　基数排序

基数排序是一种借助于多关键字排序的思想，是将单关键字按基数分成“多关键字”进行排序的方法。

9.6.1　多关键字排序

可以将一副扑克牌的排序过程看成由花色和面值两个关键字进行排序的问题。

已知扑克牌中 52 张牌，可按花色和面值分成两个属性，设其大小关系如下。

♣2＜♣3＜…＜♣A ＜♦2＜♦3＜…＜♦A＜♥2＜♥3＜…＜♥A＜♠2＜♠3＜…＜♠A

每一张牌有两个“关键字”：花色和面值。即两张牌，若花色不同，不论面值怎样，花色低的那张牌小于花色高的，只有在同花色的情况下，大小关系才由面值的大小确定。这就是多关键字排序。

多关键字排序按照从最主位关键字到最次位关键字，或从最次位关键字到最主位关键字的顺序逐次排序，分以下两种方法。

（1）最高位优先法：先对花色排序，将其分为 4 个组，即♣组、♦组、♥组、♠组。再对每个组分别按面值进行排序，最后，将 4 个组连接起来即可。

（2）最低位优先法：这是一种“分配”与“收集”交替进行的方法。先按 13 个面值给出 13 个编号组（2，3，…，A），将牌按面值依次放入对应的编号组，分成 13 堆，如图 9-11 所示。再按花色给出 4 个编号组（♣组、♦组、♥组、♠组），将 2 号组中的牌取出分别放入对应花色组，再将 3 号组中的牌取出分别放入对应花色组，……，这样，4 个花色组中均按面值有序，然后，将 4 个花色组依次连接起来即可。

图 9-11　扑克牌的排序

9.6.2　链式基数排序

将关键字拆分为若干项，每项作为一个“关键字”，则对单关键字的排序可按多关键字排序方法进行。例如，关键字为 4 位的整数，可以每位对应一项，拆分成 4 项；又如，关键字由 5 个字符组成的字符串，可以将每个字符作为一个关键字。由于这样拆分后，每个关键字都在相同的范围内（对数字是 0～9，字符是 a～z），称这样的关键字可能出现的符号个数为“基”，记作 RADIX。上述取数字为关键字的“基”为 10；取字符为关键字的“基”为 26。

基数排序思想：从最低位关键字起，按关键字的不同值将序列中的记录“分配”到 RADIX 个队列中，然后再“收集”，称为一趟排序，第一趟之后，排序表中的记录按最低位关键字有序，再对次最低位关键字进行一趟“分配”和“收集”，直到对最高位关键字进行一趟“分配”和“收集”，则排序表按关键字有序。

链式基数排序是用链表作为排序表的存储结构，用 RADIX 个链队列作为分配队列，将关键字相同的记录存入同一个链队列中，收集是将各链队列按关键字大小顺序链接起来。

【例 9-9】已知待排序序列为{278,109,063,930,589,184,505,269,008,083}，给出以静态链表存储排序表的基数排序过程。

链式基数排序过程如图 9-12 所示。首先以链表存储 *n* 个待排记录，并令表头指针指向第一个记录，然后通过三趟“分配”和“收集”操作来完成排序。其中 *f*[*i*]和 *e*[*i*]分别为第 i 个队列的头指针和尾指针。

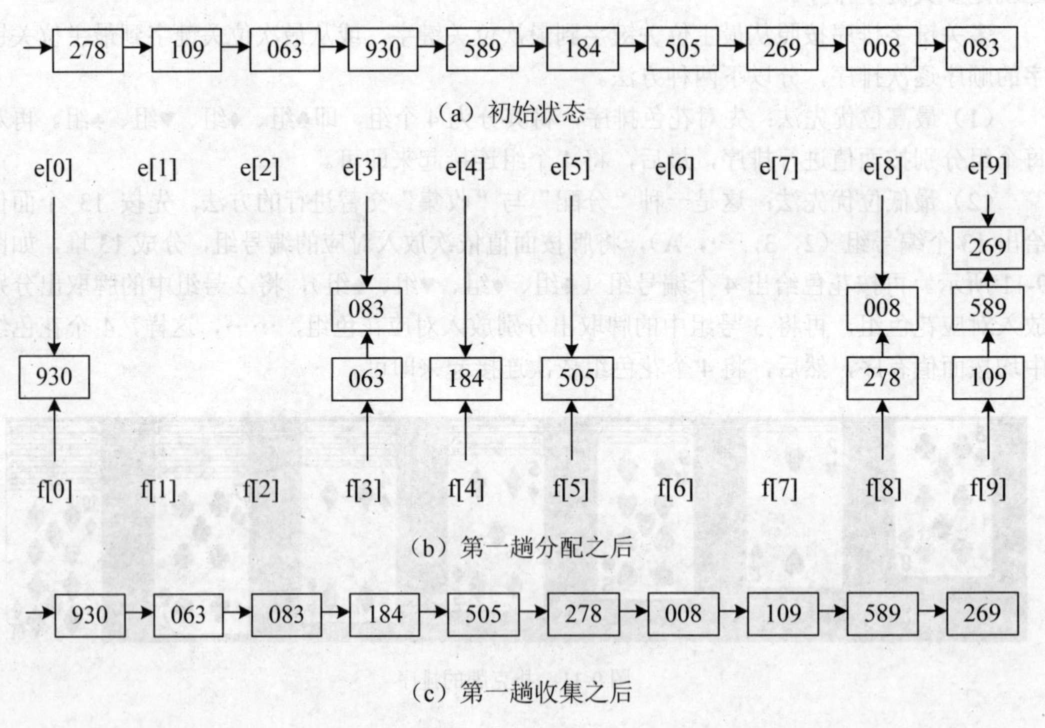

图 9-12 链式基数排序

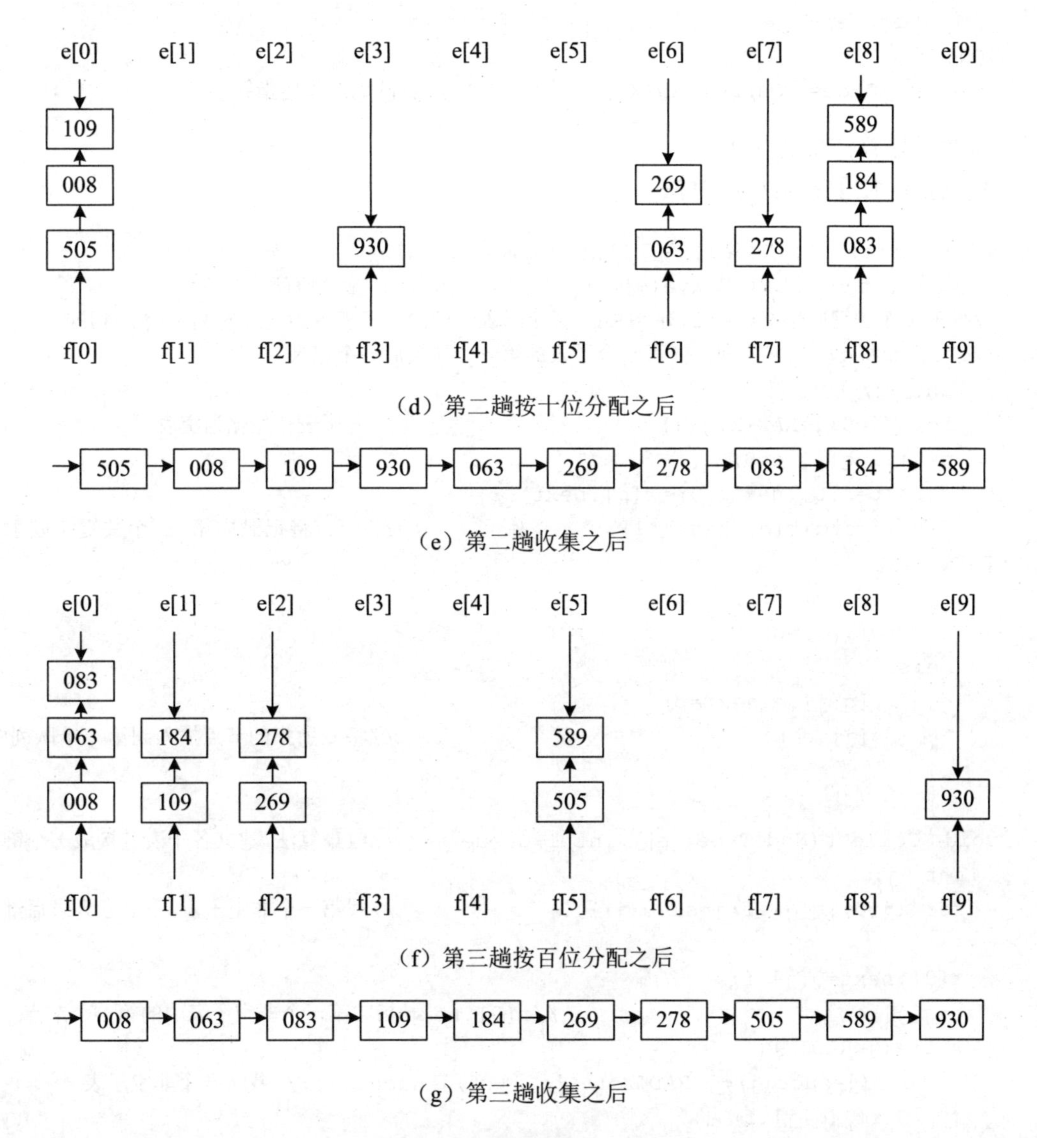

（d）第二趟按十位分配之后

（e）第二趟收集之后

（f）第三趟按百位分配之后

（g）第三趟收集之后

图 9-12　链式基数排序（续）

算法实现采用静态链表，以便于更有效地存储和重排记录。相关的数据结构定义如下。

```
#define  KEY_ NUM  8                    //关键字项数的最大值
#define  RADIX   10                     //关键字基数，此时为十进制整数的基数
#define  MAX_SPACE  100                 //分配的最大可利用存储空间
typedef  struct {
     KeyType keys[KEY_NUM];             //关键字字段
     InfoType otheritems;               //其他字段
     int  next;                         //指针字段
}NodeType;                              //静态链表节点类型
typedef  struct {
       int f;
```

```
        int e;
    }QNode;
    typedef  QNode  Queue[RADIX];                    //各队列的头尾指针
```

基数排序算法描述如下。

【算法 9-12】基数排序算法

```
    void Distribute(NodeType r[],int i,Queue q) {
    //静态链表r中的记录已按kye[0]，kye[1]，……，kye[i-1]有序
    //按第i个关键码字keys[i]建立RADIX个子表，使同一子表中的记录的keys[i]相同
    //q[i].f和q[i].e分别指向第i个子表的第一个和最后一个记录
        int  j;
        for  (j=0;j<RADIX;j++)                         //各子表初始化为空表
        q[j].f=q[j].e=0;
        for  (p=r[0].next;p;p=r[p].next) {
            j=ord(r[p].keys[i1);                       //ord 将记录中第 i 个关键字映射到
[0…RADIX-1]
            if(!g[j].f)
            q[j].f=p;
         else
            r[q[j].e.next=p;
            q[j].e=p;                                  //将p所指的节点插入到第j个队列中
        }
        }
    void  Collect(NodeType  r[],int i,Queueq) { //收集算法,建立各子表链接成一个链表
       int  j;
       for  (j=0;!q[j].f;j=succ(j));                   //找第一个非空子表，succ为求后继函
数
       r[0].next=q[j].f;
       t=q[j].e;                        //r[0].next指向第一个非空子表中的第一个节点
       while(j<RADIX){
         for  (j=succ(j);j<RADIX-1&&!q[j].f;j=succ(j));//找下一个非空子表
            if  (q[j].f)  {
               r[t].next=q[j].f;
               t=q[j].e;
            }                                   //链接两个非空子表
        }
        r[t].next=0;                            //t指向最后一个非空子表中的最后一个节点
       }
    void  RadixSort(NodeType r[],int n){
    //对r作基数排序，使其成为按关键字升序的静态链表，以r[0]为头节点
        Queue q;                                //定义队列
        for  (i=0;i<n;i++)
            r[i].next=i+1;                      //将r改为静态链表
        r[n].next=0;
        for  (i=0;i<KEY_ NUM;i++)  {//按最低位优先依次对各关键字进行分配和收集
          Distribute(r,i,q);                    //第i趟分配
```

```
        Collect(r,i,q);                    //第 i 趟收集
    }
  }
```

算法分析如下。

（1）时间复杂度。

从时间效率上看，设待排序列为 n 个记录，d 位关键字，每位关键字的取值范围为 0～REDIX-1，则进行链式基数排序时，每一趟分配的时间复杂度为 $O(n)$，每一趟收集的时间复杂度为 $O(\text{REDIX})$，共进行 d 趟分配和收集，则时间复杂度为 $O(d(n+\text{REDIX}))$。

（2）空间复杂度。

需要 2*REDIX 个队列头尾指针辅助空间，以及用于静态链表的 n 个指针，所以空间复杂度为 $O(n+\text{REDIX})$。

算法特点如下。

（1）是稳定的排序方法；

（2）能用于顺序结构，也可用于链式结构；

（3）时间复杂度可以有突破达到 $O(n)$；

（4）基数排序有严格的要求：需要知道各级关键字的主次关系和各级关键字的取值范围。

9.7　本章小结

本章介绍了五类九种较常用的内部排序法，包括插入、交换、选择、归并、基数五类内部排序算法，均为基于比较的排序，即排序过程的实现主要依据关键字的大小比较。

通过本章内容的学习，要求掌握与排序相关的基本概念，包括关键字比较次数、记录移动次数、稳定性、内部排序、外部排序。深刻理解各种内部排序方法的基本思想、算法特点、实现方法及其性能分析，能从时间复杂度、空间复杂度、算法稳定性三个方面对各种排序方法进行综合比较，并根据具体情况选择合适的排序方法，也可将多种方法结合起来使用。一般综合考虑以下因素：

（1）待排序的记录个数；

（2）记录本身的大小；

（3）关键字的结构及初始状态；

（4）对排序稳定性的要求；

（5）存储结构。

从算法的时间复杂度、空间复杂度和稳定性三个方面，对本章介绍的各种内部排序方法进行比较，结果如表 9-1 所示。

表 9-1 各种内部排序方法的比较

排序方法	时间复杂度			空间复杂度	稳定性
	最好情况	最坏情况	平均情况		
直接插入排序	$O(n)$	$O(n^2)$	$O(n^2)$	$O(1)$	稳定
折半插入排序	$O(n\log_2 n)$	$O(n^2)$	$O(n^2)$	$O(1)$	稳定
希尔排序			$O(n^{1.3})$	$O(1)$	不稳定
冒泡排序	$O(n)$	$O(n^2)$	$O(n^2)$	$O(1)$	稳定
快速排序	$O(n\log_2 n)$	$O(n^2)$	$O(n\log_2 n)$	$O(\log_2 n)$	不稳定
简单选择排序	$O(n)$	$O(n^2)$	$O(n^2)$	$O(1)$	不稳定
堆排序	$O(n\log_2 n)$	$O(n\log_2 n)$	$O(n\log_2 n)$	$O(1)$	不稳定
归并排序	$O(n\log_2 n)$	$O(n\log_2 n)$	$O(n\log_2 n)$	$O(n)$	稳定
基数排序	$O(d(n+\text{REDIX}))$	$O(d(n+\text{REDIX}))$	$O(d(n+\text{REDIX}))$	$O(n+\text{REDIX})$	稳定

习　题

1. 选择题。

（1）若对 n 个元素进行直接插入排序，则进行第 i 趟排序过程前，有序表中的元素个数为（　　）。

A. i　　B. $i+1$

C. $i-1$　　D. 1

（2）在对 n 个元素进行冒泡排序的过程中，第一趟排序至多需要进行（　　）对相邻元素之间的交换。

A. n　　B. $n-1$

C. $n+1$　　D. $n/2$

（3）在对 n 个元素进行直接插入排序的过程中，算法的空间复杂度为（　　）。

A. $O(1)$　　B. $O(\log_2 n)$

C. $O(n^2)$　　D. $O(n\log_2 n)$

（4）在对 n 个元素进行直接选择排序的过程中，第 i 趟需要从（　　）个元素中选择出最小值元素。

A. $n-i+1$　　B. $n-i$

C. i　　D. $i+1$

（5）若对 n 个元素进行堆排序，则在构成初始堆的过程中需要进行（　　）次筛选运算。

A. 1　　B. $n/2$

C. n　　D. $n-1$

（6）若对 n 个元素进行归并排序，则进行每一趟归并的时间复杂度为（　　）。

A．$O(1)$　　B．$O(n)$

C．$O(n^2)$　　D．$O(n\log_2 n)$

（7）若一个元素序列基本有序，则选用（　　）方法较快。

A．直接插入排序　　B．直接选择排序

C．堆排序　　D．快速排序

（8）在平均情况下速度最快的排序方法为（　　）。

A．直接插入排序　　B．归并排序

C．堆排序　　D．快速排序

（9）堆是一种（　　）排序。

A．插入　　B．选择

C．交换　　D．基数

（10）下述几种排序方法中，要求内存最大的是（　　）排序。

A．希尔　　B．快速

C．归并　　D．堆

2. 填空题。

（1）在直接选择排序中，记录比较次数的时间复杂度为____________，记录移动次数的时间复杂顺序表也称为随机存取的数据结构度为____________。

（2）在堆排序的过程中，对任一分支节点进行筛运算的时间复杂度为____________，整个堆排序过程的时间复杂度为____________。

（3）对 n 个记录进行冒泡排序时，最少的比较次数为____________，最少的趟数为____________。

（4）快速排序在平均情况下的时间复杂度为____________，在最坏情况下的时间复杂度为____________。

（5）在 2-路归并排序中，对 n 个记录进行归并的趟数为____________。

3. 设待排序的关键字序列为{12,2,16,30,28,10,16*,20,6,18}，试分别写出使用以下排序方法，每趟排序结束后关键字序列的状态。

（1）　直接插入排序；

（2）　折半插入排序；

（3）　希尔排序（增量选取 5，3，1）；

（4）　冒泡排序；

（5）　快速排序；

（6）　简单选择排序；

（7）　堆排序；

（8）　二路归并排序。

4. 设计一个算法，实现以单链表为存储结构的简单选择排序算法。

5. 设计一个算法，有 n 个记录存储在带头节点的双向链表中，现用双向冒泡排序法对其按上升顺序进行排序。

6. 设计一个算法，对 n 个关键字取整数值的记录序列进行整理，以使所有关键字为负值的记录排在关键字为非负值的记录之前，要求采用顺序存储结构，最多使用一个记录的辅助存储空间。

7. 试分析本章给出的各种排序算法的时间复杂度。

8. 试分析本章给出的各种排序算法的空间复杂度。

编程实例

希尔、快速、堆排序的算法实现。

编程目的：掌握常用排序方法的基本思想，通过实验加深对各种排序算法的理解并掌握各种排序方法的时间复杂度分析。了解各种排序方法的优缺点及适用范围。

问题描述：实现常见的3种排序算法，即希尔、快速、堆排序，并根据待排数据个数的不同，来对各种排序算法的执行时间进行比较，从而比较出在不同的情况下各排序算法的性能。

源程序代码如下：

```
#include <stdio.h>
#include <stdlib.h>
typedef  int  KeyType;
typedef  int  OtherType;
typedef  struct{
  KeyType key;
  OtherType other_data;
}RecordType;
void   InsSort(RecordType  r[],int length) {
//对记录数组r做直接插入排序，length为数组中待排序记录的数目
  int i,j;
  for (i=2;i<=length;i++)  {
    r[0]=r[i];                            //将待插入记录存放到监视哨r[0]中
    j=i-1;
    while (r[0].key<r[j].key ) {          //寻找插入位置
        r[j+1]= r[j];
        j=j-1;
    }
    r[j+1]=r[0];                          //将待插入记录插入到已排序的序列中
  }
}                                         //InsSort
void  ShellInsert(RecordType r[],int length,int delta) {
             //对记录数组r做一趟希尔插入排序，length为数组的长度，delta为增量
  int i,j;
  for(i=1+delta;i<=length; i++)     //1+delta为第一个子序列的第二个元素的下标
    if(r[i].key<r[i-delta].key){
        r[0]=r[i];                  //备份r[i]  (不做监视哨)
            for(j=i-delta;j>0 &&r[0].key<r[j].key;j-=delta)
                r[j+delta]= r[j];
```

```
                r[j+delta]=r[0];
    }
    }                                   //ShellInsert
    void  ShellSort(RecordType r[],int length,int delt[],int n) {
    //对记录数组 r 做希尔排序，length 为数组 r 的长度，delta 为增量数组，n 为 delta[]的长度
        int i;
        for(i=0;i<=n-1;++i)
          ShellInsert(r,length,delt[i]);
    }
    int   QKPass(RecordType r[],int left,int right) {
    //对记录数组 r 中的 r[left]至 r[right]部分进行一趟排序，并得到基准的位置，使得排序后的结果满足其之后（前）的记录的关键字均不小于（大于）基准记录
        RecordType x;
        Int  low, high;
        x= r[left];                                 //选择基准记录
        low=left;
        high=right;
        while ( low<high )    {
          while (low< high && r[high].key>=x.key ) //high 从右到左找小于 x.key 的记录
                high--;
          if ( low <high ) {
                r[low]= r[high];
                low++;
          }                                     //找到小于 x.key 的记录，则交换
          while (low<high && r[low].key<x.key  )  //low 从左到右找大于 x.key 的记录
              low++;
              if (  low<high  ) {
                r[high]= r[low];
                high--;
              }                                 //找到大于 x.key 的记录，则交换
          }
        r[low]=x;                               //将基准保存到 low=high 的位置
        return low;                             //返回基准记录的位置
    }
    void QKSort(RecordType r[],int low,int high) {
    //记录数组 r[low..high]用快速排序算法进行排序
        int pos;
        if(low<high) {
          pos=QKPass(r, low, high);  //调用一趟快速排序，以枢轴元素为界划分两个表
          QKSort(r, low, pos-1);      //对左部子表快速排序
          QKSort(r, pos+1, high);     //对右部子表快速排序
          }
    }
        void Merge(RecordType r1[],int low, int mid, int high, RecordType  r2[]){
    //将 r1[low..mid]和 r1[mid+1..high]分别按关键字有序排列，将它们合并成一个有序序列，存放在 r2[low..high]
```

```
    int i,j,k;
    i=low;
    j=mid+1;
    k=low;
    while ( (i<=mid)&&(j<=high) ) {
        if ( r1[i].key<=r1[j].key ) {
                r2[k]=r1[i];
                ++i;
        }
        else {
            r2[k]=r1[j];
            ++j;
        }
        ++k;
    }
    while( i<=mid ){
        r2[k]=r1[i];
        k++;
        i++;
    }
    while( j<=high ) {
        r2[k]=r1[j];
        k++;
        j++;
    }
}
void  MSort(RecordType r1[],int low,int high,RecordType r3[]) {
//r1[low..high]经过排序后放在r3[low..high]中，r2[low..high]为辅助空间
    int mid;
    RecordType  r2[20];
    if ( low==high )
        r3[low]=r1[low];
    else    {
        mid=(low+high)/2;
        MSort(r1,low,mid,r2);
        MSort(r1,mid+1,high,r2);
        Merge (r2,low,mid,high,r3);
     }
   }
void MergeSort (RecordType  r[],int  n) {//对记录数组r[1..n]做归并排序
    MSort (r,1,n,r);
}
void menu() {                                //子菜单
      printf("功能如下:\n");
      printf("\t 1.直接插入排序\n");
      printf("\t 2.希尔排序\n");
      printf("\t 3.快速排序\n");
      printf("\t 4.归并排序\n");
```

```
        printf("\t 0.退出\n");
}
int main(){
      int i,j;
   RecordType r[20];
   int len;
   int delta[3]={4,2,1};
   printf("请输入待排序记录的长度:");
   scanf("%d",&len);
   for(i=1;i<=len;i++)    {
     printf("请输入第%d个记录元素:",i);
     fflush(stdin);
     scanf("%d",&j);
     r[i].key = j;
   }
   for(i=1;i<=len;i++)
     printf("%d  ",r[i].key);
   printf("\n");
     int x;
     while(1) {
            system("cls");
            menu();
            scanf("%d",&x);
            switch(x) {
              case 1: InsSort(r,len);break;
              case 2: ShellSort(r,len,delta,3); break;
              case 3: QKSort(r,1,len); break;
case 4: MergeSort(r,len); break;
              default : return 0;                //退出系统
                }
        }
       for(i=1;i<=len;i++)
     printf("%d  ",r[i].key);
   printf("\n");
}
```